JN441616

The Global Aviation Industry

글로벌 항공산업론

엄경아 · 이향정 · 연지영

지식인

Profile

엄경아

백석대학교 항공서비스전공 주임교수
대한항공 객실승무원(부사무장) 및 객실훈련원 교관 역임
대한항공 수석입사 및 최우수승무원 사장 표창

이향정

백석대학교 항공서비스전공 전임교수
대한항공 선임사무장 역임(18년 근속근무)
항공사 재직 시 여승무원 최초 박사1호 취득

연지영

백석대학교 항공서비스전공 전임교수
아시아나항공 캐빈서비스팀, 홍보팀 역임
아시아나항공 고객만족팀 차장 역임

글로벌 항공산업론

2020년 6월 15일 초판 인쇄
2020년 6월 20일 초판 발행

지은이 | 엄경아 · 이향정 · 연지영
펴낸이 | 김종욱 · 명사동
펴낸곳 | 지식인
등 록 | 제301-2013-134호
주 소 | 서울시 도봉구 도봉로 180길 20 투웨니퍼스트 102동 602호
전 화 | 02)2266-8606 (대)
팩 스 | 02)2266-8607
E-mail | jisikin2013@naver.com
홈페이지 | www.jisikinbook.co.kr

ISBN 979-11-88105-59-5 (93320)

값 23,000원

글로벌 항공산업론

PREFACE

글로벌 항공시장은 커다란 변화와 혁신을 경험하고 있습니다. 규제 완화가 빠른 속도로 확산되고 있고, 특히 우리나라의 민간 항공산업은 50년이 넘는 세월동안 급속도로 발전해 오면서 세계시장에서 경쟁력 있는 공항과 항공사, 운항시스템, 인적자원 등을 자랑하고 있습니다. 이 책은 항공산업에서 미래의 주역이 될 학생들이 항공산업 전반을 이해하고, 글로벌 항공시장에서 지속가능한 항공산업 발전을 이루는데 있어 준비된 전문가로서 관련지식을 확장시키며 성장해 나갈 수 있도록 돕고자 집필되었습니다.

특히 이 책은 항공운송산업의 전반적인 시장 환경 이해, 항공종사자의 직무이해, 항공화물산업의 이해, 항공안전과 보안이해라는 4가지 목적을 가지고 총 12장에 걸쳐서 설명하였습니다. 첫 번째로, 항공운송산업의 시장 환경에 대한 이해를 돕고자 제1장에서는 항공역사와 현황, 조직 등에 대해 설명하였고, 제2장에서는 공항의 주요시설과 세계 주요공항, 주요용어 등을 기술하였습니다. 제3장에서는 항공기의 다양한 구분법에 따른 분류와 구조, 비행원리, 기종별 특징과 기내 구성에 대해 살펴보았습니다. 그리고 최근 신규 항공사가 증가함에 따라 제4장에서는 항공운송사업의 운항증명을 위한 절차와 행정사항을 알아보았으며, 제5장에서는 항공사의 경영운영 전략에 대해 대형 항공사와 저비용항공사의 시각에 따라 현황을 설명하고 대표적인 운영사례를 통해 이해를 높이고자 하였습니다.
두 번째로, 항공서비스 분야의 항공종사자 직무이해를 위해 제6장에서는 객실승무원 조직과 일반 업무에 대한 설명을, 제7장에서는 항공기의 출발과 도착에 이르기까지의 전 비행단계와 출입국 절차, 수하물 규정, 항공여행 중 알아두어야 할 건강관리에 대해 살펴보았고, 제8장에서는 차별금지승객, 유아, 비동반소아, 애완동물, 호송죄수 등 항공사 특수승객에 대한 설명과 객실승무원의 역할에 대해 기술하였습니다.
세 번째로, 제9장에서 항공사에게 가장 많은 매출이익을 안겨주는 항공화물서비스의 현황과 화물상품, 주요 장비에 대해 살펴보았고, 제10장에서는 항공화물 중 위험물과 그에 따른 처리 절차, 규정에 대해 설명하였습니다.
마지막 네 번째로, 항공산업이 안전성을 유지하고 운항할 수 있도록 제11장에서는 항공 비상상황에 따른 탈출 절차, 의료 응급상황, 항공기내 감염병에 대한 예방 등에 대한 사항을 기술하였고, 제12장에서는 공항부터 기내에서 지켜져야 할 보안사항과 장비 등에 대해 알아보았습니다.

"대한항공 28%, 아시아나항공 45% 이익증가"라는 2018년 1월의 항공산업 호황과 성장은 의심할 여지가 없었지만, 머리말을 쓰고 있는 2020년 4월 현재, 전 세계 항공업계는 '코로나바이러스로 인해 9·11 테러 때보다 더 심각하다.'라는 분석이 여기저기서 쏟아져 나오고 있습니다. 전 세계 185,000편의 여객기 운항이 중단됨에 따라, 항공사에 중요한 항공화물운송이 영향을 받을 것으로 예상되고, 대규모의 도산 우려와 긴급구제금융 요구가 전 세계 항공사를 휩쓸고 있습니다.

이탈리아에서는 파산한 국적항공사인 알리탈리아의 국영화에 나섰고, 스웨덴과 덴마크는 스칸디나비아항공(SAS)을 지원하기 위해 2억7,500만 유로의 지급보증을 제공했습니다. 인천국제공항 또한 코로나바이러스 감염증(코로나19)의 직격탄을 맞으면서 2001년 개항 이후 처음으로 2020년 3월, 제주국제공항보다 여객편수가 적은 것으로 집계되었습니다. 이처럼 전 세계 하늘길이 막힌 가운데 10대 중 9대 꼴로 비행기가 멈춰버린 국내 저비용항공사(LCC)들이 감당해야 하는 주기료는 하루에만 수천만 원에 달하고 있습니다.

이렇게 어려움에 당면하고 있는 항공산업이지만, 코로나바이러스 사태가 빨리 종용되고, 서비스상품을 동시에 생산하고 판매하는 '원스톱' 공장인 항공산업이 다시금 훨훨 높이 비상할 날을 꿈꿔보며, 항공산업 업무의 전반적 이해를 위한 기술을 마칩니다.

이 모든 일을 하게 해 주신 주님께 감사드리고, 항공운송산업 분야의 국내 · 외 선행연구자, 그리고 출간기획부터 편집, 수정, 출판까지 전 과정에 애정을 담아주신 지식인의 모든 관계자분들께 진심으로 감사를 전합니다.

저자 일동

CONTENTS

When everything seems to be going against you, remember that the airplane takes off against the wind, not with it.

만약 모든 일이 너에게 불리하게 되어가는 것 같을 때면 기억하라.
비행기는 바람을 가르고 이륙하는 것이지, 바람의 힘으로 이륙하는 것이 아니다.

– Henry Ford –

CHAPTER 01 항공운송의 개요

학습목표

1 세계항공 역사와 국내항공 역사의 시대별 특징과 발달 과정을 이해하고 설명할 수 있다.
2 우리나라 항공운송산업 현황을 파악하고 설명할 수 있다.
3 국제기관으로서 항공조직을 파악하고 주요 기구가 하는 역할을 설명할 수 있다.
4 항공 관련 우리나라 정부와 산하기관을 이해하고 설명할 수 있다.
5 항공사 조직의 각 본부 기능을 이해하고 설명할 수 있다.

01 항공의 역사

항공발달에 획기적인 전기를 마련한 주요 역사를 개관하여 살펴보면 '태동기 - 개척기 - 정착기 - 도약기 - 글로벌경쟁' 시기로 구분해 볼 수 있다.

1) 세계항공의 역사

(1) 세계 민간항공의 발달과정

1903년 라이트 형제에 의해 최초의 동력비행이 이루어진 이후, 항공은 오늘날까지 독립적인 산업으로 급속한 성장을 지속해 왔다. 민간항공의 발달 과정을 시대별로 구분하여 설명하면 다음과 같다.

- 태동기(1911～1918) : 최초로 상업목적의 항공운송이 시작
- 개척기(1918～1938) : 국제항공의 질서가 마련되고 시장규제가 시작
- 정착기(1938～1958) : 국제항공 질서가 마련되고 시장규제가 시작
- 도약기(1958～1978) : 제트기의 출현으로 항공운송 고속화 및 대형화 실현
- 글로벌경쟁 시기(1978년 이후) : 산업에 관한 규제완화로 시장에 경쟁원리 도입

① 태동기

라이트 형제는 1903년 12월 17일 조종이 가능하고 공기보다 무거운 동력비행기를 제작하여 최초로 비행에 성공한 미국인 형제이다. 그로부터 2년 후 형제는 첫 고정익 항공기를 제작하였다. 라이트 형제가 제작한 복엽기는 '플라이어Flyer'란 이름으로 날개폭이 12.29m, 무게는 274kg, 4기통 12마력의 수냉식 가솔린기관으로, 무게는 90kg이며 두 개의 프로펠러가 서로 반대방향으로 회전하여 기체의 자세를 바르게 유지하도록 장착되었다.

한편, 항공기를 이용한 영리목적 운송활동이 처음 시작된 것은 1900년대 초이다.

최초로 항공기를 이용한 상업 목적의 운송활동은 1911년 미국에서 시작된 우편물 운송이었으며, 신속한 항공운송의 효용성이 미국정부에 의해 인정되기 시작하면서 운송수단으로 성장하였다. 그러나 아직은 항공의 실질적인 효용이 세계 각국에 걸쳐 보편적으로 인식된 것은 아니었다.

자료 : 위키피디아

1911년 세계 최초의 항공우편, 알라 하버드 표지

② 개척기

최초의 정기운송을 위한 노선은 1918년 미국의 '워싱턴 - 뉴욕' 구간에서 개설되었으며, 미국정부는 노선을 확대하여 1921년에 전국적인 노선망을 구축하였다.

시카고 상공을 날고 있는 B-247, 1933

1933년 2월 8일 미국의 보잉사에서 최초로 완전금속제 저익단엽Low Wing Monoplane 쌍발 민간여객기로서 10인승 B-247을 개발하였다. 인입식 착륙장치Retractable Landing Gear로 이륙 시 공기저항을 감소시키고, 두 개의 550마력 엔진은 만재 상태Full Load에서도 한 개의 엔진만으로 상승할 수 있는 최초의 항공기로서 순항속도는 250Km/h였다. 이 항공기의 출현 이후 항공기의 제작 산업은 급속한 발전을 이루게 되었다.

유럽에서는 1919년 헤이그에서 국제항공운송협회IATA의 전신인 '국제항공교통협회'가 설립되었다. 이는 국제 민간항공의 질서를 위해 파리조약을 체결하는 계기가 됨으로써 영공주권주의가 확립되는 기반을 마련하였다.

1920년대 후반까지는 유럽지역이 항공기 개발의 우위를 점하고 있었으나, 1926년 포드사(社)의 신형엔진 개발의 성공과 B-247 및 DC-3 모델의 개발 등을 계기로 미국이 여객기 개발 분야의 비교우위를 점하며 1925년 미국 최초로 여객운송만을 위한 정기노선이 개설되었다. 이에 프랑스, 독일, 네덜란드, 영국, 스위스 등을 시작으로 벨기에, 스웨덴 등이 항공사를 연이어 설립하였다. 1920년대 초에는 콜롬비아, 오스트레일리아, 뉴질랜드 등도 여객운송서비스를 시작하였고, 1922년에는 아르헨티나, 일본, 캐나다, 폴란드 등이 정기운송을 시작하였다.

1938년에는 미국에서 「민간항공법」이 제정되고, 이에 따라 '민간항공위원회'가 설치되었는데, 정기노선의 개설에서부터 민간항공위원회 설치까지의 시기를 민간항공의 개척기라고 부른다. 이 시기에는 시장진입이 비교적 자유로운 시기였으므로, 항공사 간의 경쟁 또한 극심해서 우편물에 관한 운송권을 확보하기 위해 원가 미만의 운임으로 운항하여 소형 항공사들은 대형 항공사들과의 경쟁에서 어려움을 겪었다.

③ 정착기

자료 : 위키피디아

DC-4, Douglas Aircraft Company

1938년 미국 의회에서 통과된 「민간항공법」은 항공사의 운송활동에 관해 규제할 수 있는 권한을 미국 민간항공위원회CAB : Civil Aeronautics Board에 부여하였다. 미국 민간항공위원회는 항공운송업의 허가, 여객 및 화물운송에 관한 요금 수준을 결정할 수 있는 권한과, 항공사 간의 인수 · 합병 등의 규제 권한도 가졌다. 이 법은 항공기의 운항과 관련해서 안전에 관한 기준을 강화하였으며 그 범위도 확대하였다.

제2차 세계대전 동안 민간항공은 심각한 침체를 겪었다. 그러나 동시에 항공기의 운영과 기술상의 발달을 촉진하는 계기도 되었다. DC-4 등의 신형 항공기의 등장으로 통신 및 항법장치, 공항보안시설 등도 발전을 이루었다. 그에 따라 정시성, 쾌적성이 향상되어 항공수요의 저변이 확대되고 경쟁력 있는 운송수단으로서의 위상이 강화되었다.

1944년 12월 미국이 주도하여 52개국 대표단이 모인 '시카고회의'를 통해 국제항공의 기본사항을 합의하였다. 이 회의에서 '국제항공통과협정'을 다자간 협정으로 체결하였고, 국제민간항공기구ICAO : International Civil Aviation Organization를 설립하는데 잠정적으로 합의하였다.

한편, 1945년 국제항공운송협회IATA : International Air Transport Association가 쿠바의 아바나에서 조직되었다. IATA의 주요 임무는 국제항공사 간의 협력단체로서 항공운임의 결정, 운송규칙의 제정 등이다. 그 후 1946년 버뮤다에서 영국과 미국은 항공서비스 제공에 관한 제반 문제를 논의하고, 오늘날 국제항공 질서의 기본이 되는 다섯 가지의 '하늘의 자유'를 선포하였다.

1954년 7월에 미국 보잉사의 B-707 장거리용 제트여객기가 첫 시험비행을 하였고, 1958년 10월에 팬암항공사Pan American가 '뉴욕－파리' 간 대서양 횡단노선에 취항하였다.

④ 도약기

초음속 항공기에 관한 관심이 집중되어 1976년 프랑스와 영국이 공동으로 '콩코드Concord'기를 정기노선에 취항하였고, 미국과 유럽지역에서는 전세항공이 활발히 이용되며 세계적 항공여행 시장이 확장되었다. 이로써 세계의 민간항공은 비약적인 발전을 이루었다.

콩코드기 외형과 내부의 모습

그러나 세계적으로 환경보호단체들의 활동으로 인해 항공운송으로 인한 각종 폐기물과 공해의 문제를 해결하고 예방하기 위한 인식과 해결 방안이 모색되어야 했고, 또한 1974년 석유파동 및 경기침체, 공급과잉, 임금과 유가상승으로 인한 운항 비용의 증가로 1970년대에는 1960년대만큼 성장률이 높지를 않았다.

⑤ 글로벌 경쟁기

도약기가 제트기의 도입으로 혁신을 일으켰다면, 글로벌 경쟁기는 대형 제트기인 B-747 시리즈, 더글러스사(社)의 DC-10, 에어버스사(社)의 A300 시리즈 등의 출현으로 새로운 전기를 마련했다.

1978년 미국의 항공운송산업 전반에 관한 「규제완화법」 제정은 정부에 의해 기간산업으로 보호되어오던 민간항공이 새로운 전환점을 맞는 계기가 되었다. 「규제완화법」 이후 각국의 영공개방을 의미하는 '오픈스카이' 정책으로 발전하면서 오늘날 세계 항공업계의 변화를 주도하는 요인이 되었다.

그러나 1990년대 걸프전쟁, 항공기 테러, 항공여행 수요의 감소로 많은 항공사가 어려움을 겪었다. 이후 1990년대 중반 항공사들은 경영합리화, 냉전시대의 종식, WTO 체제의 등장과 글로벌 시장경제 출연으로 경영여건이 크게 개선되면서 호황기를 누렸다.

2001년 9월 11일 미국 뉴욕 항공기 테러로 인한 참사로 불황국면에 접어들기도 하여 스위스항공, 사베나항공, 안셋호주항공이 파산하였고, 이때부터 보안제도의 강화가 대대적으로 이루어졌다. 그런데도 항공운송산업이 고속으로 성장해 온 것은 꾸준히 장거리 운송시장에서 지상운송을 대체했고, 항공기술의 발달로 중간기착지를 대폭으로 생략시켜오는 등 항공운송 수요를 촉진하기 위한 부단한 노력이 있었다.

2) 국내항공의 역사

(1) 정부수립 이전의 항공

동력 비행기가 우리나라에 첫 선을 보인 것은 1913년 일본 해군 기술장교가 서울 용산의 조선군 연병장에서 '나라한 4호' 비행기로 공개비행 행사를 한 것이 효시이다. 이는 미국 라이트 형제의 동력비행 성공(1903.12.17)의 10년 후였다. 또 1914년 일본인 다까소오가 최초 민간항공인으로 용산에서 비행하였고, 1916년 10월 초 일본인 오자끼가 한국을 방문하여 최초 유료비행을 하면서 우리나라 사람들은 비행기를 처음으로 인식하였다. 1917년에는 미국인 아트스미스가 커티스호로 한국방문 비행을 하였으며, 1920년 5월 이탈리아 공군 페라린마세르가 세계일주를 하는 중에 한국을 방문하여 비행하였다.

이 이후 각국 비행사들이 속속 한국비행을 하였으며, 이런 시대적 변화는 한국 청년들에게 새로운 모험의 자극을 불러일으켜 항공공학에 관한 도전과 실현을 모색하게 되었으며, 우리나라 최초의 비행사인 '안창남'이 바로 그 대표적인 인물이다.

안창남은 21세에 일본 오구리 비행학교에 입학하여 6개월의 교육과정을 마치고 다음 해 1921년 5월 비행면허시험 수석합격과 일본 우편비행대회에 참가하여 최우수상을 받았다. 이후 1922년 뉴포트 15형 단발 쌍엽 1인승 비행기 '금강호'로 여의도에서 5만여 명의 관중이 지켜보는 가운데 역사적인 모국방문 비행회를 가졌다. 이후 일본 비행사자격증을 이인기, 이상태, 장덕창 등 20여 명이 취득하였고, 차례대로 모국방문 비행회를 가졌다. 1925년 권기옥이 중국운남여군학교 제1기생으로 졸업하면서 최초의 여류비행사가 되었고, 1926년에 이정선이라는 여류비행사가 탄생하였다.

1920년에는 안창남이 미국 캘리포니아에 비행학교를 설립하여 이용근, 이초, 이용선, 오림하, 장병훈, 한장호 등 비행사를 배출하는 등 한국청년 15명이 훈련을 받았다. 미국 캘리포니아 한국비행학교는 캘리포니아주(州)에서 대규모 쌀농장을 경영하던 재미교포 김종림이 3만 달러를 기탁하여 비행기 2대, 미국인 기술자 1명을 고용하여 운영하였다.

한편, 우리나라 비행학교는 1930년 5월 15일 여의도에 '조선비행학교'를 설립한 것이 처음이다. 신용욱의 최초 비행학교 설립은 1927년 12월 15일 두 번째 모국방문 비행회를 마치고 그를 위한 환영 연회석상이었다. 조선 철종의 부마인 박영효를 설립추진위원장, 위원은 동아일보 사장 송진우, 변호사 김병로 등 신망이 두터운 인사로 구성하여 재정적인 지원도 기대하였다. 조선비행학교를 운영하면서, 일본 나까지마 비행기 제작소의 지도리식 4인승 쌍엽기를 도입하여 1930년 9월부터 서울상공을 일주하고, 인천 간 왕복 유료비행을 하였다. 탑승요금은 서울상공 일주(10분) 5원, 인천왕복(20분) 10원으로 당시 쌀 1가마(13원)와 비교하면 아주 고가였지만 대성황을 이루었다. 그러나 당시 보험제도가 없어 승객들에게 '불행한 사태가 일어나 사망해도 이의가 없다'라는 각서를 받게 되어 그때마다 시비가 일어 비행이 중단되기도 했다.

1916년 일본육군이 여의도 비행기착륙장을 건설하면서 국내 최초 비행장이 개설되었고, 1929년 4월 1일 일본이 '동경 - 대련' 항로를 개설하면서 여의도 비행장을 중간기착지로 하였다. 또한 대구, 평양, 신의주, 청진, 함흥, 울산 등도 함께 정식 비행장으로 개장되었다.

(2) 민간항공의 초기시대

우리나라의 「항공법」은 조선총독부가 1927년 6월 1일부터 시행, 준용했던 구 항공법으로 16년간 우리 정부에서 계속 준용하였다. 이에 우리 정부는 한국 특수성을 갖춘 항공정책 행정이 필요하여 새로운 「항공법」 제정요구가 1952년 대두하였으나, 실제 입법작업은 1958년 미국 FAA(연방항공국) 「항공법」 전문가를 초청, 작성한 초안에서 시작되었다.

교통부 초안이 사전심의를 거쳐 1960년 11월 국무회의 의결 후 국회에 제출되고 정부가 1961년 3월 7일 법률 제591호로 공포하여, 우리나라 항공행정과 운송사업의 바탕이 된 독자적인 새로운 「항공법」이 1961년 3월 7일부터 시행되었다. 개정된 신법의 주요 내용은 항공행정 방향 제시, 항공기 안전운항을 위한 방법, 항공시설 기준, 항공운송사업 질서, 항공발전을 위한 지원, 외국항공사의 한국 취항에 관한 규정, 국내 각 지역 간 운항 규제, 항공기 여객에 관한 위해행위 금지 등의 목적으로 전문 10장 143조로 구성되었다.

최초의 정기운송은 정부수립 직후인 1948년 10월 대한국민항공사KNA : Korean National Airlines가 개인기업의 형태로 설립되어 서울 - 강릉, 서울 - 광주 - 제주, 서울 - 옹진, 서울 - 부산 등 4개 노선에서 취항함으로써 시작되었다. 이는 일제 강점기에 조선항공공업을 운영해 오던 신용욱이 해방 후 미군정청으로부터 정기항공운송의 사업허가를 '조선항공사업사'의 명의를 받아내고 이를 정부수립 후 명칭을 바꾼 것이다.

1953년 한국전쟁 직후 DC-3를 비롯한 DC-4를 도입하였으며, 1954년 영국과 항공협정을 체결하여 이를 계기로 1955년부터 국내노선 증대, 서울 - 홍콩 간 국제노선 개설이 이어졌다.

1961년 제2공화국의 출범과 함께 개인기업 형태로 운영하던 민간항공은 새로운 전기를 맞게 되었다.

(3) 국영 항공시대

「대한항공공사법」에 따라 설립된 대한항공공사는 KNA를 인수하고 업무 확대를 위해 조직과 기구를 확장하고, 1964년 일본항공JAL 간의 상무협정이 체결되어 서울 - 동경 노선에서 정기운송이 시작되었다. 그러나 국영기업으로 운영되던 대한항공공사는 빈번한 항공기 사고와 심각한 경영난으로 경영부실에 이르게 되었으며 국영기업으로서의 경영이 한계에 이르렀다. 결국 1969년 정부는 대한항공공사를 한진상사에 매각함으로써 민영화가 이루어졌다. 이에 따라 대한항공(주)은 경영합리화 작업에 성공하여 1970년대 들어 도약기를 맞이하였다.

(4) 항공 민영화시대

1969년 7월 20일 서울 - 포항 노선의 신설을 시발로 국내선이 급격히 확장되기 시작했다. 급속하게 확장된 국내 노선망은 운영 과정에서의 문제가 발생하여 몇 차례 조정되기는 했지만, 1971년 말에 이르러 15개 도시 17개 노선에 취항하는 순환 노선망을 형성할 수 있게 되었다. 하지만 1973년부터 불어닥친 제1차 석유파동으로 대한항공은 위기를 맞이하였다. 이로 인해 국내선 운임은 60%나 인상되었고, 국제선 요금도 4차에 걸쳐 24%나 인상되었다. 자연히 국내 노선망에도 감축 운항을 단행해야만 했다. 이 기간에 국내선 수송실적도 많이 줄어들었으나, 이러한 감소추세는 1977년을 고비로 회복되기 시작하여 이후 안정적인 증가를 했다. 국제선 여객은 1969년 8만 9천 명에 불과하였으나, 1971년 31만 3천 명, 1973년 93만 6천 명, 1975년 114만 5천 명 등 연평균 38.44%로 매우 높은 증가율을 나타냈다.

(5) 항공기 자유화시대

대한항공은 짧은 기간 동안 크나큰 발전을 거듭하여 1988년 당시 ICAO 145개 회원국 중 국제선 유상톤 km 10위, 국제선 여객 15위, 국제선 화물 7위, 1979년 국제선 수송실적 기준으로 세계 10위권에 도달하는 성과를 이룩하였다.

1980년대 후반 이후 세계적인 규제완화 추세와 거대 항공사의 출현 등 세계 항공업계의 변화 속에서 우리나라도 점진적인 규제 완화가 시작되었다. 특히 1988년 제2 민항인 아시아나항공(주)의 설립으로 복수 민항시대를 맞이함으로써 시장구조는 국적항공사 간의 경쟁체제로 전환되었다.

다른 나라와 비교하면 뒤늦게 출발했지만, 우리나라의 항공운송산업은 오늘날 세계 10위권에 부상했으며, 인천국제공항은 10년 연속 ACI의 '공항서비스품질상'을 수상하고 세계 민간항공시장에 확고한 지위를 구축하였다.

02 항공운송산업의 현황

1) 우리나라 항공산업의 동향

2018년 12월 기준 우리나라 항공 주요 지표는 다음과 같다.

<table>
<tr><th>구 분</th><th>주요 지표</th><th>현 황</th></tr>
<tr><td>전국공항</td><td>운영현황</td><td>〈운영 16개〉
• 국제(8) : 인천, 김포, 제주, 김해, 청주, 대구, 양양, 무안
• 국내(7) : 울산, 여수, 군산, 포항, 사천, 원주, 광주
• 훈련(1) : 울진
※민간전용(7) : 김포, 제주, 울산, 여수, 인천, 양양, 무안
민 · 군공동(8) : 김해, 대구, 광주, 청주, 사천, 원주, 포항, 군산
군전용(2) : 서울, 해미
폐쇄(4) : 강릉, 속초, 예천, 목포</td></tr>
<tr><td rowspan="3">초경량 비행장치 / 경항항공기</td><td>기준</td><td>• 초경량비행장치 : 자체중량 115kg 이하, 1인승
• 경량항공기 : 최대 이륙중량 600kg 이하, 2인승 이하</td></tr>
<tr><td>초경량비행장치 등록현황 7,519대('18년 기준)</td><td><table><tr><th>체중이동형</th><th>타면조종형</th><th>동력 패러글라이더</th><th>패러글라이더 (영리)</th><th>기구류</th><th>무인동력 비행장치</th><th>무인비행선</th></tr><tr><td>7</td><td>3</td><td>396</td><td>758</td><td>58</td><td>6,255</td><td>42</td></tr></table></td></tr>
<tr><td>경량항공기 등록현황 216대('18년 기준)</td><td><table><tr><th>타면조종형</th><th>체중이동형</th><th>경량헬리콥터</th><th>자이로플래인</th><th>동력패러슈트</th></tr><tr><td>194</td><td>4</td><td>7</td><td>6</td><td>5</td></tr></table></td></tr>
</table>

구 분	주요 지표	현 황							
		조종사				항공 기관사	항공 정비사	항공교통관제사	운항 관리사
		운송용	사업용	자가용	경량항공기				
항공종사자	자격증발급 54,938명	8,657	16,488	6,543	1,243	190	17,956	2,453	1,408

구 분	주요 지표	현 황				
항공종사자	초경량비행장치 자격증발급 19,430명	동력비행장치	회전익비행장치	유인자유기구	동력패러글라이더	무인비행기
		1,443	15	97	336	67
		무인멀티콥터	무인비행선	인력활공기	낙하산류	무인헬리콥터
		15,023	32	575	21	1,820

구 분	주요 지표	구 분	조종사	항공정비사	운항관리사	객실승무원	계
항공종사자	업체별 종사자	대한항공	2,795	2,869	166	6,655	12,485
		아시아나항공	1,577	1,426	121	3,963	7,087
		제주항공	479	491	38	981	1,989
		진에어	441	185	35	861	1,522
		에어부산	282	229	30	529	1,070
		이스타항공	258	213	37	489	997
		티웨이항공	354	279	35	658	1,326
		에어서울	102	25	11	169	307
		에어인천	28	34	7	–	69
		계	6,316	5,751	480	14,305	26,852

항공운송 실적 중 2018년 항공운항 실적은 국내선(운항 : 194천 편, 화물 : 273천 톤, 여객 : 31,601천 명), 국제선(운항 : 497천 편, 화물 : 4,169천 톤, 여객 : 85,925천 명)으로 꾸준히 증가하고 있다.

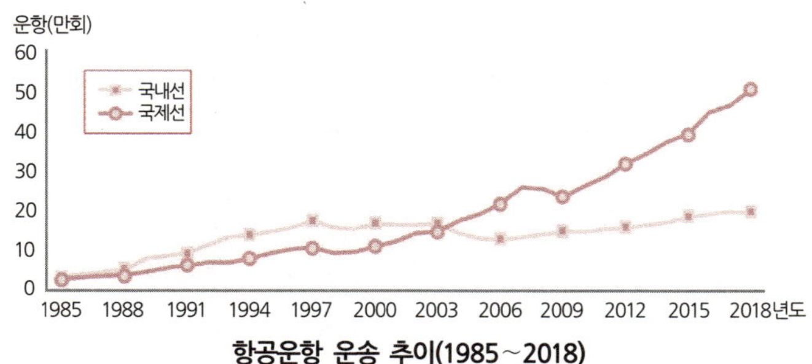

항공운항 운송 추이(1985~2018)

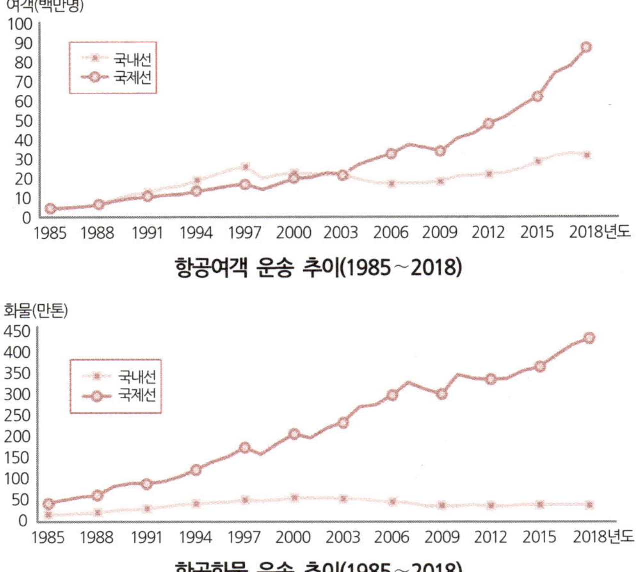

항공여객 운송 추이(1985~2018)

항공화물 운송 추이(1985~2018)

2) 우리나라의 항공운항 현황

(1) 국적 항공사(9개 항공사)

- 취항국가 48개국, 취항도시 153개 지점, 263개 노선, 주 3,341편

'19년 하계스케줄 기준

구 분	국가수	도시수	노선수			운항편수(편 / 주)		
			계	여객	화물	계	여객	화물
대한항공	43	108	135	112	32	1005	904	101
아시아나항공	25	73	87	71	27	666	591	75
제주항공	13	24	32	32	–	243	243	–
진에어	7	17	17	17	–	109	109	–
에어부산	8	21	30	30	–	186	186	–
이스타항공	12	33	60	60	–	480	480	–
티웨이항공	10	22	30	30	–	312	312	–
에어서울	11	30	49	49	–	315	315	–
에어인천	3	5	5	–	5	25	–	25
계	48	153	263	228	53	3,341	3,140	201

* 정기노선 기준

(2) 외국 항공사(35개 국적, 85개 항공사)

- 취항국가 39개국, 취항도시 124개 지점, 219개 노선, 주 1,742편(여객 : 주 1,559편, 화물 : 주 183편) 운항

(3) 국제 항공노선 및 운항편수 전체 현황

구 분	국제 항공노선				운항편수		
	항공사	국가	도시	노선	계	여객	화물
국적 항공사	9	48	153	263	3,341	3,140	201
외국 항공사	85	39	124	219	1,742	1,559	183
계	94	55	186	385	5,083	4,699	384

* 정기노선 기준

3) 우리나라 기준의 국가별 항공운송실적 순위

(1) 여객 순위

'18년 국제선 유임여객, T/S 포함 기준(단위 : 명)

순위	국가명	2016		2017		2018		
		실적	증감(%)	실적	증감(%)	실적	증감	점유율(%)
1	일본	15,114,249	24.2	19,043,187	26	21,350,896	12.1	24.8
2	중국	19,857,325	20.5	13,940,932	−29.8	16,111,094	15.6	18.8
3	베트남	3,786,648	39.7	5,613,270	48.2	7,956,542	41.7	9.3
4	미국	6,568,068	9.1	7,266,595	10.6	7,244,968	−0.3	8.4
5	태국	3,885,618	12	4,388,947	13	4,700,948	7.1	5.5
6	필리핀	3,823,365	10.3	4,341,850	13.6	4,536,299	4.5	5.3
7	대만	3,447,775	47.3	3,975,704	15.3	4,318,521	8.6	5
8	홍콩	3,996,561	14.9	3,981,175	−0.4	4,055,765	1.9	4.7
9	말레이시아	1,360,109	27.4	1,727,693	27	2,135,124	23.6	2.5
10	싱가포르	1,377,173	9.8	1,426,696	3.6	1,457,340	2.1	1.7
전체 여객		73,000,810	18.8	76,955,719	5.4	85,925,288	11.7	100

(2) 노선별 항공운송 순위

순위	2018년 여객(국내선)			2018년 여객(국제선)		
	노선	실적(명)	점유율(%)	노선	실적(명)	점유율(%)
1	김포 – 제주	16,182,682	51.2	오사카(KIX) – 서울(ICN)	3,485,829	4.1
2	제주 – 김해	4,046,288	12.8	홍콩(Hkg) – 서울(ICN)	3,469,679	4
3	김포 – 김해	2,607,334	8.3	동경(NRT) – 서울(ICN)	2,712,774	3.2
4	제주 – 청주	2,100,532	6.6	방콕(BKK) – 서울(ICN)	2,647,270	3.1
5	제주 – 대구	1,834,155	5.8	후쿠오카(FUK) – 서울(ICN)	2,459,632	2.9
6	제주 – 광주	1,789,151	5.7	대북(TPE) – 서울(ICN)	2,438,171	2.8
7	김포 – 울산	524,038	1.7	다낭(DAD) – 서울(ICN)	2,437,044	2.8
8	인천 – 김해	459,777	1.5	하네다(HND) – 서울(GMP)	2,072,968	2.4
9	김포 – 여수	309,992	1	푸동(PVG) – 서울(ICN)	1,857,810	2.2
10	제주 – 군산	286,512	0.9	하노이(HAN) – 서울(ICN)	1,840,443	2.1

(3) 항공사별 여객 실적(국내선)

(단위 : 명, %)

구 분		2016년			2017년			2018년		
		여객	증감률	비중	여객	증감률	비중	여객	증감률	비중
대형 국적사	대한항공	7,904,329	6.4	25.6	7,988,802	1.1	24.7	6,957,415	–12.9	22
	아시아나항공	5,444,059	3.6	17.6	5,990,619	10	18.5	6,129,378	2.3	19.4
	소계	13,348,388	5.2	43.2	13,979,421	4.7	43.1	13,086,793	–6.4	41.4
저비용 항공사	에어부산	3,667,282	13.9	11.9	4,106,166	12	12.7	4,457,419	8.6	14.1
	에어서울	96,876	순증	0.3	–	–100	–	–	–	–
	이스타항공	2,530,686	22.9	8.2	3,006,318	18.8	9.3	3,032,694	0.9	9.6
	제주항공	4,533,247	8.1	14.7	4,641,543	2.4	14.3	4,676,134	0.7	14.8
	진에어	3,935,030	20.9	12.7	3,737,910	–5	11.5	3,474,740	–7	11
	티웨이항공	2,801,413	9.3	9.1	2,934,897	4.8	9.1	2,872,830	–2.1	9.1
	소계	17,564,534	14.9	56.8	18,426,834	4.9	56.9	18,513,817	0.5	58.6
합 계		30,912,922	10.5	100	32,406,255	4.8	100	31,600,610	–2.5	100

(4) 항공사별 여객 실적(국제선)

(단위 : 명, %)

구 분		2016년			2017년			2018년		
		여객	증감률	비중	여객	증감률	비중	여객	증감률	비중
대형 국적사	대한항공	19,036,977	8.3	26.1	18,924,701	−0.6	24.6	20,052,121	6	23.3
	아시아나항공	13,865,801	7.7	19	13,343,785	−3.8	17.3	13,726,644	2.9	16
	소계	32,902,778	8	45.1	32,268,486	−1.9	41.9	33,778,765	4.7	39.3
저비용 항공사	에어부산	2,215,581	36.4	3	3,003,639	35.6	3.9	3,610,156	20.2	4.2
	에어서울	117,374	순증	0.2	820,943	599.4	1.1	1,717,022	109.2	2
	이스타항공	2,073,512	58.8	2.8	2,514,596	21.3	3.3	2,870,742	14.2	3.3
	제주항공	4,124,597	41.1	5.7	5,825,360	41.2	7.6	7,284,521	25	8.5
	진에어	3,749,912	84.3	5.1	4,859,493	29.6	6.3	5,415,238	11.4	6.3
	티웨이항공	2,022,741	87.7	2.8	3,278,069	62.1	4.3	4,170,812	27.2	4.9
	소계	14,303,717	59.5	19.6	20,302,100	41.9	26.4	25,068,491	23.5	29.2
국적사	계	47,206,495	19.8	64.7	52,570,586	11.4	68.3	58,847,256	11.9	68.5
외항사	계	25,794,315	17.2	35.3	24,385,133	−5.5	31.7	27,078,032	11	31.5
	합 계	73,000,810	18.8	100	76,955,719	5.4	100	85,925,288	11.7	100

4) ICAO 가입국 순위별 운송 실적(2017년)

(단위 : 백만)

구 분	톤 km				여객 km				화물 톤 km			
	국내+국제		국제		국내+국제		국제		국내+국제		국제	
국 가	순위	실적	순위	실적	순위	실적	순위	실적	순위	실적	순위	실적
미국	1	184,130	1	66,425	1	1,551,96 5	1	451,578	1	41,592	1	24,727
중국	2	108,195	3	38,764	2	950,425	4	246,968	2	23,324	3	16,502
아랍에미리트	3	55,863	2	55,863	3	406,105	2	406,105	3	16,517	2	16,517
영국	4	35,983	4	35,192	4	323,732	3	314,655	11	5,917	11	5,916
독일	5	32,795	5	31,789	5	255,444	5	245,229	7	7,391	7	7,382
일본	6	27,090	11	18,992	10	191,538	15	97,519	6	10,685	6	9,700
러시아	7	25,529	15	14,824	7	205,407	16	95,174	10	6,845	10	6,167
한국	8	24,627	7	23,650	14	149,335	11	138,964	4	11,002	5	10,953
카타르	9	24,077	6	24,077	15	143,937	10	143,937	5	10,970	4	10,970

구 분	톤 km				여객 km				화물 톤 km			
	국내+국제		국제		국내+국제		국제		국내+국제		국제	
국 가	순위	실적	순위	실적	순위	실적	순위	실적	순위	실적	순위	실적
프랑스	10	23,943	10	19,001	9	192,910	8	149,163	14	4,261	14	3,823
터키	11	23,303	8	19,669	12	183,398	9	147,678	13	4,800	13	4,736
캐나다	12	22,573	14	16,820	6	216,780	7	159,135	15	2,841	16	2,311
싱가포르	13	19,601	9	19,601	16	134,929	12	134,929	9	7,007	9	7,007
인도	14	19,364	20	8,940	11	190,402	20	79,240	16	2,407	19	1,662
아일랜드	15	18,874	12	18,667	8	203,864	6	201,787	55	148	55	148
네덜란드	16	18,152	13	18,056	18	121,961	13	121,000	12	5,698	12	5,698
호주	17	16,969	18	10,272	13	155,093	18	85,776	19	1,983	18	1,857
태국	18	14,309	16	11,746	20	117,131	17	92,947	17	2,393	15	2,367
스페인	19	12,807	17	10,772	19	119,288	14	99,471	28	1,066	28	1,048
브라질	20	12,700	29	4,644	17	123,096	28	35,513	20	1,737	24	1,210
말레이시아	21	11,701	19	9,376	22	108,198	19	84,981	25	1,262	26	1,175
인도네시아	22	11,515	32	3,906	21	112,428	30	34,711	29	1,056	36	566
멕시코	23	9,864	28	4,929	23	89,317	25	41,053	30	929	32	820
스칸디나비아	24	8,298	23	7,065	24	75,056	21	62,516	35	772	34	762
룩셈부르크	25	7,549	21	7,549	82	2,274	79	2,274	8	7,321	8	7,321

5) 세계 항공수요 전망

(1) 여객수요 전망

발표기관	발표기준		예측기간	연평균 성장률(%)
IATA	국내선+국제선	여객	2017~2037	3.5
ICAO	국내선+국제선	여객 km	2013~2032	4.6
Airbus	국내선+국제선	여객 km	2018~2037	4.4
Boeing	국내선+국제선	여객 km	2018~2037	4.7
Embraer	국내선+국제선	여객 km	2018~2037	4.5
US FAA	국제선(외항사 포함)	여객	2017~2038	3.5
	국제선(미국항공사)	여객	2017~2038	3.4
Eurocontrol	Europe	IFR movements	2018~2024	2.3

(2) 화물수요 전망

발표기관	발표기준		예측기간	연평균 성장률(%)
IATA	국내선+국제선	화물 톤 km	2018~2020	4.9
ICAO	국내선+국제선	화물 톤 km	2013~2032	4.3
Airbus	국내선+국제선	화물 톤 km	2018~2037	3.4
Boeing	국내선+국제선	화물 톤 km	2018~2037	4.2
US FAA	미국화물항공사(국내선)	화물 톤 마일	2017~2038	1.9
	미국화물항공사(국제선)	화물 톤 마일	2017~2038	4.7
	미국화물항공사(전체)	화물 톤 마일	2017~2038	3.8

* 1. ICAO, Global Air Transport Outlook, 2018
  2. IATA, Air Passenger Forecasts-Global Report, 2018
  3. IATA, Freight Forecast, 2018
  4. Boeing, Commercial Market Outlook, 2018
  5. Airbus, Global Market Forecast, 20186. FAA, Aerospace Forecast Fiscal Year, 2018
  7. IATA, World Air Transport Statistics, 2018

(3) 항공시장 전망

항공기 제조업체 보잉Boeing의 '2018~2037년' 상업시장 전망에 따르면, 향후 20년 동안 여객 교통량은 연평균 4.7%가 성장할 것으로 예측하고 있다. 특히 중국을 중심으로 아시아 지역 시장이 세계 최대의 항공시장으로 성장할 것으로 전망하고 있으며, 대륙 중심부에 있는 중 동지역 항공사들은 지리적 강점으로 인해 1회 환승노선에서 상대적으로 높은 성장률을 기록할 전망이다.

한편, 과거 항공여객의 대부분은 북미와 유럽 지역 거주자였으나 현재는 전체 여객의 약 48%만이 이들 지역 거주자이며, 2037년에는 37%로 감소하면서 글로벌 항공시장의 판도가 변할 것으로 예상한다. 향후 20년 동안 신규 항공기 인도대수는 42,730대(연평균 3.5% 성장)로, 시장 가치는 약 6조 3,000억 달러에 달할 전망이며, 저비용항공사LCC들의 항공기 수요가 증가하면서 전체 항공기 수요 중 협동체Single-aisle 항공기가 70%(31,300대)를 차지하고, 광동체Wide-body 항공기는 9,000대 이상이 인도될 전망이다. 지역별로는 아시아 지역 항공사들이 항공기 신규 수요 중 약 40%를, 북미와 유럽 항공사들이 약 40%를, 그 외 중동, 라틴아메리카, CIS, 아프리카 지역 항공사들이 나머지 20%를 차지할 전망이다.

03 항공의 조직

1) 우리나라 정부와 산하기관

구 분	명 칭	홈페이지
국가기관	국토교통부	http://www.molit.go.kr
	서울지방항공청	http://www.molit.go.kr/sroa/intro.do
	부산지방항공청	http://www.molit.go.kr/broa/intro.do
	제주지방항공청	http://www.molit.go.kr/jroa/intro.do
	항공교통본부	http://www.molit.go.kr/atmo
	인천항공교통관제소	http://www.molit.go.kr/iatcro/intro.do
	항공철도사고조사위원회	http://araib.molit.go.kr
	항공기상청	http://kama.kma.go.kr
	외교부	http://www.mofa.go.kr
기관단체	한국교통안전공단	http://www.ts2020.kr
	한국항공협회	http://www.airtransport.or.kr
	대한민국항공회	http://www.fkaero.or.kr
	한국항공교통관제사협회	http://www.katca.or.kr
	한국통합물류협회	http://www.koila.or.kr
	한국국제물류협회	http://www.kiffa.or.kr
	한국항공우주기술협회	http://www.koaea.or.kr
	한국항공우주의학협회	http://www.asmak.or.kr
	한국민간항공조종사협회	http://alpak.or.kr
	한국항공우주산업진흥협회	http://www.aerospace.or.kr
	한국여행업협회	https://www.kata.or.kr
	대한민국 항공보안협회	http://www.kasa21.kr
연구기관	한국교통연구원	https://www.koti.re.kr
	한국항공우주연구원	http://www.kari.re.kr
	항공안전기술원	http://www.kiast.or.kr
	한국항공정책연구소	http://www.aviko.co.kr
	한진물류연구원	http://www.hli.re.kr
정보	항공정보포털시스템	http://www.airportal.go.kr
	항행시스템통합정보서비스	http://kantis.kr
	항공물류정보시스템	http://aircis.kr
	UbiKais 항공정보시스템	http://ubikais.fois.go.kr
	국가대중교통정보센터	http://www.tago.go.kr
	국가교통정보센터	http://www.its.go.kr

2) 우리나라 항공조직(국토교통부)

(1) 조직도

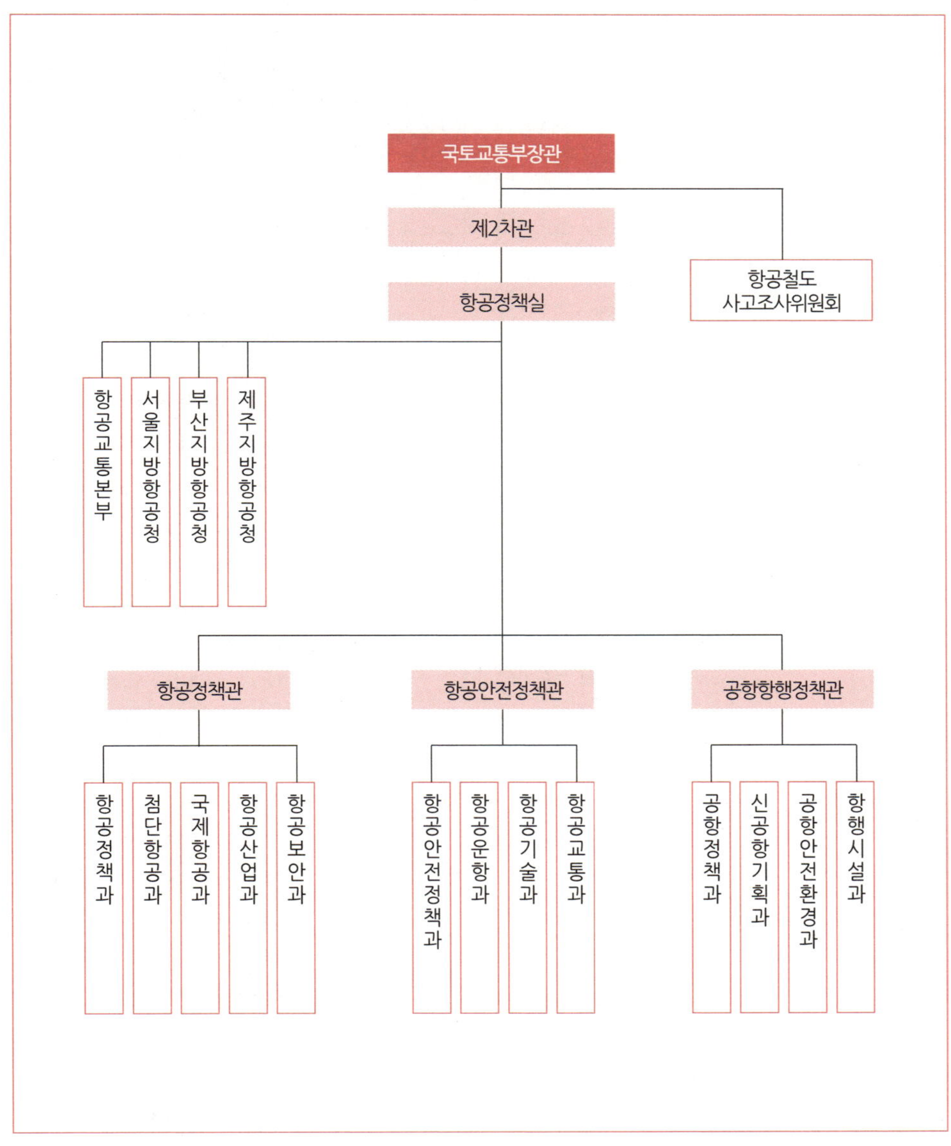

3) 각국 항공 민간항공 당국

국 가	명 칭	홈페이지
네덜란드	Ministry of Infrastructure and Water Management	https://www.rijksoverheid.nl
독일	Federal Aviation Office	http://www.lba.de
벨기에	Service public federal Mobiliteet Transports	http://www.mobilit.belgium.be
영국	Civil Aviation Authority	http://www.caa.co.uk
오스트리아	Austrian Ministry for Transport, Innovation and Technology	http://www.bmvit.gv.at
노르웨이	Civil Aviation Authority	http://www.luftfartstilsynet.no
덴마크	T he T ransport, Construction and Housing Authority	http://www.trafikstyrelsen.dk
스위스	Federal Office of Civil Aviation FOCA	http://www.bazl.admin.ch
이탈리아	Italian Civil Aviation Authority(ENAC)	http://www.enac.gov.it
체코	Civil Aviation Authority	http://www.caa.cz
프랑스	Bureau d'Enquêtes et d'Analyses pour la sécurité de l'Aviation Civile	http://www.bea.aero
스웨덴	Swedish Civil Aviation Administration	http://www.lfv.se
폴란드	Civil Aviation Authority	http://www.ulc.gov.pl/en
아일랜드	Irish Aviation Authority	http://www.iaa.ie
아이슬랜드	Icelandic Transport Authority	http://www.icetra.is
호주	Civil Aviation Safety Authority	http://www.casa.gov.au
뉴질랜드	Civil Aviation Authority	http://www.caa.govt.nz
피지	Civil Aviation Authority of Fiji(CAAF)	http://www.caaf.org.fj
일본	Ministry of Land, Infrastructure, Transport and Tourism	http://www.mlit.go.jp
중국	Civil Aviation Administration of China(CAAC)	http://www.caac.gov.cn
말레이시아	Civil Aviation Authority of malaysia	http://www.dca.gov.my
싱가포르	Civil Aviation Authority of Singapore	http://www.caas.gov.sg
인도	Ministry of Civil Aviation	http://www.civilaviation.gov.in
대만	Ministry of Transportation and Communications	http://www.caa.gov.tw
태국	T he Civil Aviation Authority of Thailand	https://www.caat.or.th/th
캄보디아	Ministry of Public Works and Transport	http://www.mpwt.gov.kh
홍콩	Civil Aviation Department	http://www.cad.gov.hk
방글라데시	Civil Aviation Authority of Bangladesh	http://www.caab.gov.bd
러시아	S tate Civil Aviation Authority	http://www.favt.ru
미국	Federal Aviation Administration(FAA)	http://www.faa.gov
캐나다	Transport Canada	http://www.tc.gc.ca

4) 국제기구

국제기구	영어명칭	홈페이지
국제민간항공기구	International Civil Aviation Organization	http://www.icao.int
유럽민간항공위원회	European Civil Aviation Conference	https://www.ecac-ceac.org
남미민간항공위원회	Comisi ó nLatinoamericana de Aviaci ó n Civil	http://clacsec.lima.icao.int
민간항행서비스기구	Civil Air Navigation Services Organization	https://www.canso.org
국제운항관리사협회	International Federation of Airline Dispatchers' Associations	http://ifalda.org
국제민간항공조종사협회	International Federation of Airline Pilots' Associations	http://ifalpa.org
국제관제사협회	International Federation of Air Traffic Controllers' Associations	http://www.ifatca.org
국제민간항공기등록소	International Register of Civil Aircraft	http://www.aviation-register.com
유럽항공안전청	European Union Aviation Safety Agency	http://www.easa.europa.eu
항공국연합훈련기구	Joint Aviation Authorities T raining Organization	https://jaato.com
유럽운항관리사협회	European Federation of Airline Dispatchers Associations	http://eufalda.org
유럽항행안전기구	European Organization for the Safety of Air Navigation	http://www.eurocontrol.int
국제항공안전조사기구	International Society of Air Safety Investigators	http://isasi.org
국제항공운송협회	International Air Transport Association	http://www.iata.org
아프리카항공사협회	African Airlines Association	http://afraa.org
아랍항공사기구	Arab Air Carriers Organization	http://aaco.org
아태지역항공사협회	Association of Asia Pacific Airlines	http://web.aapairlines.org
미국항공사협회	Airlines for America	http://airlines.org
유럽지역항공사협회	European Regions Airline Association	http://eraa.org
공항자문위원회	Airport Consultants Council	http://acconline.org
세계공항협회	Airports Council International	http://www.aci.aero
국제공항운영자협회	International Association of Airport Executives	https://www.aaae.org/iaae
국제항공연맹	Fédération Aéronautique Internationale	http://www.fai.org
국제비즈니스항공회	International Business Aviation Council	http://www.ibac.org
비행안전재단	Flight Safety Foundation	https://flightsafety.org
국제헬리콥터협회	Helicopter Association International	https://www.rotor.org
국제감항성연맹	International Federation of Airworthiness	http://www.ifairworthy.com
유럽항공심리협회	European Association for Aviation Psychology	http://www.eaap.net
국제운송안전협회	International T ransportation Safety Association	https://itsasafety.org

2019년 74회 IATA 정기총회(대한항공 개최)

2019년 ICAO 항공운송심포지엄 개최

(1) 주요 국제기구 소개

① 국제항공운송협회IATA

국제항공운송협회는 항공사의 무역협회로서 1945년 설립되었다. 설립 목적은 항공프로세스를 단순화하고 승객 편의를 향상함으로써 항공사에 도움을 주는 것이다. 운임계산을 위해 IATA는 다음과 같이 전 세계를 세 곳으로 구분해 놓고 있다.

- 남아메리카, 중앙아메리카, 북아메리카
- 유럽, 중동, 아프리카, IATA 유럽(지질학적으로 유럽인 곳과 모로코, 알제리, 튀니지를 포함)
- 아시아, 오세아니아, 태평양 섬

IATA에서는 세 문자 IATA 공항코드와 두 문자 IATA 항공사코드를 할당하고, 전 세계적으로 사용한다. ICAO도 공항과 항공사코드를 할당한다. IATA는 미국을 제외한 전 세계 여행사들에 관한 공인을 하는 역할도 하는데, 항공사 보고 조합에서 행해진다. IATA에 가입된 항공사를 대상으로 하는 항공권 판매에 관한 허가권은 국가기구를 통해 이루어지며, 그리고 IATA가 하는 일 중에는 위험물 분류에 관한 규정 제한과 IATA 위험물 제한에 관한 매뉴얼을 출판하기도 한다.

IATA는 모든 항공사에서 사용할 수 있는 표준항공권 양식을 만들었고, 오늘날에는 100% 전자발권을 하고 있다. 이 IATA는 규제기관은 아니지만, 회원사는 IATA 운영 및 안전감사를 준수한다는 것을 입증해야 한다.

② 국제민간항공기구ICAO

유엔 산하의 전문기구로 국제항공 운송에 필요한 원칙과 기술 및 안전에 관해 연구하고 있으며, 국제항공 운항의 원칙과 기술을 체계화하며 안전하고 질서 있는 성장을 보장하기 위해 국제항공 운송의 계획과 개발을 촉진한다. 본사는 캐나다 퀘벡주 몬트리올에 있다.

제2차 세계대전 때에 민간항공기의 발전에 따라서 1944년 국제민간항공조약(통칭 시카고 조약)에 근거하여 1947년 4월 4일에 발족했으며, 국제민간항공에 관한 원칙과 기술을 개발하고 제정하여, 항공분야 발달을 목적으로 한다. 총회, 이사회, 사무국과 보조기관이 되는 복수의 위원회로부터 구성되어 있으며, 위원회에서는 항공 운항, 기반시설, 비행점검, 불법간섭 방지 및 국제민간항공의 국경 횡단절차 촉진에 관한 표준과 권고안을 채택한다. ICAO는 국제민간항공에 관한 시카고협약에 서명하는 국가의 운송안전 당국이 뒤따르는 항공사고 조사를 위한 프로토콜을 정의하고 있다. ICAO는 시카고 조약을 비준하는 각국의 운수 안전당국의 준거가 되는, 항공기 사고 조사에 관한 조약을 정하고 있다. 또한 각 공항의 안전을 위해 공항 규모를 기준으로 소방대의 기준을 규정, 제시하고 있다.

5) 항공박물관

구 분	위 치	홈페이지
사천사이버항공우주센터	경상남도 사천시	http://www.sacheon.go.kr
한국항공대항공우주박물관	경기도 고양시	http://www.aerospacemuseum.or.kr
KAI 항공우주박물관	경상남도 사천시	http://kaimuseum.co.kr/kor
공군박물관	충청북도 청원시	http://afa.ac.kr
제주항공우주박물관	제주도 서귀포시	https://www.jdc-jam.com
정석항공관	제주도 서귀포시	–
일본나리타항공과학박물관	나리타, 일본	http://www.aeromuseum.or.jp

구 분	위 치	홈페이지
도코로자와 항공박물관	사이타마, 일본	https://tam-web.jsf.or.jp
홍콩우주박물관	침사추이, 홍콩	http://www.lcsd.gov.hk
호주무라빈항공우주박물관	무라빈공항, 호주 멜버른	http://www.aarg.com.au
뉴질랜드왕립공군박물관	크라이스트처치, 뉴질랜드 남섬	https://www.airforcemuseum.co.nz
스미소니언항공우주박물관	워싱턴D.C, 미국	https://airandspace.si.edu
오시코시항공모험박물관	위스콘신, 미국	https://www.eaa.org/en/eaa-museum
시애틀 비행박물관	보잉필드킹카운티공항, 미국	http://museumofflight.org
힐러 항공박물관	샌칼로스공항, 미국 샌프란시스코	http://www.hiller.org
1940박물관	휴스톤, 미국	http://1940airterminal.org
공군무기박물관	에글린비행장, 미국 플로리다	http://afarmamentmuseum.com
Air Zoo	포티지, 미국 미시건	http://www.airzoo.org
암스트롱항공우주박물관	와파코네타, 미국 오하이오	https://www.armstrongmuseum.org
뉴저지항공명예의전당	테터보로공항, 미국 뉴저지	http://www.njahof.org
켄터키 항공박물관	블루그래스공항, 미국 렉싱턴	https://www.aviationky.org
캘리포니아사이언스센터	로스앤젤레스, 미국 캘리포니아	https://californiasciencecenter.org
항공요람 박물관	가든시티, 미국 뉴욕	https://www.cradleofaviation.org
델타항공헤리티쥐박물관	애틀랜타, 미국 조지아	http://www.deltamuseum.org
에버그린항공박물관	맥민빌, 미국 오리건	http://www.evergreenmuseum.org
파고항공박물관	파고, 미국 노스다코타	http://www.fargoairmuseum.org
인트레피드해양항공우주박물관	맨해튼, 미국 뉴욕	https://www.intrepidmuseum.org
캔사스코스모우주센터	헛친슨, 미국 캔자스	http://cosmo.org
론스타비행박물관	갈베스톤, 미국 텍사스	http://www.lonestarflight.org
미군항공우주박물관	워너로빈스, 미국 조지아	http://www.museumofaviation.org

제주 정석항공관

시애틀 비행박물관(세계 최대)

6) 항공사의 조직

일반적으로 객실승무원은 주로 항공기내에서 근무하며, 본사에서 멀리 떨어져 수행하므로 항공사 운영방식을 이해하고 회사의 다양한 부서와 효과적으로 상호작용을 할 수 있는 능력이 중요하다. 각 항공사는 항공운항사업허가증AOC을 발급받기 위해서 안전한 운영을 위한 장소와 인재를 배치하는 시스템을 갖추어야 한다. 우리나라는 국토교통부에서 이에 관한 기준과 심사를 시행하며, 항공사마다 조금 차이가 있지만, 각 항공사의 운영매뉴얼에는 주요 책임자를 설명하는 조직도가 포함된다. 그러나 항공사마다 회사정책이 다르기 때문에 조직에도 약간의 차이가 있지만, 본부 차원의 전반적인 구조를 살펴보면 다음과 같다.

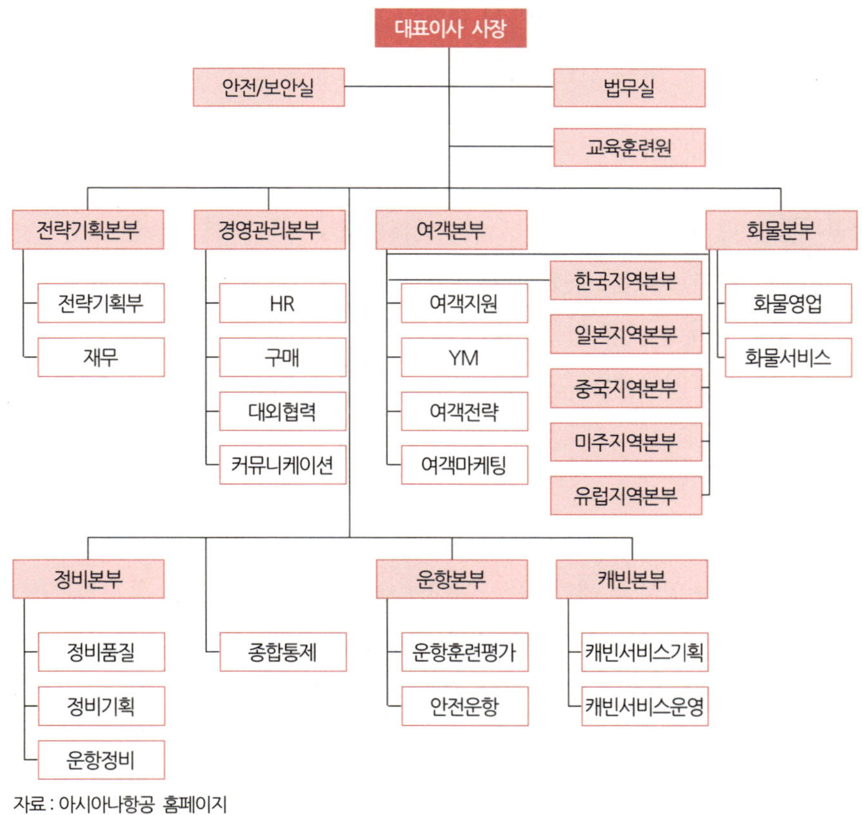

자료 : 아시아나항공 홈페이지

아시아나항공 조직도

(1) 경영관리본부

인사, 총무, 노무 등 회사경영에 필요한 기본적인 관리업무를 총괄하는 곳이다.

(2) 전략기획본부

대내 · 외 경영환경 분석을 바탕으로 회사 발전을 위한 장 · 단기 전략을 수립하고 회사경영 전반에 관한 현황 및 실적을 종합 분석하여 향후대책 및 발전 방향을 제시하는 본부이다.

(3) 영업본부

항공사 여객 영업활동을 총괄하는 본부로서 수익성 있는 노선을 개발하고 항공권 판매가격을 결정하며 영업이 잘되도록 마케팅 및 판매에 관한 장 · 단기 전략을 수립하며, 또한 국내 · 외 영업지점 및 공항운송지점 관리 등 실무영업 활동을 책임진다.

(4) 지역본부

항공사들은 대개 지역을 크게 묶어서 영업의 중심이 되는 핵심적인 대도시 한 곳을 선택하여 지역본부라는 것을 둔다. 물론 이들 본부들은 영업본부 산하에 있으며, 각 지역본부는 국내 본사에 있는 본부보다는 작은 단위로 구성되어 있다. 예를 들어 유럽지역본부, 미주지역본부, 중국지역본부, 일본지역본부 등이 있는데, 지역이나 영업적 특성에 따라 몇 개 국가를 묶어서 본부를 만들어놓고 그 지역 특성에 맞게 영업활동을 한다.

취항지마다 큰 도시 같은 경우에는 이런 본부 밑으로 시내에 영업지점들을 두고, 공항에는 공항운송 업무를 책임지는 운송지점을 만들어 운영한다. 이 지점들은 대개는 관리자는 본사에서 파견하고, 실무직원들은 현지직원을 채용하여 운영한다. 경우에 따라서는 자체 조직을 만들지 않고 에이전트사(社)를 활용해서 업무나 공항업무를 대행하는 경우도 있다.

(5) 화물본부

영업본부가 사람에 관한 부분이라면, 반대로 물건을 취급하는 화물본부가 있다. 항공사 화물 영업활동을 총괄하는 본부로서 항공기내 화물 영업활동을 총괄하는 본부이다. 항공기내 화물 탑재공간을 활용하여 다양한 마케팅 영업활동을 통해 화주들에게 화물공간을 판매하고 수주받은 화물을 목적지 공항까지 수송하는 등의 업무를 수행한다.

(6) 운항본부

항공기 안전운항을 위해 운항에 필요한 제반 표준절차를 수립하고 이를 바탕으로 조종사들의 조종상황을 관리 감독한다. 조종사들에 관한 채용, 훈련, 평가심사 등의 업무를 담당한다.

(7) 객실본부

항공기 운항 시 객실승무원이 수행하는 안전 및 객실서비스와 관련된 제반 계획 및 표준(절차 및 매뉴얼)을 수립하고, 또한 객실승무원들에 관한 채용지원, 훈련, 평가 및 심사 등의 업무를 담당한다. 기내 식음료, 면세품 판매, 객실서비스 물품에 관한 개발 및 물자관리 업무도 여기서 함께 담당한다.

(8) 정비본부

항공기 안전운항에 필요한 정비 업무를 책임진다. 매일매일 운항하는 항공기들은 해당항공기 정비점검을 담당하는 정비사의 확인서명 없이는 운항할 수가 없다.

(9) 기타

이외에도 항공기 안전운항과 관련된 감시 및 관리감독 업무를 독자적으로 수행하는 안전 보안실, 항공기 운항경로 계획을 수립하고 운항상황을 상시 모니터링 및 관리 감독하는 종합통제실 등이 있다. 대부분의 항공사들은 국토교통부 기준에 준해서 업무들을 수행하나, 경우에 따라서는 본부 이름이나 업무 형태가 항공사 특성에 따라 다소 차이가 있을 수 있다.

대한항공의 경우에는 위험요인에 선진적이고 체계적으로 대응하기 위해, 2008년 국내 항공사 최초로 안전관리시스템SMS : Safety Management System 규정 및 운영에 관한 국가승인서를 취득하였다. 안전관리시스템은 안전관리에 필요한 조직, 안전에 관한 책임, 정책과 절차 등의 내용을 포함하고 있다.

I feel happy not when I reach the destination
but while I take a trip.

목적지에 닿아야 행복해지는 것이 아니라,
여행하는 과정에서 행복을 느끼는 것이다.

– Andrew Matthews –

CHAPTER 02 공항의 이해

학습목표

1 공항의 기본시설과 공항터미널시설을 이해하고 설명할 수 있다.
2 공항의 기능과 분야별 업무를 이해하고 설명할 수 있다.
3 주요 공항의 공항코드를 알고 설명할 수 있다.

01 공 항

현재 4차 산업혁명 시대에 맞추어 과학의 발달과 동시에 교통의 발달 또한 가속화되었고, 국가 간의 상대적 거리가 점차 가까워지고 있다. 교통의 중요성과 여행의 접근성이 극대화되는 환경 속에서 공항의 역할과 서비스도 더욱더 높아지고 있다.

국제민간항공기구ICAO에서는 "공항이란, 항공기의 출·도착 및 지상이동을 위해 요구되는 건물, 시설, 장비 등이 갖추어진 육지나 수상의 일정한 구역"으로 정의하였다. 또한 미국연방항공청FAA은 공항을 'Airport'로 표기하고 "공항은 정기적으로 여객이나 화물을 싣고 내리는데 이용되는 착륙지역"으로 정의하였다. 그리고 우리나라 「항공법」 제2조 제5항에서는 "공항이란, 공항시설을 갖춘 공공용 비행장으로써 건설부 장관이 그 명칭과 위치 및 구역을 지정하고 고시한 것"을 말한다고 하였다.

이는 공항이 단순히 항공기의 이·착륙에 필요한 장소만을 의미하는 것이 아닌, 항공사가 여객과 화물을 운송하는데 요구되는 각종 시설과 장비를 갖추고 비행을 위한 공역이 확보된 상태의 비행장을 의미한다. 따라서 공항은 항공기의 이·착륙 및 여객·화물의 운송을 위한 시설과 그 부대시설 및 지원시설을 갖춘 공공용 비행장을 말한다.

1) 공항의 기본시설

공항은 일반 여객과 화물의 수송을 주목적으로 하며 활주로, 유도로, 관제탑, 격납고 등 여객과 수하물, 화물을 처리하는 시설을 갖추고 있다. 공항의 기능을 유지하는데 필요한 시설 중에서 항공기의 이·착륙과 관련하여 직접 또는 간접적으로 필요로 하는 시설을 '공항의 기본시설'이라고 한다. 공항의 기본시설은 착륙대, 유도로, 주기장 그리고 항공보안시설로 구분된다. 이 중 관제 및 등화를 담당하는 항공보안시설을 제외한 나머지 시설에서 항공기의 이·착륙이 이루어지게 된다.

(1) 활주로Runway

비행장 시설 중 가장 중요한 시설로써 활주하는 항공기의 중량과 착륙할 경우의 충격을 견딜 수 있는 버팀목이 된다. 주로 아스팔트나 콘크리트로 포장되어 그 비행장에서 가장 빈번하게 불어오는 바람의 방향과 일치하도록 설치하는 것이 통례로 되어 있다. 항공기가 이·착륙할 경우 가속이나 감속하는데 필요한 지상 활주용 노면을 '활주로'라고 한다.

자료 : 브뤼셀국제공항

활주로 모습

일반적으로 공항의 규모는 활주로의 수와 길이에 의해 결정된다고 해도 과언이 아니다. 활주로의 수는 항공수요와 기상조건을 고려하여 결정되며, 활주로는 공항지역에서 바람이 가장 많이 부는 방향으로 설정하여 바람의 영향을 최소화하게 된다. 활주로는 길이뿐만 아니라 강도가 중요하므로, 이·착륙하는 항공기의 하중 및 교통량에 견딜 수 있도록 포장되어야 한다.

(2) 유도로Taxiway

항공기가 활주로와 주기장 및 정비지역을 왕복하는데 이용하는 통로를 '유도로Taxiway'라고 한다. 유도로는 항공기의 이·착륙 횟수와 지상조업 능력 등을 고려하여 항공기의 지상이동을 원활히 수행할 수 있도록 적정한 규모로 설계되어야 한다. 비행장에서 에이프런(주기장, 터미널 포함)과 활주로 간에 비행기의 발착을 유도하는 통로이다. 비행장 내에서 항공기가 지상 활주하는 활주로를 제외한 길이나, 지상 비행장에서 항공기 배열에 사용되는 특별히 준비되고 지정된 통로를 뜻한다.

자료 : MSN

유도로 사인(대만공항에 착륙하여 유도로를 따라 가는 에바항공 비행기)

항공기의 지상통행 및 비행장 내의 한 부분과 다른 부분의 연결을 위해 육상 비행장에 설치한 일정한 통로로써 항공기 주기장 통행로, 계류장 유도로, 고속이탈 유도로가 포함된다.

(3) 주기장Apron

승객의 승강, 화물의 적재 및 하기, 연료보급 및 정비 등을 위해 항공기가 주기하는 장소를 '주기장'이라고 하며 터미널 빌딩과 정비지구에 접해 위치한다. 그 목적에 따라 탑승 주기장Loading Apron, 정비 주기장Maintenance Apron, 야간 주기장Night-stay Apron 등으로 나누어지며, 주기장의 수를 나타내는 단위로 '스팟Spot'을 사용한다.

인천국제공항 주기장

(4) 항공안전보안시설

항공기는 항공보안시설의 지원을 통해 안전하고 질서 있게 신속한 항행이 보장될 수 있다. 항공보안시설에는 전파에 의해 항공기의 항행을 원조하는 '항공보안무선시설', 등화에 의해 항공기의 항행을 원조하는 '항공등화', 주간 항행에 장애가 되는 물건의 존재를 인식하게 하는 '주간장애표시' 등이 있다. 항공보안무선시설은 항행원조시설, 관제시설, 통신시설, 등화시설 등으로 구분된다.

① 관제시설Air Control Tower

항공기의 안전운항을 지원하는 시설로써 항공기와 항공기 간의 상호 충돌방지와 지상 장애물과 항공기와의 충돌방지 등 항공교통의 안전과 질서유지에 그 목적을 두어 운영하고 있다. 특히 항공기 조종사에게 필요한 지시와 정보를 제공하는 관제 업무를 수행하는 곳을 '관제탑ATC : Air Traffic Control Tower'이라 한다. 공중 항적을 무선으로 통제하고 육안 혹은 레이더로 관측하는 비행장에 설치된 높게 솟은 시설물이다. 항공용 주파수 대역을 이용하여 운항하는 항공기와 관제탑 간의 무선통신시설이며, 비행장시설이 완비된 기지비행장 등에 설치되어 이·착륙하는 항공기, 비행장에 접근하는 항공기, 비행장 주위를 비행하는 항공기에 무전 및 특정신호 등의 통신수단을 사용하여 항공 교통을 통제하는 데에 사용된다.

자료 : 위키피디아

관제시설

② 등화시설ALS : Airfield Lighting System

항공기가 무선시설을 이용하여 공항에 접근한 후에는 조종사가 육안으로 활주로에 접근하여 착륙하게 되는데, 등화시설은 야간 또는 계기 기상상태 아래에서 항공기의 운항에 도움을 주기 위해 램프Lamp로 만들어진 시설이다. 진입등, 활주로등, 유도로 등이 있다.

공항 등화시설

2) 공항터미널시설

항공운송산업에서 가장 중점적인 사항은 '다국적 항공기 여행객의 안전과 편의 및 신속한 서비스로 고객의 만족을 이끌기 위해 지속적인 노력을 가하는 것'이라고 할 수 있다. 그러므로 공항터미널은 항공여행의 시작과 끝을 경험하게 되는 공항의 중심시설로, 항공기를 이용하는 여행객의 출·입국 및 편의시설을 갖추고 항공여행객에게 편의를 제공해 준다. 이를 위해 항공사, 공항 당국, 정부 관련 기관 등 공항업무를 위한 시설을 갖추고 있으며, 항공여행객의 항공노선에 따라 국내선 터미널과 국제선 터미널로 구분되고, 여객과 화물의 분류사항에 따라 여객터미널과 화물터미널로 구분된다. 또한 항공노선의 다양화와 함께 항공사의 수가 증가함에 따라 공항에 따라 여객터미널의 규모와 숫자가 늘어나고 있다.

따라서 인천국제공항도 여객터미널이 제1터미널, 제2터미널로 구분하여, 항공사별 사용하는 터미널이 다른 공항이 많으므로 공항 이용객들은 해당항공사가 사용하는 터미널을 확인하고 이용해야 한다.

자료 : 매일건설신문

인천국제공항 제1 · 제2터미널 조감도

(1) 여객터미널Passenger Terminal

여객터미널에서는 항공기를 이용하는 여행객의 원활한 항공여행을 위해 크게 세 가지 시설을 갖추고 있다.

① 항공사의 시설

- 예약 · 발권시설 : 항공편의 예약과 발권 등 영업업무를 위한 시설
- 탑승수속Check-in시설 : 탑승객의 좌석배정 및 수하물 인수를 위한 시설
- 수하물 처리Baggage Handling시설 : 수하물의 탑재와 하역 및 운반을 위한 시설
- 화물 처리Cargo Handling시설 : 항공화물의 상역과 하역 등을 위한 시설
- 라운지시설 : 각 항공사의 귀빈이나 전용회원을 위한 휴게 및 대기시설을 갖춘 공간

Check-in counters
Information
Check-in counter
Information after 20:30
B
KOREAN AIR
Premium Check
G
스마트체크인
SMART CHECK-IN
SMART
Bag-Drop
입구
Entrance
KAL LOUNGE

공항 내 항공시설

② 정부 관련 기관시설

- 출·입국Immigration관리시설: 여행객들의 적법한 출·입국 심사를 위한 시설이다. 자동출입국심사와 유인출국심사 두 가지가 있다. 자동출입국심사 이용의 가능 대상은 다음과 같다.

구분	대상	이용 방법
내국인	만 19세 이상	사전등록 절차 없이 바로 이용 (단, 개명 등 인적사항 변경 및 주민등록증 발급 후 30년 지난 국민은 사전등록 후 이용)
	만 7세~만 18세 미만	사전등록 후 이용 (7세 이상~14세 미만은 부모동반 및 가족관계 확인서류 제출)
외국인	17세 이상 등록외국인 (거소신고를 한 재외동포)	사전등록 없이 바로 이용
	17세 이상 단기체류 외국인	사전등록 없이 출국심사장에서 바로 이용 (입국 시 바이오정보 미제공자는 이용불가)

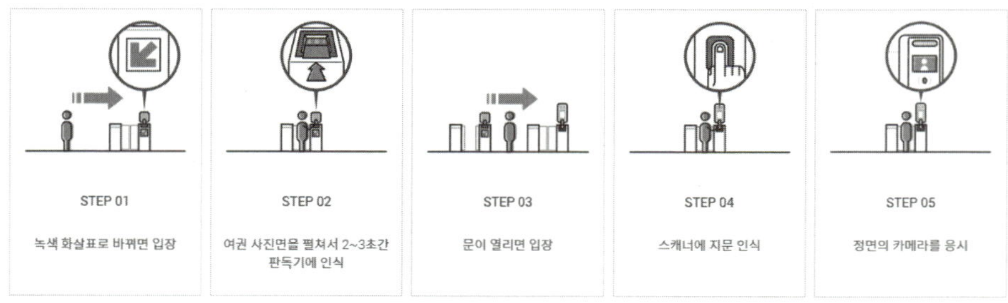

자료 : 인천국제공항 홈페이지

자동출입국 심사절차

자료 : 인천국제공항 홈페이지

유인출국 심사절차

- 세관Customs시설 : 수출 · 입 화물과 수하물에 관한 검사시설로, 해외로 반출되거나 국내로 반입되는 화물과 수하물의 적법성 여부를 검사하기 위한 시설이다.
- 검역Quarantine시설 : 여행객의 전염병 감염 여부를 검사하고 관리하기 위한 예비검역시설과, 해외로 반출되거나 국내로 반입되는 동 · 식물에 관한 질병 감염 여부를 검사하기 위한 시설이다.
- 기타시설 : 우편물, 경비, 병무신고, 정보 및 수사, 무역 및 관광진흥 등과 관련한 업무를 전담하기 위한 각종 공항시설이다.

공항 내 정부시설

③ 공항 당국의 여객서비스시설

공항 운영당국이 공항 이용객의 편의를 위해 직접 또는 간접적으로 운영하는 서비스시설이다. 인천국제공항은 입 · 출국에 필요한 서비스 외에도 공연, 한국전통문화센터, 전시 / 체험, 예술품, 미디어아트, 전망대 등 다양한 서비스시설을 갖추고 있다.

- 입국안내 등 서비스 카운터
- 운항시각 등 항공여행 안내를 위한 운항안내 표지판FIDS : Flight Information Display System
- 대기시설 및 휴게시설
- 쇼핑과 휴식을 위한 면세점 등 편의시설
- 환전을 위한 금융기관
- 수하물 보관소

- 인터넷 등 통신서비스시설
- 셔틀버스 운행 및 주차시설
- 교통약자서비스
- 응급의료시설

공항 내 다양한 시설

(2) 화물터미널시설

자료 : 대한항공 카고 홈페이지

대한항공 화물터미널

공항의 화물터미널은 공항과 가까운 위치에 인접하고 있으며, 항공화물과 우편물 등이 집산되는 항공물류의 중심지로 의미된다. 국제 항공운송이 이루어지는 화물터미널에는 정부 관련 기관의 세관시설 및 동·식물의 검역시설, 항공사의 수출·입 화물, 통과 화물 Transit Cargo의 취급을 위한 세관시설, 항공화물회사 및 화물운송 대리점의 화물 취급 시설 등이 갖추어져 있다.

- 정부 관련 기관의 세관시설
- 동·식물의 검역시설
- 항공사의 수출·입 화물 세관시설
- 통과화물 취급을 위한 세관시설
- 항공 화물회사시설
- 화물운송 대리점의 화물 취급시설

(3) 지상조업시설

자료 : JAS

제주공항 지상조업

공항터미널은 여객 및 화물을 위한 기본시설 이외에 항공운송을 지원하는 부대시설이 반드시 요구된다. 「항공법」에 따르면, "지상조업은 항공기 취급업의 일종으로서 공항 또는 비행장에서 항공기의 정비, 급유, 하역 및 기타 지상조업을 하는 사업"으로 정의된다. 지상조업시설은 크게 항공기를 운항할 수 있게 하는 공항의 지원 업무와 부대 업무 및 항공기의 이·착륙에 필요한 지상에서의 지원서비스로 구성된다.

① 램프서비스Ramp Service시설

항공기가 착륙하여 다시 이륙하기까지 수행되는 램프를 중심으로 수행되는 지상 조업이다.

- 항공기의 유도 및 견인
- 수하물 및 화물의 탑재와 하역
- 항공기 객실 및 외부청소
- 시동점화 및 전원공급
- 제설 및 방빙Anti-icing
- 식수공급
- 조업장비 정비
- 화장실 청소
- 기타 항공화물의 취급

② 여객서비스시설

항공여행객의 안전과 편리한 공항 이용 및 수하물을 신속하고 정확하게 분류하여 운송하기 위한 공항업무를 위한 시설이다.

- 승객의 탑승
- 승객의 하기 및 이동서비스
- 장애인 특별지원
- 수하물서비스

③ 기내식 사업

기내식 사업Catering이란, 항공기의 출발편에서는 승객에게 기내식, 음료, 잡지 등 서비스 품목을 최상의 상태로 제공할 수 있도록 전용 컨테이너에 적재하여 항공기의 출발편에 맞춰 기내의 지정된 위치에 탑재하며, 도착편에서는 각종 기내식 물품을 하역하여 이를 다시 기내식 센터로 반입하는 업무를 수행한다. 기내식 사업을 위한 시설은 다음과 같다.

- 조리
- 기내식 물품의 탑재 및 하기
- 기내식 세팅
- 기내식 물품의 수리

④ 항공기 급유

항공기 운항을 위한 연료를 저장하여 급유 장비 등을 이용하여 항공기를 급유하는 작업이 이루어진다.

자료 : Refuel International

항공기 급유

⑤ GSE 정비 및 격납고

GSE(Ground Service Equipment)란, 항공기에 지상 조업 지원을 위해 사용되는 장비를 뜻하며, 점검과 예방 정비를 통해 최적의 상태로 유지하기 위한 정비 업무이다. 격납고(Hanger)는 항공기의 점검과 부품관리 및 정비관리 점검 등의 업무가 수행된다.

자료 : AERO Specialties

공항 GSE서비스

3) 공항의 기능

항공 여객과 항공 화물의 총체적인 운송기지로서 여객과 화물의 출발지 또는 중간지 및 최종 목적지의 기능을 수행하는 곳으로 이 · 착륙 지원시설을 갖추고 있다. 또한 다양한 첨단 정보시스템을 구축하여 항공 발권부터 세관, 출 · 입국 수속, 검역 등을 시행하고 있는 국가 기본시설로서 중요한 기능을 담당하고 있다.

지속적인 항공수요의 상승, IT기술기반 지원시설의 구축으로 고객의 서비스 기대에 충족시키고자 공항은 다양한 설비와 서비스로 계속 발전을 거듭하고 있다.

4) 공항의 분야별 업무

(1) 승객관리Passenger Handling

항공기를 이용하는 승객들의 신속하고 정확한 탑승수속이 이루어질 수 있도록 하며, 국제선의 경우 일정한 출입국 심사과정이 요구되기 때문에 세관, 출입국, 검역의 C.I.Q에 관한 안내를 한다. 또한 9·11테러 이후 더욱 강화된 항공안전 및 보안으로 철저한 보안과 안전점검을 수행하고 있다.

(2) 항공운항준비업무Flight Dispatch

항공기 운항에 직접 요구되는 사항들로, 항공기의 출발 준비단계에서 수행되는 업무들로 이루어져 있다. 비행 스케줄Flight Schedule 확인, 비행계획Flight Plan 작성 및 제출, 승무원관리Crew Handling, 급유Fueling 등의 업무가 이루어진다.

(3) 화물관리Cargo Handling

화물운송에 요구되는 사항들로 업무가 구성되며, 화물창고 관리와 운영, 장비 및 항공물류 컨테이너 관리, 원활한 화물운송 등의 업무가 이루어진다.

(4) 정비 업무

항공기 자재의 안전성과 정시성 · 쾌적성의 유지를 위해 항공기의 주기적인 점검과 항공기의 이상 시 문제점이나 원인을 찾아내는 업무를 수행한다. 따라서 공항 안 정비구역 내에서 항공기의 점검, 항공기 부품관리 및 정비관리를 점검한다.

(5) 객실 업무

항공기에 탑승한 승객에게 만족스러운 서비스가 이루어질 수 있는 기반을 제공하는 업무이다. 비행 중 서비스 제공에 필요한 용품과 기물을 관리하며, 쾌적한 기내환경 유지를 위한 객실위생 및 설비를 담당하고 케이터링 업무를 포함한다.

(6) 조업 업무

지상조업은 각각의 항공편 운항이 원활히 이루어질 수 있도록 조력자 역할을 하는 업무이다. 따라서 지상조업은 매우 다양한 분야의 업무를 수행하게 되는데, 항공화물의 상·하역, 수하물 작업, 항공기 급유, 화물 검수, 기내식 운반, 기내청소, 항공기 외부세척, 항공기 유도 및 토잉 작업을 수행하게 된다.

02 주요 공항의 현황

1) 인천국제공항의 개요

인천국제공항은 인천광역시 중구 운서동에 있으며 동북아시아의 허브Hub공항으로 개항하였다. 총 2개의 여객터미널로 구성되어 있으며, 제2여객터미널은 연간 공항을 이용하는 사람들이 많고 운항노선이 더욱 다양해지는 만큼 취항사도 많아져 2018년 1월 18일에 정식 개장하였다.

제1여객터미널과 제2여객터미널의 가장 큰 차이점은 취항하는 항공사가 다르다. 제1여객터미널에 대부분의 항공사가 있으며, 제2여객터미널은 대한항공 및 대한항공이 속한 항공동맹인 '스카이팀' 항공사들이 있다. 2020년 2월 현재 84개 항공사를 통해서 54개 국가, 180개 도시와 연결되고 있다. 그리고 탑승동은 여객 처리를 원활히 하기 위해 건설된 곳으로 30개의 탑승구가 있다. 또한 교통을 관리하는 교통센터는 주차장과 철도역 등 다양한 교통시설을 컨트롤 하고 있다.

운항은 기존 3개의 활주로에서 실행되고 있으며, 운항 횟수는 2016년 기준 총 33만 9,673회, 이용 여객은 총 5,776만 5,397명, 화물 운송량은 총 354만 2,643톤을 기록하였다.

제1여객터미널 취항 항공사	제2여객터미널 취항 항공사
아시아나항공	대한항공
제주항공	델타항공
진에어	에어프랑스
에어서울	KLM네덜란드항공
에어부산	아에로멕시코
티웨이항공	알리탈리아
이스타항공	중화항공
기타 LCC 항공사	가루다인도네시아
기타 외국 항공사	샤먼항공
	체코항공
	아에로플로트

개항 이후 비약적인 발전을 거듭하여 세계적인 공항으로 자리잡았으며, 국제공항협의회ACI가 주관하는 '세계공항서비스평가ASQ'에서 2005년부터 2017년까지 12년간 연속하여 1위를 차지하였다.

2) 인천국제공항시설 서비스

(1) 제1여객터미널

제1여객터미널Passenger Terminal 1, T1은 2001년 3월 개항과 함께 운영되고 있는 터미널로 1~50번까지 총 44개의 탑승구가 있으며, 체크인 카운터가 270개, 여권심사대 120개, 보안검색대 28개, 출발여객 처리용량은 시간당 6,400명이다. 2008년 6월 20일에 탑승동이 개장하면서 외국 항공사들이 이동하였고, 아시아나항공 등 대한민국 국적 항공사들이 탑승구를 이용하고 있다. 2018년 상반기에 제2여객터미널의 개장으로 인한 탑승수속 창구가 조정 · 재배치되었고, 아시아나항공이 인천공항 동편으로 이동하였다.

- 출발층(출국) : 여객터미널 3층(외부에서 여객터미널로 도착하는 버스는 3층으로 도착, 외부로 나가는 버스는 1층에서 출발), 제2여객터미널 무료순환셔틀버스
- 도착층(입국) : 여객터미널 1층 도착게이트는 A~F까지 6개로 운영

- 버스승차장 및 매표소 : 여객터미널 내부(4, 9번 출구 옆), 외부(4, 6, 7, 8, 11, 13번 출구 근처)의 버스 매표소에서 버스 관련 안내 및 승차권 구입 가능
- 주차장 단기주차장(소형 1일 24,000원) : 여객터미널에서 횡단보도, 지상 / 지하 연결통로 이동 가능
- 장기주차장(소형 1일 9,000원) : 여객터미널 도착층 3A, 13B에서 장기주차장행(8~16분 간격) 무료셔틀버스 탑승 이동

① 탑승동

탑승동Concourse은 여객터미널의 여객처리 능력을 늘리기 위해 설치한 제1여객터미널의 부속시설이다. 2008년 6월에 제1여객터미널에서 북쪽으로 0.9km 떨어진 곳에 건설되었고, 101~132번까지 총 30개의 탑승구가 설치되어 있다. 외국계 항공사는 탑승동이 설치되면서 모두 탑승동으로 옮겨졌는데, 제2여객터미널이 개장된 후에는 외항사 중 일부도 제1여객터미널을 사용하고 있다.

탑승동의 승객은 제1여객터미널의 27번과 28번 탑승구 사이에서 셔틀트레인을 타고 이동한다. 또 탑승동과 제2여객터미널 사이에도 길이 1.5km의 셔틀트레인이 연결되어 있는데, 이 구간은 제1여객터미널(탑승동 포함)과 제2여객터미널 사이의 환승객을 위해 운행한다. 셔틀트레인은 탑승동의 승객과 제1여객터미널(탑승동 포함)~제2여객터미널 간의 환승객만 이용할 수 있으며, 셔틀트레인을 타고 이동한 승객은 반대방향으로 되돌아갈 수가 없다.

1992년 설계 당시 인천국제공항은 미국의 하츠필드 잭슨 애틀랜타 국제공항을 모델로 삼아 여객터미널과 4개의 탑승동을 건설하는 것으로 설계되었고, 이러한 기본설계에 따라 처음에는 '탑승동 A'라고 불렸다. 그러나 2009년에 탑승동 B · C · D 계획을 취소하고 제2여객터미널을 건설하기로 하면서 '탑승동'으로 명칭이 변경되었다.

② 교통센터

제1여객터미널과 장기주차장 사이의 부지에 자리 잡은 교통센터Transportation 주차장 및 철도시설 등 다양한 교통시설을 겸하고 있다. 서울역 및 김포국제공항을 잇는

인천국제공항철도의 인천공항 제1터미널 역이 위치하며, 지상 1층~지하 2층에 승용차 및 단기주차장 부지가 조성되어 있다. 횡단보도와 지하 및 지상 연결통로를 통하여 여객터미널을 왕래할 수 있다. 다만, 역과 터미널이 다소 떨어져 있어 공항공사에

탑승동

베트남항공	비엣젯항공	상하이항공	세부퍼시픽항공	스쿠트타이거항공
에어서울	에어아시아엑스	이스타항공	제주항공	중국남방항공
중국동방항공	진에어	춘추항공	타이에어아시아엑스	티웨이항공
홍콩익스프레스				

제1여객터미널

S7항공	라오항공	로얄브루나이항공	루프트한자 독일항공	말레이시아 에어라인스
몽골항공	미얀마국제항공	뱀부 항공	사천항공	산동항공
스카이 앙코르 항공	심천항공	싱가포르항공	아메리칸항공	아시아나항공
야쿠티아항공	에미레이트항공	에바항공	에어 뉴질랜드	에어 아스타나
에어마카우	에어부산	에어인디아 리미티드	에티오피아항공	에티하드 항공
영국항공	오로라항공	우즈베키스탄항공	유나이티드항공	유니항공
일본항공	젯스타	중국국제항공	천진항공	카타르항공
캐나다항공	캐세이패시픽항공	타이거에어 타이완	타이항공	터키항공
팬퍼시픽항공	폴란드항공	핀에어	필리핀에어아시아	필리핀항공
하와이안 항공	홍콩항공			

자료 : 인천국제공항 홈페이지

인천국제공항 제1터미널 취항 항공사

서는 노약자 및 많은 짐을 소지한 사람을 위해 역과 터미널을 빠르게 이어주는 카트 서비스를 가동 중이다. 지상 2층에는 인천공항 자기부상철도의 승강장이 있으며, 2016년 2월 기준 9시부터 18시까지 무료로 운행하고 있다. 또한 여행객 및 상주직원의 편의를 위해 음식점, 편의점, 은행, 여행사 등의 편의시설이 갖추어져 있지만, 공식 운영되고 있는 인천공항 주차대행을 이용하지 않고 사설 주차대행을 이용할 경우 피해보상이 제대로 이루어지지 않을 수 있으므로 주의할 필요가 있다.

한편, 완공 당시인 2000년대 초반에는 현대적인 건축디자인 및 탁 트인 공간배치 등의 여러 이점으로 인해, 클릭비의 '카우보이' 등 다수의 뮤직비디오 촬영장소로 활용되기도 했다.

(2) 제2여객터미널

- 출발층(출국) : 여객터미널 3층(외부에서 여객터미널로 도착하는 버스는 3층으로 도착, 외부로 나가는 버스는 1층에서 출발), 제1여객터미널 무료순환셔틀버스(5~18분 간격)
- 도착층(입국) : 여객터미널 1층 도착게이트는 A~B까지 2개로 운영
- 버스승차장 & 매표소 : 제2교통센터 B1 / 버스터미널에서 승차권 구매 가능
- 주차장 단기주차장(소형 1일 24,000원) : 제2교통센터 B1(지하 연결통로 이동 가능)
- 장기주차장(소형 1일 9,000원)층 : 도착층 3B에서 장기주차장행(5~18분 간격) 무료셔틀버스 탑승이동

① 제2여객터미널Passenger Terminal 2, T2

인천국제공항의 3단계 계획에 따라 제1터미널에서 북쪽으로 약 2.4km 떨어진 곳에 35만m^2의 규모로 건설되었다. 2013년 9월 26일에 착공하여 2017년 9월 30일에 완공하였으며 2018년 1월 18일에 개장하였다. 230~270번까지 총 40개의 탑승구가 있으며 체크인 카운터가 204개, 항공권 자동발급기인 셀프체크인 기기 62대, 셀프백드롭이 34대, 자동출입국 심사대가 52대, 여권심사대 20개, 보안검색대 24개, 출발여객 처리용량은 시간당 약 5,000명이다. 개장 초에는 스카이팀 항공사 중 대한항공, KLM,

에어프랑스, 델타항공이 사용하였고, 2018년 10월 28일에 아에로멕시코, 알리탈리아, 중화항공, 가루다 인도네시아항공, 샤먼항공, 체코항공, 아에로플로트 등 7개 항공사가 추가로 배치되었다. 추후 시설을 두 배까지 확장하여 스카이팀에 참여하는 모든 항공사가 제1터미널로부터 옮겨와 사용할 계획이다.

② 제2교통센터Transportation Center2

제2여객터미널과 제2합동청사 사이의 부지에 자리 잡은 제2교통센터는 주차장 및 철도시설 및 버스터미널 등 다양한 교통시설을 겸하고 있다. 서울역 및 인천공항 제1터미널역을 잇는 인천국제공항철도의 인천공항 2터미널 역이 위치하며, 지상 1층~지하 2층에 렌터카 및 단기주차장 부지가 조성되어 있다. 횡단보도와 지하 및 지상 연결통로를 통하여 여객터미널을 왕래할 수 있다. 제1터미널역과 비교하면 역과 터미널이 매우 가까이에 있다.

인천국제공항공사에서는 노약자와 많은 짐을 소지한 사람을 위해 역과 터미널을 빠르게 이어주는 카트서비스를 가동 중이다. 또한 여행자 및 상주 직원의 편의를 위해 음식점, 편의점, 캡슐호텔 등의 편의시설이 갖추어져 있다.

Garuda Indonesia 가루다인도네시아	KOREAN AIR 대한항공	DELTA 델타항공	XIAMENAIR 샤먼항공	아에로멕시코
AEROFLOT 아에로플로트 러시아항공	Alitalia 알리탈리아	AIRFRANCE 에어 프랑스	CHINA AIRLINES 중화항공	CZECH AIRLINES 체코항공
KLM 케에엘엠네덜란드항공				

자료 : 인천국제공항 홈페이지

인천국제공항 제2터미널 취항 항공사

3) 세계 주요 공항

항공서비스 전문기관인 스카이트랙스가 2019년 공항을 이용한 고객들을 대상으로 투표한 결과, 발표한 공항 순위에서 싱가포르 창이국제공항이 1위를 차지하였다.

- 1위 창이국제공항(싱가포르)
- 2위 도쿄하네다국제공항(일본)
- 3위 인천국제공항(한국)
- 4위 도하하마드국제공항(카타르)
- 5위 홍콩국제공항(홍콩)
- 6위 센트레아 나고야중부국제공항(일본)
- 7위 뮌헨국제공항(독일)
- 8위 런던 히스로국제공항(영국)
- 9위 도쿄 나리타국제공항(일본)
- 10위 취리히국제공항(스위스)

자료 : 스카이트랙스 홈페이지
싱가포르 창이국제공항

주요 국제공항을 살펴보면 다음과 같다.

(1) 싱가포르 창이국제공항Singapore Changi Airport

싱가포르의 국제공항이다. 런던 히스로공항과 마찬가지로 세계적인 국제공항임에도 공식명칭에 'International'이 포함되어 있지 않은데, 이 공항의 국내선은 남쪽 섬 지역으로 오가는 노선 1개만 존재할 수밖에 없으므로 창이국제공항으로 흔히 불리며, 싱가포르 시내에서 약 20km 떨어진 '창이' 지역에 있다. 싱가포르항공과 싱가포르항공의 자회사인 실크에어, 스쿠트항공과 제트스타 아시아도 허브로 쓰고 있다. 순수 민간공항은 아니고 군 겸용공항으로, 싱가포르 공군 2개 비행대가 주둔하고 있으며, 약 7km 떨어진 곳에 별도의 공군비행장인 파야 레바Paya Lebar 공군기지가 있다. 이곳이 옛 파야르바르 국제공항이다.

기존의 관문이었던 파야르바르 국제공항을 대체하기 위해 지어져 1981년에 개항되었고, 이후 파야르바르는 군 비행장이 되었다. 2010년대 들어서 각종 평가에서 거의 세계 최고의 공항으로 꼽힌다. 2019년 4월 17일, 복합 쇼핑몰인 창이 주얼Changi Jewel이 개장되었는데, 지상 5층, 지하 5층에 달하는 대규모 복합공간으로 문을 열었으며 싱가포르 최초의 쉐이크 쉑 매장도 이곳에 들어섰다.

자료 : 창이국제공항 홈페이지

창이국제공항

(2) 도쿄 하네다국제공항Haneda International Airport

일본 국내선 네트워크의 허브이며 동시에 일본 국제선 기능도 상당부분 담당하고 있는 중요공항이다. 서울 김포국제공항, 중국 상하이 훙차오국제공항, 대만 타이베이 쑹산국제공항과 단거리 국제선 셔틀노선이 연결되어 있고, 나리타 국제공항 및 김포국제공항과 달리 국제선 터미널 및 C, D 활주로를 24시간 운영할 수 있어 심야에는 미주 및 유럽 등지로 향하는 국제선 노선도 상당수 운영된다. 단 국내선 터미널은 이전과 같이 0시부터 5시까지는 개관하지 않는다.

여러모로 대한민국의 김포국제공항과 비슷한 포지션에 있었던 공항으로, 나리타 국제공항 개항 이후 한동안 국내선 전용공항을 지향했으나, 1978년에 나리타 국제공항이 개항하고도 지속해서 증가하는 국내선 수요, 나리타 국제공항의 여러 문제점, 나리타 국제공항 건설 당시보다 크게 발달한 토목기술 등의 요인으로 기존 레이아웃을 엎을 만큼 크게 확장하여 국제선도 본격적으로 취급하기 시작했다. 이후에도 구 국내선 터미널을 허물고 현 국제선 터미널을 신축하는 등 현재의 하네다공항은 거의 구 하네다공항의 앞바다였던 부지라고 보아도 별 무리가 없다.

2020년 3월 29일부터는 드디어 요코타 공역 제한이 완화되어 하네다 신루트가 개통된다. 이는 나리타 국제공항을 포기하면서 일본정부의 염원이 되었던 요코타 공역의 민항기 진입에 관해 미군이 반대해 왔기에, 그동안 서쪽에서 도쿄에 진입할 경우에는 요코타 공역 위를 비행하고 공항에 급하강하거나 크게 우회하다가 도쿄만에서

급선회하는 루트를 선택할 수밖에 없었다. 어느 쪽이든 공항의 경쟁력을 깎아먹는 주요 요인이었다. 그러나 2020년 도쿄올림픽을 계기로 공역 제한이 완화되기로 결정되었고, 이미 영향평가를 위해 일부 항공편이 2월 2일 오후부터 요코타 공역을 통과하기 시작하면서 그동안 볼 수 없었던 비행기 창밖으로 도쿄 타워를 볼 수 있다. 다만 요코타 공역에 관한 민항기 접근은 남풍이 부는 오후 3~7시 사이로는 제한이 된다. 그리고 도심을 저공으로 가로지르는 형태의 루트라 소음과 얼음 등의 낙하물에 관한 우려가 제기되고 있고, 착륙이 어렵다는 조종사들의 의견도 나오고 있다.

그러나 이렇게 좋은 공항이지만, 대한민국에서 하네다를 오고 가는 항공편은 운수권 쿼터가 제한되어 인천과 김포 등 수도권 공항에만 개설되어 있으며, 김해공항 등에서 노선 신설 요청이 있다. 반면, 나리타행은 2013년 3월에 운수권 제한이 없어져 저가항공이 다수 취항하고 있다.

자료 : 도쿄 하네다국제공항 홈페이지

도쿄 하네다국제공항

(3) 런던 히스로국제공항Heathrow Airport

히스로공항은 1944년 영국정부가 현재의 공항부지에 공군기지를 건설하면서 시작되었다. 제2차 세계대전이 끝나자, 영국정부는 이를 민항으로 전환하였고, 개 · 보수를 거쳐 1946년 5월 31일 18개의 취항노선을 기반으로 하여 개항하였다.

1965년 공항의 운영 주체인 영국공항공단British Airports Authority이 출범하였다. 1980년대 마거릿 대처 총리가 공기업 민영화를 강하게 추진할 때 스페인 건설사인 페로비알Ferrovial이 영국공항공단의 최대 주주가 되었다. 이 공항은 2개의 활주로(길이 3,900m,

3,660m)와 5개의 여객터미널, 연간 125만 톤을 처리할 수 있는 화물터미널을 갖추었는데, 특히 2008년 새로 개장한 제5터미널은 길이 396m × 너비 176m, 높이 40m로 단일 건물로는 영국 최대 규모의 건물이다. 제5터미널은 공항이 너무 혼잡하다는 이용객의 불만이 폭주하면서, 기존의 제2터미널도 새로 지어진 제5터미널과 비슷한 수준의 시설과 규모를 갖춘 터미널로 재개장하였다.

히스로공항은 유럽공항들 중 이용객이 가장 많은 공항으로, 2013년 이용객수 기준으로 미국의 하츠필드 잭슨 애틀랜타국제공항, 중국의 베이징국제공항에 이어 전 세계 3위를 기록했다.

자료 : 런던 히스로국제공항 홈페이지

런던 히스로국제공항

03 공항코드

1) 혼선을 방지하는 공항코드

항공부문에서는 항공기가 뜨고 내리는 공항을 IATA 혹은 ICAO 규칙에 맞추어 코드화하여 사용하고 있다. 일반 이름을 사용하는 데에 따른 동일 이름 중복, 혼선을 방지하기 위해서다. 공항코드 외에 도시코드City Code도 사용 중인데, 도시코드와 공항코드가 일치하는 경우도 있고 그렇지 않은 경우도 있다. 예를 들어, 서울의 IATA 도시코드는 'SEL'이고 김포공항은 'GMP', 인천공항은 'ICN'인 것처럼 도시코드와 공항코드가 다르지만, 부산은 도시코드, 공항코드 모두 'PUS'를 사용한다.

공항(혹은 도시)코드는 IATA 기준으로는 3자리 영문자로 구성되며, ICAO 기준에서는 4자리 영문자로 되어 있으나 IATA 코드로 주로 통용된다. 도시명 혹은 공항 명칭을 유추할 수 있는 가능한 유사한 문자 3개로 구성한다. 예를 들어, 서울은 'SEL', 로스엔젤레스는 'LAX', 시드니는 'SYD' 등으로 표기한다. 주로 일반인들이 많이 접하는 예약, 발권, 공항 분야에 널리 사용되며, 항공권 상의 도시(공항)코드, 위탁수하물 태그에 기재되는 도시(공항)코드 등이 대표적이다. ICAO 코드에서 첫 글자 R은 서부 북태평양 지역을, 두 번째 K는 대한민국을 뜻한다. 아울러 세 번째 글자는 지역이나 사용 목적을 가리키며 다음과 같다.

S 수도권(서울, 인천, 경기), N 강원, T 중부(대전, 대구, 충북, 충남, 경북), J 전라(광주, 전북, 전남), P 경남, 제주(부산, 울산, 경남, 제주), B, D(헬기장) 등 기타 비행장을 포함한 대한민국 내 비행장 현황은 국토교통부 항공정보간행물의 GEN 2.4 LOCATION INDICATORS에서 확인할 수 있다.

(1) 의미 없는 문자를 넣어 만든 도시의 공항코드

도시나 공항코드 중에 'X'라는 스펠이 포함된 것을 종종 보게 된다. 로스앤젤레스 'LAX'가 대표적인데, 로스앤젤레스 코드가 애초부터 3자리였던 것은 아니다. 미국에서는 각 도시, 공항코드를 당시 사용했던 '날씨장소Weather Station코드'를 그대로 사용했는데, 도시 / 공항이 많아지면서 3자리 코드화를 해야 했고, 여기에 아무런 의미가 없는 글자 'X'를 넣어 'LAX'라는 공항코드가 탄생하게 되었다.

이와 유사하게 포틀랜드의 'PDX' 역시 의미 없는 글자 'X'를 넣어 만든 것이며, 한창 허브공항으로 주목받고 있는 두바이 역시도 'DUB'라는 코드를 가지고 싶었으나 이미 더블린의 'DUB'에서 사용하고 있던 터라 할 수 없이 의미 없는 글자 'X'를 넣어 'DXB'가 되었다. 또한 비슷한 이유로 시드니공항 중 하나인 Sydney West Airport의 코드도 'SWZ'로 정해졌다('Z' 역시 의미를 부여하지 않는 문자임).

(2) 한 도시에 여러 공항이 있을 경우

항공교통이 늘어 공항 한 개로 감당하기가 힘들어지면 공항이 추가로 생겨나는데, 이때 지어진 이름들은 대개 도시명과 공항 이름, 지역을 조합하는 경우가 있다. 런던이 대표적인 도시인데, 대표공항인 히스로공항은 'London Heathrow'에서 'LHR'을 만들어냈고, 개트윅공항은 'London Gatwick'에서 'LGW'를, 시티공항은 'London City'에서 'LCY' 코드를 만들어 사용하고 있다. 물론 이렇게 만들지 않은 도시와 공항도 많다. 뉴욕의 'JFK', 'LGA', 'EWR' 등이 자유롭게 만들어 사용되고 있다.

(3) 도시명은 바뀌어도 코드는 그대로

사람의 선입견, 관습은 떨쳐내기가 쉽지 않다. 알파벳 변경 규칙에 따라 영문 도시명이 바뀐 경우가 있었다. 예를 들어, 부산은 'Pusan'에서 'Busan'으로, 광주는 'Kwangju'에서 'Gwangju'로 바뀌었다. 하지만 도시, 공항코드는 여전히 바뀌기 전 것인 'PUS', 'KWJ'을 사용하고 있다. 코드를 바꿈으로 인해 발생하는 혼선을 막자는 것이 그 이유이다. 아마도 가장 대표적인 곳이 북경(베이징) 공항코드인 'PEK'가 아닐까 싶다.

한 예로 베이징 도시코드는 'BJS'를 사용하고 있음에도 불구하고 굳이 공항코드를 'PEK'로 유지하는 이유는 베이징의 예전 이름, 아니 발음이 'Peking'이었기 때문이다. 오랫동안 사용하여 전 세계에 'Peking'이라는 이름으로 알려진 상황에서 굳이 'BJS'로 변경할 의미가 없기 때문이다.

시카고의 대표공항인 오헤어공항은 오헤어O'Hare라는 이름과는 관계없이 공항이 최초 지어질 때 주변의 작은 농촌마을 이름인 'Orchard'라는 데서 'ORD' 코드를 따 변경없이 지금도 사용하고 있다.

(4) 국가코드를 바탕으로 만든 일괄적 공항 / 도시코드

캐나다는 조금 독특한 공항 / 도시코드를 가지고 있는데, 도시 이름과는 상관없이 대부분이 'Y'로 시작한다. 항공 초기시대에 북미 지역에서 무선통신 코드를 지역에 따라 나누어 사용했다. 미시시피강 동쪽 지역에서는 'W', 서쪽 지역에서는 'K'를 사용했고, 캐나다 지역에서는 'Y'를 사용했다.

캐나다는 자국이 사용했던 이 무선통신 코드인 'Y'에 각 도시 이름을 코드화해서 도시/공항코드로 사용하고 있다. 밴쿠버Vancouver는 'YVR', 오타와Ottawa는 'YOW', 토론토Toronto는 'YTO'를 사용한다.

2) 국내 공항코드

우리나라에는 8개의 국제공항과 7개의 국내공항이 있다. 인천국제공항을 제외한 모든 공항을 한국공항공사가 운영한다.

종 별	도 시	공항(IATA)	공항(ICAO)	공항 명칭	위 치
국제전용	서울/인천	ICN	RKSI	인천국제공항	인천광역시 중구
국제	서울	GMP	RKSS	김포국제공항	서울특별시 강서구
국제	양양	YNY	RKNY	양양국제공항	강원도 양양군
국내/군용	원주	WJU	RKNW	원주공항	강원도 횡성군
국제/군용	대구	TAE	RKTN	대구국제공항	대구광역시 동구
국제/군용	청주	CJJ	RKTU	청주국제공항	충청북도 청주시
국내/군용	포항	KPO	RKTH	포항공항	경상북도 포항시 남구
국제/군용	부산	PUS	RKPK	김해국제공항	부산광역시 강서구
국제	제주	CJU	RKPC	제주국제공항	제주특별자치도 제주시
국내/군용	진주	HIN	RKPS	사천공항	경상남도 사천시
국내	울산	USN	RKPU	울산공항	울산광역시 북구
국제	무안	MWX	RKJB	무안국제공항	전라남도 무안군
국내/군용	광주	KWJ	RKJJ	광주공항	광주광역시 광산구
국내/군용	군산	KUV	RKJK	군산공항	전라북도 군산시
국내	여수	RSU	RKJY	여수공항	전라남도 여수시

3) 주요 국외 공항코드

국 가	도시명	공항(IATA)	공항(ICAO)	공항 명칭
뉴질랜드	오클랜드	AKL	NZAA	Auckland International Airport
네덜란드	암스테르담	AMS	EHAM	Schiphol Airport
미국	앵커리지	ANC	PANC	Ted Stevens International Airport (Anchorage International)
일본	아오모리	AOJ	RJSA	Aomori Airport
미국	애틀랜타	ATL	KATL	Hartsfield-Jackson Atlanta International Airport
일본	아키다	AXT	RJSK	Akita Airport
바레인	바레인	BAH	OBBI	Bahrain International Airport
태국	방콕	BKK	VTBS	Suvarnabhumi International Airport (New Bangkok International)
오스트레일리아	브리즈번	BNE	YBBN	Brisbane International Airport
인도	뭄바이	BOM	VABB	Chhatrapati Shivaji International Airport
미국	보스턴	BOS	KBOS	Logan International Airport
이집트	카이로	CAI	HECA	Cairo International Airport
프랑스	파리	CDG	LFPG	Charles De Gaulle Airport
인도네시아	자카르타	CGK	WIII	Soekarno-hatta International Airport
뉴질랜드	크라이스트처치	CHC	NZCH	Christchurch International Airport
스리랑카	콜롬보	CMB	VCBI	Bandaranaike International Airport
일본	삿포로	CTS	RJCC	Chitose Airport
미국	덴버	DEN	KDEN	Denver International Airport(Replaced Stapleton Int'l)
미국	달라스	DFW	KDFW	Dallas Fort Worth International Airport
인도네시아	덴파사	DPS	WADD	Ngurah Rai Airport
아랍에미리트	두바이	DXB	OMDB	Dubai International Airport
미국	뉴어크	EWR	KEWR	Newark Liberty International Airport
이탈리아	로마	FCO	LIRF	Fiumicino Airport(Leonardo Da Vinci International)
독일	프랑크푸르트	FRA	EDDF	Frankfurt International Airport(Rhein Main)
일본	후쿠오카	FUK	RJFF	Fukuoka Airport
브라질	상파울루	GRU	SBGR	Guarulhos International Airport
괌	괌	GUM	PGUM	Antonio Borja Won Pat International Airport(A. B. Won Pat International)
베트남	하노이	HAN	VVNB	Noi bai International Airport

국 가	도시명	공항(IATA)	공항(ICAO)	공항 명칭
일본	히로시마	HIJ	RJOA	Hiroshima International Airport
홍콩	홍콩	Hkg	VHHH	Hong Kong International Airport(Chek Lap Kok)
태국	푸켓	HKT	VTSP	Phuket International Airport
미국	호놀룰루	HNL	PHNL	Honolulu International Airport
미국	워싱턴디씨	IAD	KIAD	Washington Dulles International Airport
미국	뉴욕	JFK	KJFK	John F Kennedy International Airport
일본	니가타	KIJ	RJSN	Niigata Airport
일본	오사카	KIX	RJBB	Kansai International Airport
중국	쿤밍	KMG	ZPPP	Kunming Changshui International Airport
일본	미조베	KOJ	RJFK	Kagoshima Airport
말레이시아	쿠알라룸푸르	KUL	WMKK	Kuala Lumpur International Airport
미국	로스앤젤레스	LAX	KLAX	Los Angeles International Airport
영국	런던	LHR	EGLL	Heathrow Airport
스페인	마드리드	MAD	LEMD	Madrid Barajas Airport
필리핀	마닐라	MNL	RPLL	Ninoy Aquino International Airport
피지	난디	NAN	NFFN	Nadi International Airport
일본	나고야	NGO	RJGG	Chubu Centrair International Airport(Central Japan)
일본	나가사키	NGS	RJFU	Nagasaki Airport
일본	도쿄	NRT	RJAA	Narita Airport
일본	무사시	OIT	RJFO	Oita Airport
일본	오키나와	OKA	ROAH	Naha Airport
일본	오카야마	OKJ	RJOB	Okayama Airport
미국	시카고	ORD	KORD	O'Hare International Airport
중국	베이징	PEK	ZBAA	Beijing Capital Airport
일본	나토리	SDJ	RJSS	Sendai Airport
미국	샌프란시스코	SFO	KSFO	San Francisco International Airport
베트남	호찌민	SGN	VVTS	Tan Son Nhat Airport
중국	상하이	SHA	ZSSS	Hongqiao Airport
중국	선양	SHE	ZYTX	Shenyang Taoxian International Airport
중국	시안	SIA	ZLSN	Xiguan Airport
싱가포르	싱가포르	SIN	WSSS	Changi Airport
북마리아나제도	사이판	SPN	PGSN	Saipan International Airport
러시아	모스크바	SVO	UUEE	Sheremetyevo International Airport

국 가	도시명	공항(IATA)	공항(ICAO)	공항 명칭
호주	시드니	SYD	YSSY	Kingsford Smith Airport(Sydney International)
중국	산야	SYX	ZJSY	Sanya Phonix International Airport(Formerly Sanya Fenghuang)
중국	칭다오	TAO	ZSQD	Qingdao Liuting International Airport
이스라엘	텔아비브	TLV	LLBG	Ben Gurion International Airport
중국	지난	TNA	ZSJN	Jinan Yaoqiang Airport
타이완	타이베이	TPE	RCTP	Taiwan Taoyuan International Airport(Formerly Chiang Kai-shek International)
중국	텐진	TSN	ZBTJ	Tianjin Binhai International Airport
몽골	울란바토르	ULN	ZMUB	Chinggis Khaan International Airport Hha
오스트리아	빈	VIE	LOWW	Vienna International Airport
러시아	블라디보스토크	VVO	UHWW	Vladivostok International Airport

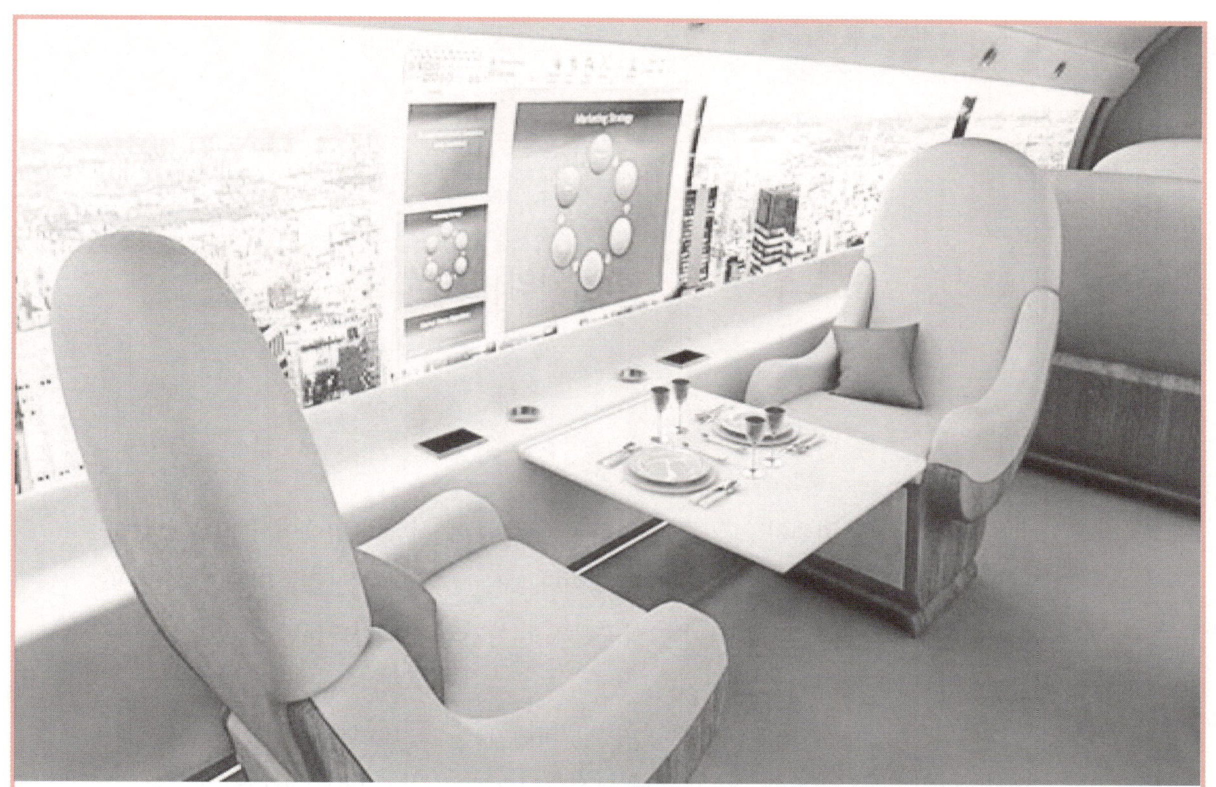

Come to the Edge	여기 끝으로 오거라
Come to the edge.	여기 끝으로 오거라.
We might fall.	우린 떨어질 거예요.
Come to the edge.	여기 끝으로 오거라.
It's too high!	너무 높아요!
Come to the edge.	여기 끝으로 오거라!
And they came.	그제야 그들은 갔다.
And he pushed.	그는 그들을 끝에서 밀었고,
And they Flew.	그러자 그들은 날았다.

– Christopher Logue –

CHAPTER 03 항공기의 이해

학습목표

1 항공기의 정의와 분류를 이해하고 설명할 수 있다.
2 항공기 주요 구조와 명칭 및 기능을 이해하고 설명할 수 있다.
3 비행원리와 운동, 통신시스템을 이해하고 설명할 수 있다.
4 항공기 기종별 등록부호와 주요 항공기의 외형상 특징을 이해하고 설명할 수 있다.
5 항공기 크기에 따른 기내구성과 기능에 따른 구분을 이해하고 설명할 수 있다.

01 항공기의 분류

1) 항공기의 정의

항공기Aircraft는 비행기Airplane를 포함하여 대기 중에 사람이 만들어서 띄우거나 하늘을 날아다니는 거의 모든 기구의 총칭이다. 모든 날아다니는 것들의 포괄적인 표현이다. 우리가 흔히 타고 다니는 항공사의 비행기와 헬리콥터뿐만 아니라 기구나 비행선까지 다 항공기에 포함된다.

「항공법」 제2조 제1항에서는 "항공기란 비행기Airplane, 비행선Lighter than Air, 활공기Glider, 회전익 항공기Rotorcraft, 그 밖에 대통령령으로 정하는 것으로써 항공에 사용할 수 있는 기기를 항공기"라고 정의하고 있다. 그리고 국제민간항공기구ICAO : International Civil Aviation Organization에서는 항공기를 "공기의 반작용으로 안전하게 하늘을 날 수 있는 비행기, 비행선, 활공기, 회전날개 항공기 등"으로 정의하고 있다.

2) 항공기의 분류

항공기가 합법적으로 운항하기 위해서는 우리나라 「항공법」상 규정되어 있는 감항증명을 받아서 항공기의 감항성에 관하여 인정을 받아야 한다. 여기서 감항성이란, 항공기의 안전성에 관한 확보를 위한 기술상 기준을 가리키며, 항공기의 용도와 운용한계를 기준지어 주는 중요한 조건이다. 비행기의 형식에 따른 구분은 「항공법」상에서의 감항류별 구분과 날개, 동력장치 및 비행속도와 이·착륙 성능 등으로 구분할 수 있다.

(1) 감항에 따른 분류

보통Normal, 실용Utility, 곡기Acrobatic, 수송Transport으로 구분한다.

보 통	최대 이륙중량 5,700kg 이하 / 60도 경사를 넘지 않는 보통비행에 적합
실 용	최대 이륙중량 5,700kg 이하 / N류에 적용하는 비행 또는 60도 이상의 경사 선회, 레이지 에이트, 샨델 등에 적합
곡 기	최대 이륙중량 5,700kg 이하 / N류에 적용하는 비행 또는 곡예비행에 적합
수 송	수송사업용으로 적합

(2) 날개 형태에 따른 분류

비행기의 날개 평면 모양에 따라 사각, 테이퍼, 타원형, 뒤젖힘, 앞젖힘, 삼각날개 등으로 분류하고, 날개의 수에 따라 홑날개, 겹날개, 세겹날개 비행기 등으로 분류한다.

(3) 동력장치에 따른 분류

비행기의 동력장치수에 따라서 단발, 쌍발, 다발 비행기로 분류하며, 동력장치의 종류에 따라서 왕복기관 비행기와 제트기관 비행기로 분류한다.

(4) 비행속도에 따른 분류

아음속 비행기	비행기 주변 공기의 속도가 모든 곳에서 음속에 달하지 않는 속도로 비행하며, 마하 0.75 미만의 순항속도의 비행기
천음속 비행기	비행기 주변 공기의 속도가 어느 곳에서는 음속보다 크고, 어느 곳에서는 음속보다 작은 아음속과 초음속이 함께 존재하는 상태의 속도로 순항하며 마하 0.75 이상, 1.2 미만의 비행기
초음속 비행기	순항속도가 음속보다 빠른 비행기로 마하수 1.2 이상, 5 미만의 속도 비행기
극초음속 비행기	순항속도가 음속의 5배 이상이며 특별한 동력장치를 갖춘 비행기

(5) 이 · 착륙 성능에 따른 분류

CTOL	일반적인 이 · 착륙을 하는 비행기로 특별한 장치와 기관을 갖추지 않는다.
STOL	단거리 이 · 착륙기, 짧은 활주로에서의 이 · 착륙이 가능하고 이 · 착륙 속도의 차이가 크다.
VTOL	수직 이 · 착륙기, 이륙 또는 착륙 시에 활주하지 않고 수직상승 또는 강화할 수 있다.

(6) 카테고리별 분류

비행기Airplane, 회전익 항공기Rotorcraft, 활공기Glider, 비행선Lighter than Air으로 나뉜다.

비행기는 이 · 착륙 장소(육지 또는 해상)에 따라, 그리고 엔진의 숫자에 따라 육상단발, 육상다발, 해상단발, 해상다발로 구분된다.

(7) 형식별 분류

B737, B777, B787, A330, A380 등으로 제작사 고유모델명이 붙여진다.

02 항공기의 구조

1) 날개 구조

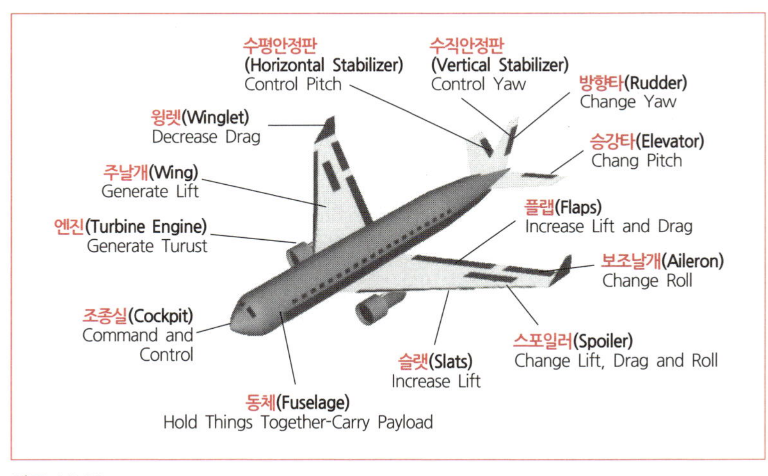

자료 : NASA

항공기의 구조

(1) 주날개 부분

① 에일러론Aileron, 보조날개

양쪽 날개에 부착되어 비행기가 오른쪽이나 왼쪽으로 경사지도록Rolling 하는 역할을 담당한다. 러더Rudder, 방향타와 같이 사용하며 선회Turning할 경우 사용한다. 좌·우 날개에 각각 장착되어 있으며, 서로 반대로 움직인다.

자료 : Aviation Stack Exchange

에일러론

② 플랩Flap, 고양력 장치

저속에서 양력을 증대시키기 위해 날개의 면적과 받음각Angle of Attack을 증가시키는 고양력 장치를 총칭해서 플랩Flap이라고 한다. 이·착륙 시 저속에서도 많은 양력을 얻을 수 있어서 이륙 또는 착륙을 위한 활주거리를 줄일 수 있다.

플랩이 수납된 모습

플랩을 올린 후 모습

B787-9 플랩

③ 스포일러Spoiler 또는 Speed Brake

항공기의 주날개에는 양력을 증가시키는 장치뿐만 아니라, 감소시키는 장치도 부착되어 있다. 이것을 일반적으로 스포일러Spoiler라 하며, 양력을 감소시켜 착륙 및 활주 시에는 공기저항을 증대시키고 브레이크Brake 효과를 높여주어 활주거리를 줄이는 데에 도움을 준다. 또한 롤링Rolling 운동 시 에일러론Aileron을 보조한다.

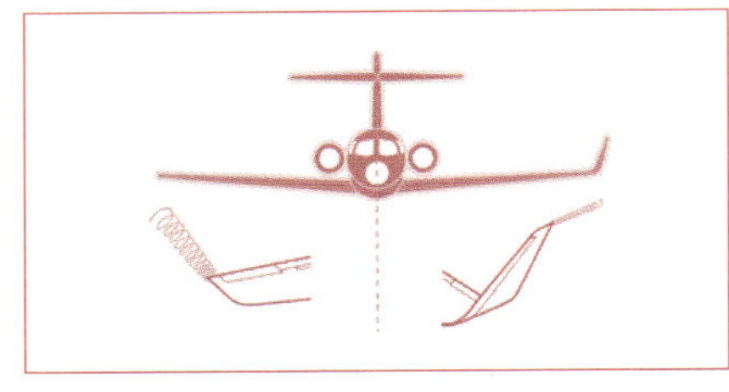

자료 : AOPA

윙렛의 기능

④ 윙렛Winglet

비행 중 날개 끝에는 항상 공기저항을 유발하는 소용돌이Vortex가 발생하는데, 윙렛은 소용돌이의 강도를 줄여 항력을 감소시킨다.

(2) 꼬리날개 부분(수평 꼬리날개 및 수직 꼬리날개로 구성됨)

① 승강타Elevator

승강타는 수평 꼬리날개의 뒷부분에 설치되어 있으며, 비행기의 가로축을 중심으로 기수를 상·하로 움직이게 하는 피칭운동Pitching을 한다. 예를 들면, 비행기 이륙 시 기수를 올려 상승시키는 작용을 한다. 즉 비행기의 고도상승, 하강 시 사용한다.

② 러더Rudder, 방향타

방향타는 수직 꼬리날개의 뒷부분에 설치되어 있으며, 비행기의 수직축을 중심으로 기수의 방향을 좌·우로 움직이게 하는 요잉운동Yawing, 빗놀이운동을 하게 한다. 또한 이·착륙 시 기수방향을 활주로와 정렬하는데 사용하거나, 한쪽 엔진이 작동하지 않아서 생기는 좌·우 추력 불균형 상태를 바로잡는 목적으로도 사용한다.

2) 추력발생 부분

(1) 엔진Engine

비행기가 앞으로 나가는 힘, 즉 추력을 생성하며 이외에도 전기, 유압, 여압시스템에 필요한 에너지를 제공한다. 터보팬Turbofan 엔진을 사용하며, 추력의 단위로 파운드LBS를 상용한다.

3) 기타 부분

(1) 기상레이더Airborne Weather Radar

기상레이더는 전자기파가 물체에 부딪히면 되돌아오는 특성을 이용하는 장비이다. 기상레이더의 전자기파는 물방울을 탐지하는데 최적화되었으며, 물방울로부터 반사된 전자기파를 감지해 강수량의 위치, 높이, 강도를 감지하고 표시한다. 이외에도 강수현상과 동반된 난기류 및 저고도 윈드시어를 감지, 경고해 준다.

(2) 브레이크Brake

비행기의 착륙장치 구성품 중의 하나로 착륙거리를 단축해 준다. 유압으로 조정하는 디스크식 브레이크를 많이 사용하며, 대형기에는 다중 디스크 브레이크를 주로 사용한다. 항공기의 제동장치는 착륙활주 거리를 단축해주고, 지상활주 중의 속도를 조절하는 역할을 한다.

자료 : Safran Landing System

항공기 브레이크

(3) 바퀴 및 타이어Wheel and Tire

비행기 바퀴 및 타이어의 지름은 약 120cm이며, 착륙 시 발생하는 충격과 속도, 열을 견딜 수 있도록 특수설계로 제작된다. 보잉 B747기종에는 총 18개, 에어버스 A380에는 22개가 장착된다.

(4) 보조동력 장치APU : Auxiliary Power Unit

보조동력 장치는 엔진시동 전 지상에서, 또는 비행하는 중 비상시 항공기에 필요한 보조적인 동력을 공급하는 장치이다. 보조동력 장치는 추력을 발생시키지 않을 것을 제외하고는 작동방식 및 역할은 제트엔진과 동일하다. 일종의 소형 제트엔진이라 할 수 있으며 전기에너지Electric Energy와 공기압Pneumatic Pressure을 생성한다.

자료 : 위키피디아

APU 내·외부 모습

03 비행원리

1) 비행기 날개의 단면 모양(에어포일)

날개를 수직으로 자르면 유선형의 단면을 볼 수 있는데, 이러한 날개의 단면 형상을 에어포일Airfoil이라 한다. 에어포일은 항공기 성능에 직결되는 매우 중요한 부분이다. 이 에어포일 주변의 공기 흐름 및 그 결과 발생하는 현상을 살펴보면, 날개가 적당한 각도로 공기와 부딪치면 윗면에 흐르는 공기의 속도가 아랫면에 흐르는 공기의 속도보다 빠르다.

2) 날개에 양력이 생기는 원리

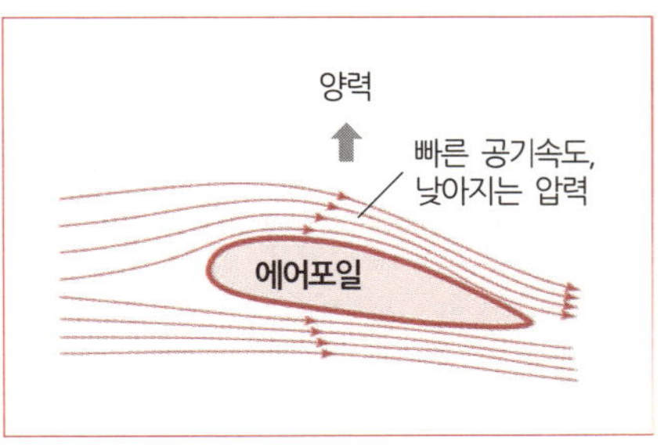

날개에서 양력이 생성되는 원리를 이해하기 위해서는 '베르누이 정리Bernoulli's Principle'를 이해해야 한다.

베르누이 정리란, 공기와 같은 유체Fluid가 흐를 경우 속도와 압력에 관한 관계를 나타낸 것으로, 공기의 속도가 빨라질수록 공기의 압력이 낮아지고, 공기의 속도가 느려질수록 압력은 높아진다. 그림은 날개 주변의 공기 흐름을 보여준다. 그림에서 날개 윗면을 지나가는 공기의 속도가 주변의 공기보다 빠른 것을 볼 수 있다. 베르누이의 정리에 의하면, 주변보다 속도가 빨라질수록 압력이 낮아지게 된다. 이에 날개 윗면은 상대적으로 주변의 공기보다 압력이 낮게 된다. 반면, 날개 아랫면을 지나가는 공기의 속도는 주변의 공기보다 느리다. 역시 베르누이의 정리로, 공기속도가 느려질수록 압력이 높아지게 된다. 이에 날개의 아랫면은 상대적으로 주변의 공기보다 압력이 높아지게 된다. 공기의 경우 압력은 높은 곳에서 압력이 낮은 곳으로 흐르려는 특성이 있다. 날개 아랫면 공기의 압력이 상대적으로 크고 윗면 공기의 압력이 낮기 때문에, 공기는 아랫면에서 윗면으로 움직이려는 힘이 작용한다.

결론적으로, 날개 위·아래면 공기의 속력차에 의해 발생한 압력차이가 결국 양력을 발생시키는 것을 알 수가 있다. 결국 양력은 날개 위·아래 면의 압력차(베르누이의 정리)에 의해 발생한다.

3) 비행기에 작용하는 4가지의 힘

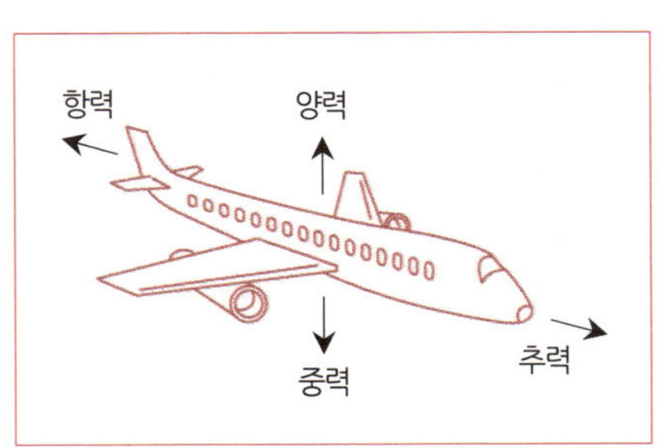

(1) 중력Weight, Gravity

모든 사물은 만유인력의 법칙에 의해 지구의 중심으로 떨어지려는 성질을 가지고 있다.

비행기가 추락하지 않기 위해서는 이 중력을 이겨낼 수 있는 양력이 필요하다.

(2) 양력Lift

양력은 물체를 위로 상승하게 하는 힘으로, 양력이 생성되는 원리는 비행기의 속도를 가했을 경우 비행기 날개의 위쪽 공기가 날개의 아래쪽 공기보다 더 빠르게 움직이는 힘을 이용하여 비행기가 공중으로 상승할 수 있게 만든다. 유체의 속력이 증가하면 압력이 감소하는데, 이것은 에너지보존 법칙의 결과이다. 이를 '베르누이 정리Bernoulli's Principle'라고 한다. 날개 모양이 아래쪽보다 위쪽에서 조금 더 빠르게 스쳐 지나가게 되어 있다. 따라서 날개 아래쪽보다 위쪽의 압력이 더 낮으므로 위 방향의 힘이 생겨난다.

(3) 항력Drag

항력은 비행기나 선박의 경우처럼 물체가 유체(기체 · 액체) 속을 운동하면 주위의 유체에서 힘을 받는데, 그때 속도와 반대방향으로 받는 힘의 성분이다. '저항력'이라고도 하는데, 항력이 생기는 원인은 주위의 유체 종류, 운동하는 물체의 형태, 크기, 속도 등에 따라 다르다. 속도가 커지면 물체의 뒤쪽에 소용돌이가 생겨 항력을 급격히 증대시킨다. 비행기나 선박이 등속도로 진행하고 있을 때에는 프로펠러 등에 의한 추력이 항력과 균형을 이룬다. 자동차, 열차, 비행기, 선박 등 고속으로 운동하는 물체는 이 항력을 줄일 수 있는 형태로 설계된다.

(4) 추력Thrust

추력이란, 프로펠러의 회전 또는 가스분사의 반동에 의해 생기는 추진력을 말한다. 프로펠러는 앞쪽에서 접근해 오는 기류를 뒤쪽으로 가속하고, 가스분사 장치는 연료의 연소로 생기는 고에너지의 가스를 노즐에서 분출 · 가속시키는데, 이때 생기는 반력(反力)이 추력이다.

4) 비행기의 3가지 기본운동 : Rolling, Pitching, Yawing

운항중인 비행기는 무게 중심을 중심으로 하는 X · Y · Z축을 축으로 하여 롤링, 피칭, 요잉운동을 한다. 비행기가 공중을 안전하게 비행하려면 이 세 가지 기본운동이 조화롭게 이루어져야 한다. 비행기의 세 가지 기본운동을 필요에 따라 운항승무원이 비행기를 조종할 수 있게 하는 것이 바로 날개 및 꼬리 날개에 장착된 조종면Contrl Surface이다. 비행기 조종에 사용되는 조종면Control Surface에는 에일러론Aileron, 승강타Elevator, 러더Rudder, 스포일러Spoiler가 있다.

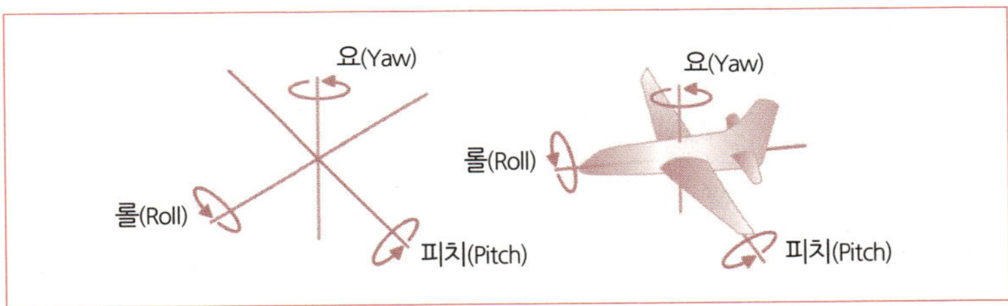

5) 항공기 통신시스템

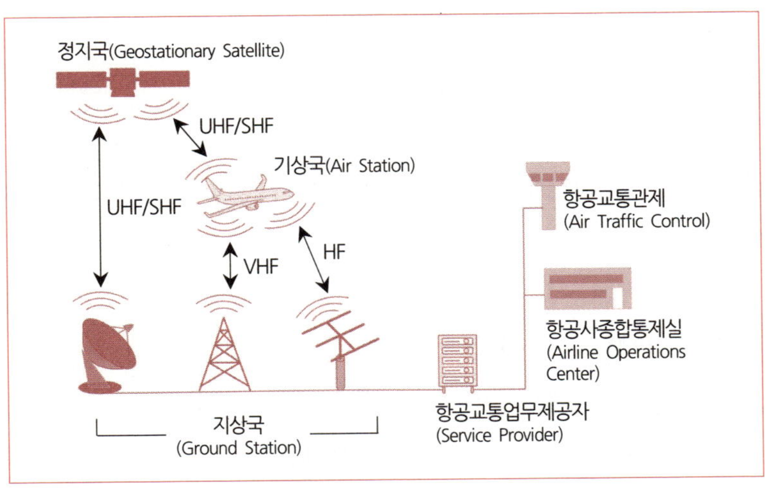

자료 : Aviation security at OXFORD

항공기 통신시스템

(1) Very High Frequency VHF 음성 통신시스템

항공무선통신은 초단파 VHF 대역의 전파를 사용하며 항공교통관제 무선통신, 운항관리통신 등에 사용 중이며 매우 중요한 역할을 담당하고 있다. VHF 대역은 직진성이 우수하지만, 산과 같은 지상 장애물에 의해 전파가 차단될 수 있다. 이 때문에 음성 통신거리는 장애물로부터 얼마나 벗어나 있는가, 즉 얼마나 높이 비행하느냐에 따라 정해지며 비행기의 경우 순항 중 약 400km 정도이다.

(2) Very High Frequency VHF 데이터 통신시스템

VHF 대역을 사용해 비행기와 지상의 네트워크 간에 데이터 Data 통신을 수행하는 것을 VHF 데이터 통신이라 하며, 대표적인 시스템이 Aircraft Communication Addressing and Reporting System, 즉 ACARS이다.

ACARS는 항공기의 운항에 관한 제반 보고사항을 지상에 제공하고 필요한 정보를 지상에서 제공받는다. ACARS는 항공기의 장착 장비, 지상 정보망, 지상 호스트 컴퓨터 Host Computer로 구성되어 있으며 지상의 호스트 컴퓨터는 필요 정보를 항공기에 보내고 또한 항공기로부터 정보를 수집, 분배한다.

(3) Satellite Communication SATCOM 음성 및 데이터 통신시스템

위성통신 SATCOM이란, 인공위성과 지상 기지 GES : Ground Earth Station의 네트워크를 이용하여, 지상과 항공기 간에 음성 및 데이터 통신을 수행하는 원거리 위성통신장치를 말한다. 위성통신은 지역에 제한 없이 사용될 수 있는 장점이 있으나, 장착 비용이 매우 고가인 단점이 있다.

(4) Passenger Address PA 시스템

조종실과 객실승무원석에서 승객에게 필요한 정보를 방송하기 위한 기내장치이며, 비행 중 승객의 피로감을 덜어주기 위해 음악, 비디오 및 오디오를 제공한다.

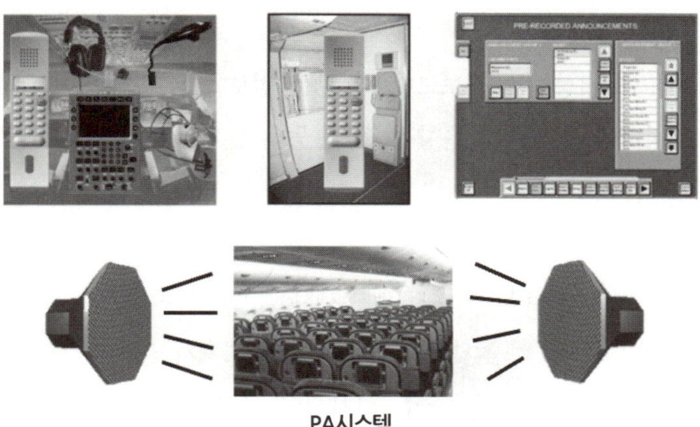
PA시스템

(5) 조종실음성녹음장치CVR : Cockpit Voice Recorde

승무원의 통신 내용과 조종실 내에서 이뤄진 승무원 간의 대화 내용 및 항공기경고 장치를 포함한 모든 소리를 녹음하는 장치이다. 항상 최종 비행종료 30분 또는 2시간 전의 조종실 상황이 지속해서 녹음된다. 이와 같이 녹음된 오디오는 사고조사 시 원인 규명을 위해 판독 및 분석작업에 사용된다.

(6) 비행정보저장장치FDR : Flight Data Recorder

항공기의 중대사고 또는 추락 시 원인 규명을 위해 비행 중 마지막 25시간 동안의 각종 비행정보를 기록 저장하는 장비로, 블랙박스Black Box라 불리는 장비의 구성품이다.

(7) Quick Access RecorderQAR

항공기의 FDR에 저장되는 정보보다 더 많은 정보를 테이프 또는 디스켓 형태의 저장장치에 저장하여, 항공사의 운항 및 정비 등의 필요 목적에 따라 활용할 수 있도록 고안된 장치이다.

(8) Controller Pilot Data Link CommunicationCPDLC

CPDCL

CPDLC는 관제사, 조종사 간 데이터 링크 통신시설의 약자로, 디지털통신과 위성장비를 이용하여 관제사와 조종사 간의 통신이 문자 전달 방식으로 이루어지는 정확하고 진보된 데이터통신 방법을 말한다. 기존의 무선음성 이용방식과 같은 장거리 통신 이용 시 발생할 수 있는 통화품질 불량을 줄임으로써 의사전달 오류를 예방하여 항공기 사고발생 가능성을 해소할 수 있게 되었다.

04 항공기의 기종별 특징

1) 항공기의 등록부호

항공기의 등록부호는 항공기를 국토교통부에 등록 시 부여되는 부호로, 국적기호(무선국 기호로 대한민국을 의미하며, 전세계 무선국에 지정된 Alphabet 2 Letter Code 임)인 대문자 HL 뒤에 4개의 아라비아 숫자로 구성되며, 비행기의 경우 주날개Main Wing와 꼬리날개 또는 주날개와 동체에 표시한다. 주날개의 표시 위치는 오른쪽 날개 윗면과 왼쪽 날개 아랫면이고, 꼬리날개에 표시하는 경우에는 수직꼬리 날개의 양쪽

면에 수평 또는 수직으로 표시해야 한다.

"HL 7492"의 경우 '7'은 제트엔진을 장착한 여객기를 뜻하며, '4'는 4개의 엔진이 장착되어 있다는 뜻이고, '92'는 동일기종끼리의 일련번호이나 현재는 항공기 수량이 많아진 관계로 잘 지켜지지 않고 있다.

2) 주요 항공기의 외형상 특징

각 항공사가 보유하고 있는 주요 기종 중에서 2층으로 되어 있으며, 엔진이 양쪽에 2개씩 총 4개인 항공기는 A380, B747 두 기종 밖에 없다. 이중에서 2층Upper Deck이 수직날개 꼬리 부분까지 전체로 이어진 항공기가 A380, 2층이 반으로 이루어진 항공기가 B747이다.

A350, B787은 차세대 항공기로서 연료효율 향상 및 친환경적이라는 기술적인 부분에 각광을 받고 있다. B787 조종석 창문은 총 4개이고(B747, B777은 모두 창문이 6개), A350의 조종석 창문은 물안경을 쓴 듯한 둥근 모양이며 총 6개의 창문이 있다.

B777은 랜딩기어 바퀴의 개수가 다른 기종과 비교하면 많다. 랜딩기어는 총 3개며 랜딩기어 하나에 달린 바퀴 개수가 일반적으로 2개 혹은 4개인데, B777 메인기어 2

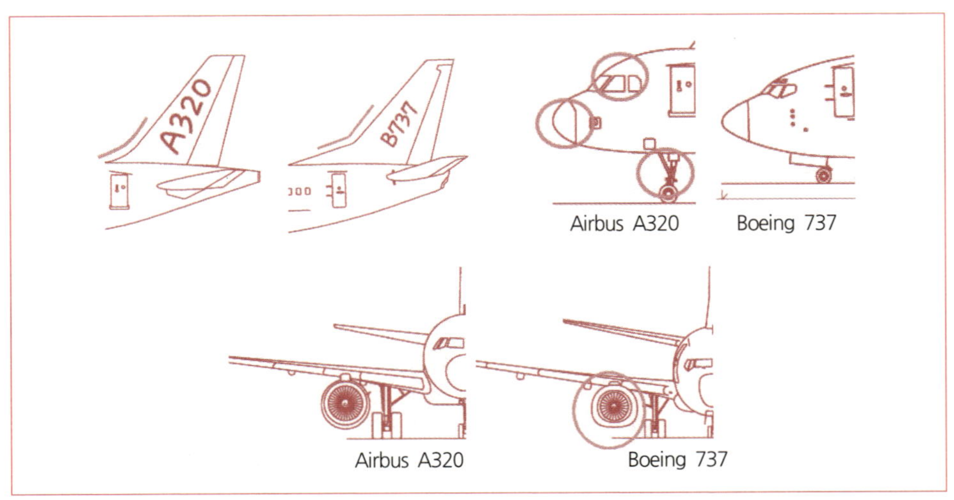

A320과 B737

개에는 바퀴가 6개 달려 있다. B777은 200/300으로 구분되는데 길이의 차이가 있다. 뒤에 붙은 숫자가 클수록 동체 길이가 늘어나는데, B777-200은 항공기 도어가 한쪽에서 볼 경우 4개(전체 8개), B777-300은 도어가 5개(전체 10개)이며 날개 바로 위에 도어가 있으면 B777-300이다. 또한 B777-300 기종에는 과도한 기수상승으로 동체 후면이 지면과 접촉 손상되는 것을 방지하는 'Tailskid'가 장착되어 있다.

단거리 노선을 운항하는 A320, B737은 외형상 여러 차이점을 보이는데, 꼬리 날개의 각과 항공기 앞부분, 조종실 창문 모양, 노즈 기어 모양 등에 차이를 보인다. B737은 꼬리 날개부분이 각이 져 있으며 A320은 부드럽게 이어져 있다.

(1) B737-800/900

항 목	특 징
1	주날개에 2개의 엔진이 장착되어 있음
2	랜딩 기어는 1개의 노즈 기어와 2개의 메인 기어로 구성되며, 메인 기어에 장착된 휠(Wheel)은 각각 2개로 총 6개의 휠 장착
3	동체 중앙의 양쪽에 비상탈출구(Emergency Exit Door)가 2개씩 장착됨

(2) A320

항 목	특 징
1	주날개에 2개의 엔진이 장착되어 있음
2	랜딩 기어는 1개의 노즈 기어와 2개의 메인 기어로 구성되며, 메인 기어에 장착된 휠(Wheel)은 각각 2개로 총 6개의 휠 장착
3	동체 중앙의 양쪽에 비상탈출구(Emergency Exit Door)가 2개씩 장착됨

(3) A330-200/300

항 목	특 징
1	주날개에 2개의 엔진이 장착되어 있음
2	랜딩 기어는 1개의 노즈 기어와 2개의 메인 기어로 구성되며, 메인 기어에 장착된 휠(Wheel)은 각각 4개로 총 10개의 휠 장착
3	주날개 양쪽 끝에 휠이 없음

(4) B777-200/300

항 목	특 징
1	주날개에 2개의 엔진이 장착되어 있음
2	랜딩 기어는 1개의 노즈 기어와 2개의 메인 기어로 구성되며, 메인 기어에 장착된 휠(Wheel)은 각각 6개로 총 14개의 휠 장착
3	주날개 양쪽 끝에 윙렛(Winglet)이 없음

(5) A380

항 목	특 징
1	주날개에 4개의 엔진이 장착되어 있음
2	랜딩 기어는 1개의 노즈 기어와 4개의 메인 기어로 구성되며, 노즈 기어에 2개의 휠(Wheel), 메인 기어에 장착된 휠은 각각 5개로 총 22개의 휠 장착
3	전체 2층으로 구성됨

(6) 항공기 제작회사

항공기 제작회사에는 대표적으로 에어버스와 보잉사가 있으며, 두 회사가 전 세계 항공기 시장을 주도하고 있으며, 둘을 구분하는 기본적인 방법은 조종실 창문Cockpit 이다. 약간의 예외인 기종이 있지만, 조종실의 맨 마지막 창문의 모습이 다소 다른데, 에어버스의 항공기는 오각형이고 아래가 직선이며 보잉사의 경우 사각형으로 우측 위 꼭짓점에서 아래 꼭짓점까지 직선으로 떨어지면서 아래쪽이 V의 모습을 하고 있다.

에어버스사와 보잉사의 Cockpit Window

05 항공기의 기내구성

항공기 객실이 장착되는 방식을 기내구성이라고 한다. 항공사는 원하는 서비스와 클래스에 따라서 기내에 들어갈 수 있는 좌석을 설치하는데, 일부 항공사는 상위클래스에 바Bar를 설치하거나 샤워실을 설치하기도 한다.

1) 항공기 크기에 따른 기내구성

(1) 협동체Narrow Body

약 180석의 좌석을 장착하여 승객을 태울 수 있는 소형 항공기로서 일반적으로 객실 중앙에 통로가 한 개 있다. 갤리와 화장실은 보통 객실의 정면, 후면, 양 끝에 설치되어 있다. 다른 클래스로 객실을 나눌 경우에는 커튼이므로 고정식 칸막이 칸을 설치하여 구분한다.

(2) 광동체Wide Body

대형 항공기에는 두 개의 통로가 있으며, 갤리와 화장실 설치는 항공사의 선호도에 따라서 크게 달라진다. 항공기 제조업체는 항공사의 선호방식과 서비스에 따라서 위치를 선택하여 제조한다.

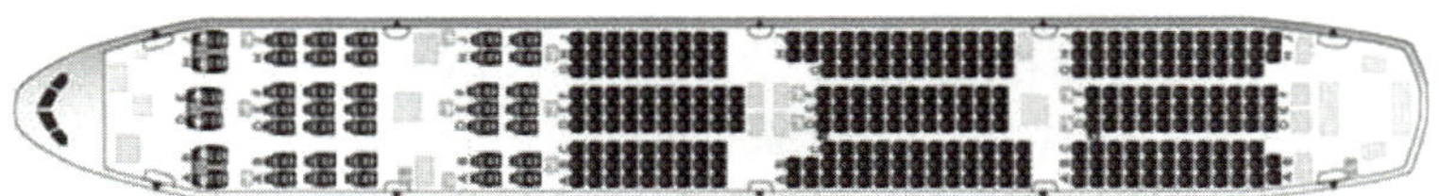

(3) 멀티플 데크 항공기

통로가 두 개 있는 객실 외에 B747과 A380 항공기는 2층Upper Deck이 있으며 멀티플 데크라고 한다.

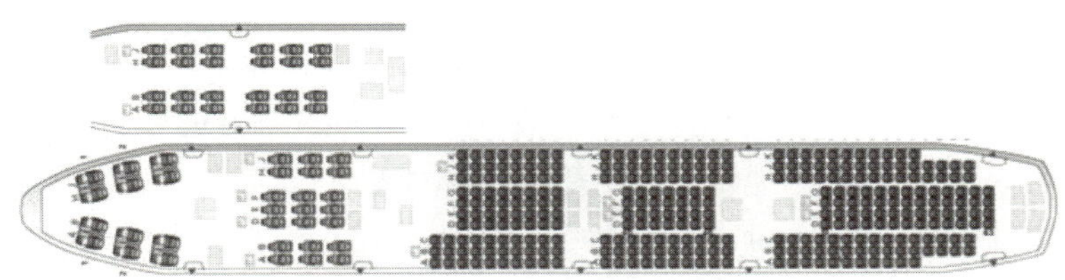

2) 기능에 따른 구분

(1) 조종실

조종실은 항공기의 최전방에 위치하고 있으며 '조종실' 또는 'Flight Desk'라고도 부른다. 조종실은 항공기의 안전운항을 위해 운항승무원이 여객기를 통제하고 조종하는 공간이다.

조종실의 도어는 운항승무원의 허락 없이는 출입이 불가하며 잠금장치가 되어 있다. 조종실에서는 기장이 L Side, 부기장이 R Side에 위치하며, 일부 항공기는 장거리 비행을 위해 조종실 안쪽에 휴식공간이 설치되어 있다.

(2) 객실

객실은 항공기에서 승객의 탑승공간이고, 객실은 기종에 따라 구역으로 구분하며, 각 구역은 도어나 커튼을 사이에 두고 구분한다. 일반적으로 대형기는 5~6개의 구역, 중형기는 3~4개의 구역, 소형기는 2개의 구역으로 나뉜다. 각 항공기 앞쪽에서부터 차례로 A, B, C, D, E, F 구역Zone으로 구역을 나누어 지칭한다.

각 구역별로 비상시 사용하는 비상구, 각 구역별로 식음료를 준비하는 주방, 화장실, 승객의 짐과 옷을 보관하는 코트룸, 그리고 승객 좌석과 승무원 좌석 등으로 구성된다.

3) 객실구조

(1) 승객좌석

각 항공사는 좌석에 관한 등급을 두어 운항하며 일반적으로 일등석, 비즈니스석, 일반석으로 구성되어 등급에 따라 좌석 간의 간격과 공간 및 서비스에 차이를 두고 있다. 비상구쪽 좌석은 아무나 선택할 수 없고, 특히 불가 대상은 비동반 소아, 유아 동반 가족, 노약자, 장애인이 해당된다. 비상 시 승무원을 도와야 하는 위치적 특징 때문에 신체 건강하고 커뮤니케이션이 가능해야 한다. 애완동물은 각 구역마다 한 마리, 5kg 미만으로 제한되고, 아기바구니 좌석 배시넷은 유아동반 승객들에게 제공한다.

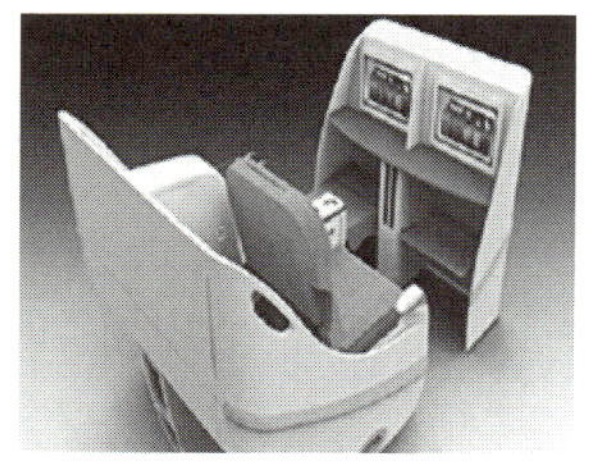

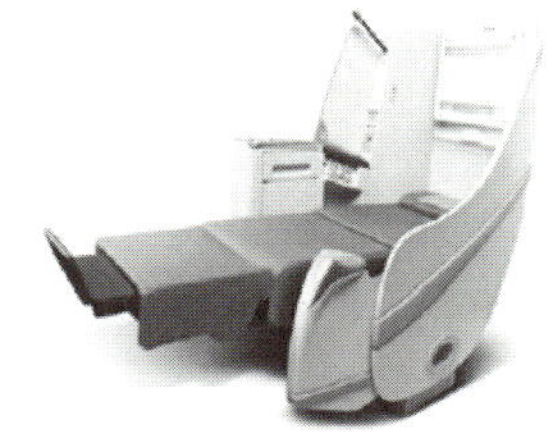

자료 : 대한항공 홈페이지

항공기의 좌석

(2) 좌석번호

항공사는 컴퓨터 시스템과 프로세스를 기반으로 좌석번호를 생성하며, 일반적으로 좌석의 각 열은 기내 앞에서 뒷좌석으로 갈수록 커지는 숫자를 할당한다. 각 좌석 행은 객실에 최대 10개의 좌석을 배치할 수 있으며, 문자 A는 항공기의 'L Side(왼쪽)'에서부터 시작하여 할당한다.

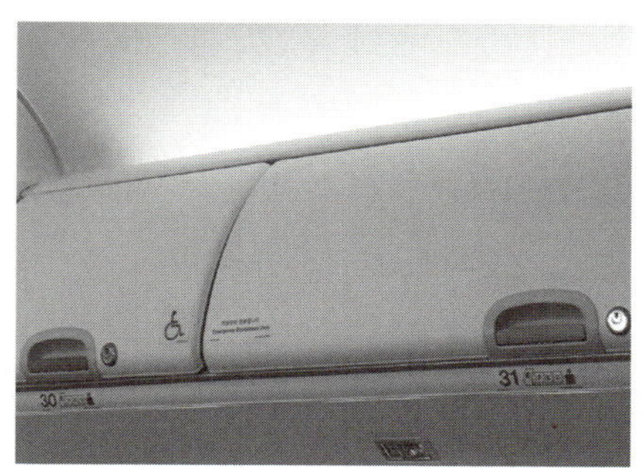

오버헤드 빈 좌석번호

광동체 항공기 좌석은 좌석 너비에 따라 다양한 구성으로 설치될 수 있는데, B747 항공기는 일반적으로 3-4-3 구성으로 문자 ABC, DEFG, HJK로 나란히 10개의 좌석이 있다. 문자 I는 숫자 1과 혼동되므로 사용하지 않고 있다. 좌석이 2-4-2 구성으로 나란히 장착되어 있다면 AC, EDFG, HK와 같이 중간글자를 빼기도 한다. 좌석번호는 각 좌석 위 오버헤드빈에 인쇄되어 있으며 천장이나 승객서비스 장치 표시등에 표시할 수도 있다.

(3) 기내구역Cabin Zones

일반적으로 기내는 도어를 중심으로 구역Zone을 구분하며 객실승무원이 기내 컴퓨터 시스템을 통해 각 객실에서 조명, 엔터테인먼트, 온도 등을 조정한다. 항공기 정면에서 'A Zone'으로 시작하여 몇 개의 구역이 있는지에 따라 B, C, D, E 등으로 이루어진다.

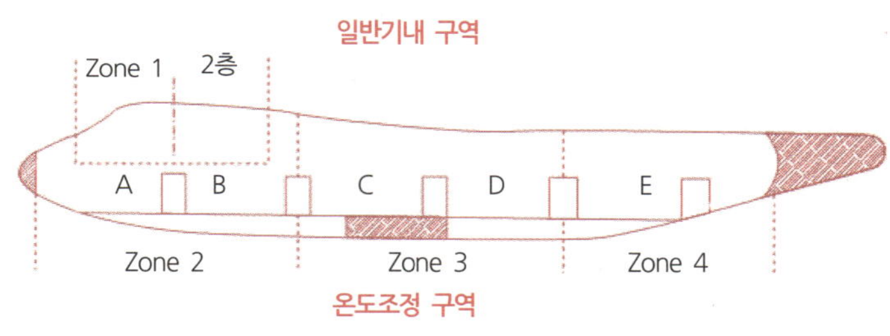

항공기 기내 구역

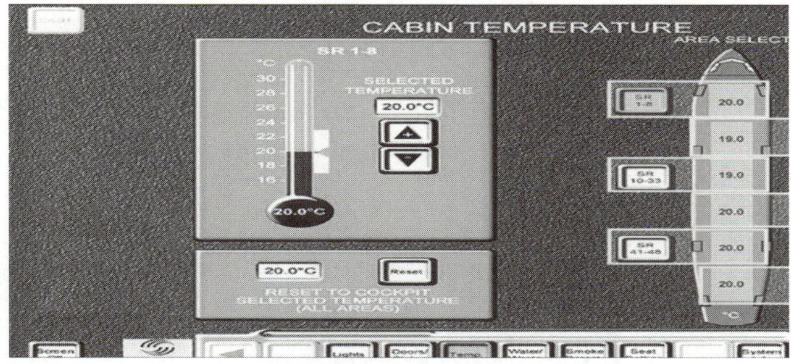

기내 구역별 객실온도 조절

(4) 주방(갤리)

주방은 비행 중 승객에게 서비스할 식음료를 저장 및 준비하는 곳으로서 오븐, 커피메이커, 워터보일러 등의 시설이 장착되어 있고, 케이터링으로부터 탑재된 식사서비스 카트와 음료서비스 카트, 서비스물품 등이 보관되어 있다.

항공기 갤리

(5) 화장실

화장실은 구역을 구분짓는 위치나 항공기의 전·후방에 위치하고 있으며, 항공기의 크기에 따라 화장실의 수도 달라진다. 국제선 비행의 경우 비누, 로션, 스킨 등을 갖춰놓고 있으며, 일부 항공사에서는 여성 전용화장실을 운영하고 있다. 화장실의 변기는 두 가지 타입으로 수세식Water Flushing 타입과 공기진공식Air Vacuum 타입이 있다.

수세식 타입은 변기의 물을 내리는 방식이며, 공기진공식 타입은 기내 압력과 외부 압력차를 이용하여 화물칸에 장착된 탱크에 버리는 방식이다. B747-400, A300-600, A330, B777 등의 신형 항공기는 공기진공식 타입이다. 또한 기내 화재위험 방지를 위해 금연 구역으로 운용되며, 연기감지기Smoke Detector가 설치되어 있다. 최근 모든 항공사는 기내금연 수칙을 강화하여 기내흡연을 철저히 규제하고 있다.

화장실 도어

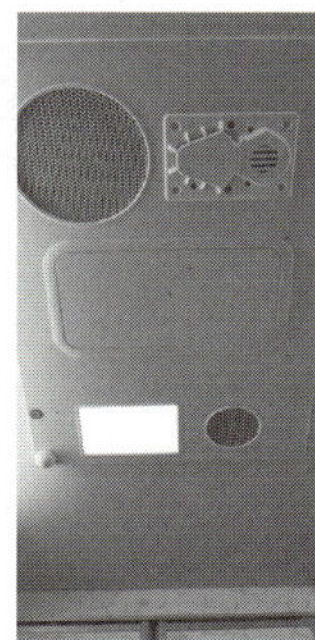

화장실 천장

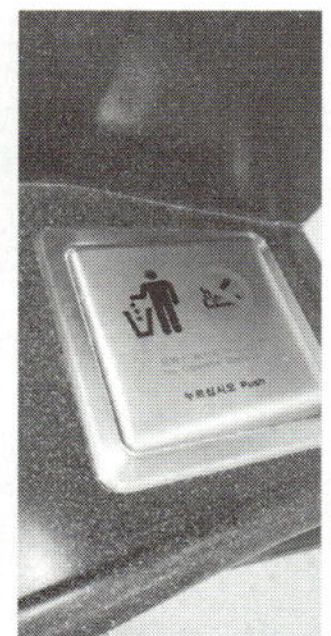

화장실 쓰레기통

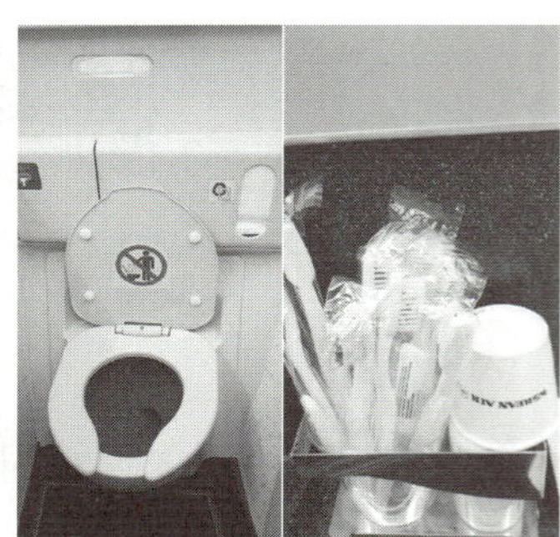

화장실 변기 및 세면대

(6) 항공기 도어

항공기 도어는 승객이 탑승하거나 하기할 경우 사용한다. 항공기에 따라서 케이터링 팀이 서비스에만 사용하는 작은 도어가 있을 수 있으며, 대형 항공기에는 일반적으로 탈출미끄럼대Slide와 구명정Raft 겸용 비상탈출 장비가 장착되어 있다. 일부 소형 항공기에는 항공기 도어에 탈출미끄럼대만 장착되어 있으며, 구명정은 머리 위 선반Overhead Bin에 별도로 탑재되어 있는 경우도 있다.

A330 도어의 열린 모습

A330 도어의 내부

항공기 도어는 아래 그림의 상단 왼쪽부터 시계방향 순서대로 Viewing Window, Release 버튼 - 도어 안전띠 - 도어 점검창 - Assist 핸들 - 슬라이드모드 조작핸들 등으로 구성되어 있다.

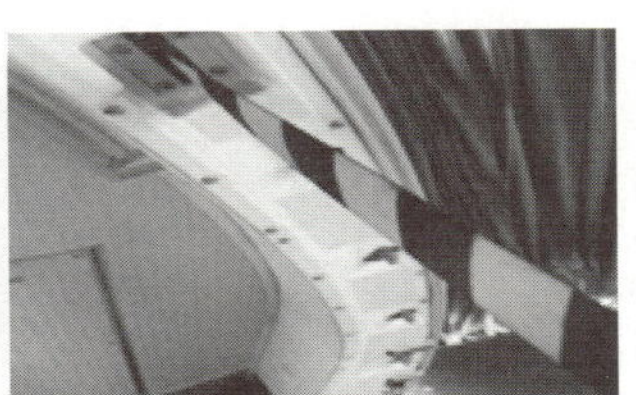

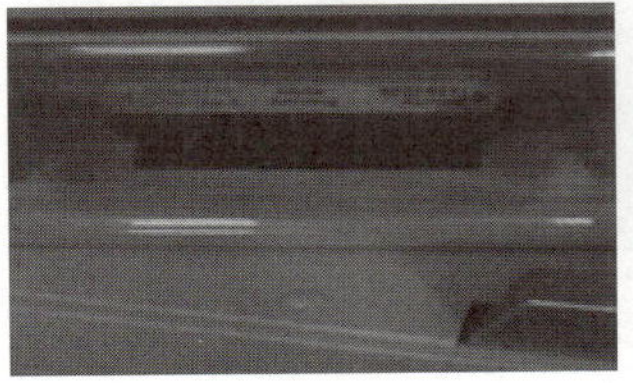

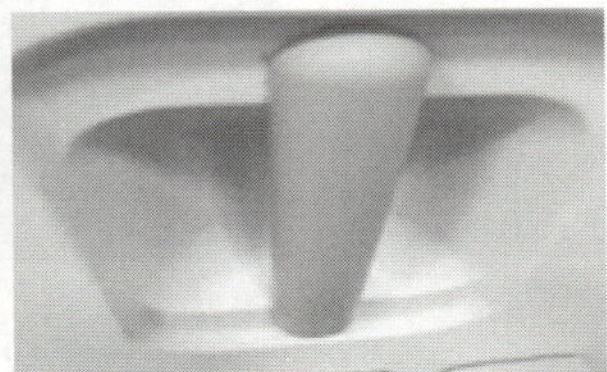

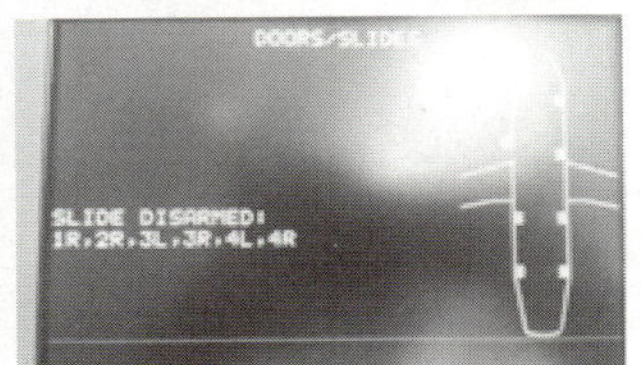

항공기 Overwing Window Exit

(7) 항공기 비상탈출구

항공기 도어 외에 승객이 열 수 있도록 설계한 비상탈출구가 있다. 모든 항공기에 설치된 것은 아니며 항공기 밖으로 들어올려서 열 수 있고, 최근 항공기는 자동으로 열리는 반자동 비상탈출구가 있어서 무거운 탈출구를 들지 않고 승객이 작동할 수 있다.

(8) 탈출경로 조명

모든 통로에는 비상조명이 장착되어 있어 승객과 승무원이 어둠 속에서도 비상구를 찾을 수 있다. 이 표시 등은 별도의 배터리로 전원이 공급되어 전원이 차단되어도 자동으로 켜지도록 설계되었다. 객실승무원은 안전브리핑을 시행할 경우 승객에게 이를 안내하며 가리키고 보여주어야 한다.

(9) 벌크헤드

객실 내부에 칸막이를 벌크헤드라고 한다. 승객은 앞자리에 아무도 없고, 다른 좌석보다 앞 공간에 여유가 있는 벌크헤드 좌석에 앉기를 요청하기도 한다. 항공사에서는 이동이 불편한 승객 또는 유아에게 할당하여 요람을 설치할 수 있도록 한다.

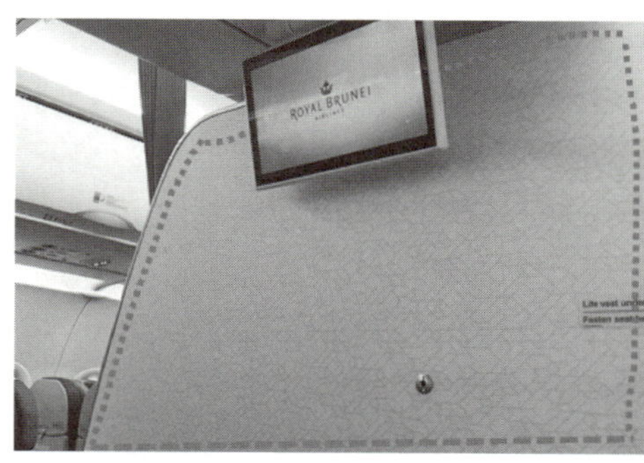

기내 벌크헤드

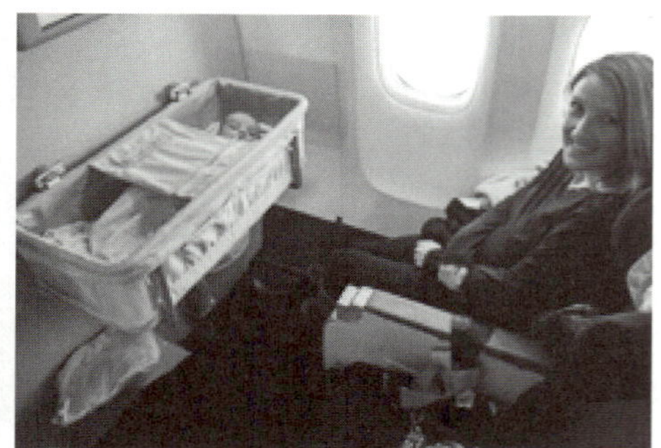
자료 : Dreamcare

벌크헤드에 설치된 요람

(10) 객실구분 칸막이

객실 디바이더는 객실을 나누는 일시적인 구조물이다. 일반적으로 객실 일부를 작게 혹은 크게 만들기 위해 전방 또는 후방으로 이동 설치할 수 있다.

자료 : Flickr

A321에 설치된 객실 디바이더(커튼)

(11) 커튼

승객의 시야에서 갤리나 화장실을 가리기 위해 설치하지만, 이 · 착륙 시, 기내 터뷸런스 발생 시에는 열려있는 상태로 고정하여 승객들이 필요할 경우 비상구, 도어를 찾을 수 있어야 한다.

(12) 오버헤드 빈(머리 위 선반)

승객의 휴대 수하물을 보관할 수 있는 공간으로, 승객의 좌석 머리 위쪽에 부착된 수납공간Storage Bin이라고도 한다. 승객의 가벼운 짐이나 코트, 베개, 담요 등을 넣을 수 있는 공간을 말한다.

(13) 코트 룸(옷장)

항공기 내부의 객실 전 · 후방 구석진 벽면을 이용하여 별도의 공간이 칸막이식으로 마련되어 승객의 짐이나 외투, 기타 기내용품 등을 보관한다.

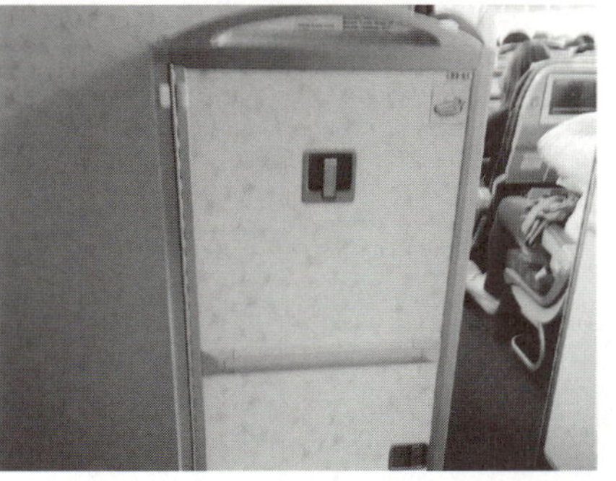

(14) 승무원 휴게실Crew Rest Compartment

장거리비행에서 승무원들이 휴식을 취할 수 있는 공간이다. 벙커의 사전적인 의미는(고정되어 있는) 큰 궤, 석탄 궤, (배의) 석탄창고 등을 의미하지만, 군사용어로 엄폐호, 은신처 등을 나타내기도 한다. 아마도 승무원 휴식처가 보통은 잘 보이지 않게 숨어있는 공간에 설치되어 있다보니 '벙커Bunker'라는 표현을 사용하는 것으로 보인다. 대형 항공기는 승무원이 쉬는 공간이 있어 10시간이 넘는 비행시간의 거리에서는 잠시 소위 브레이크 타임을 가지고 재충전을 할 수 있다.

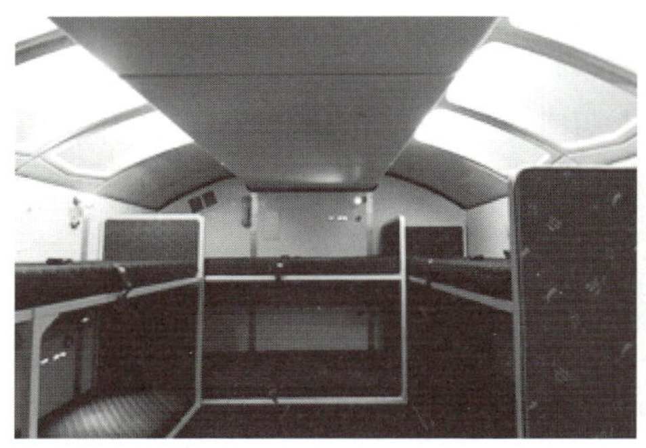

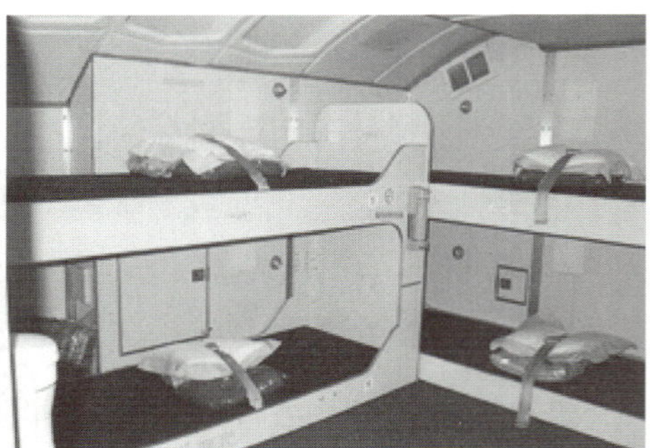

자료 : 위키피디아

승무원의 휴게실

(15) PSUPassenger Service Unit

승객의 편의를 돕기 위해 항공기 전체 좌석 팔걸이나 좌석 위 천장 부분에 장착된 것으로, 승객이 비행 중에 좌석에 앉아서 이용할 수 있는 독서등, 승무원 호출버튼, 채널 및 음량 선택 리모컨, 헤드폰 잭 등으로 구성되어 있다.

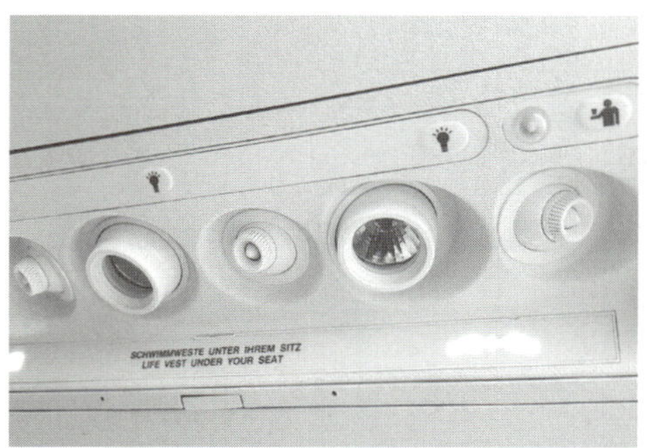

PSU

(16) 기내 엔터테인먼트

기내 엔터테인먼트를 이용하기 위한 개인용 모니터

기내 엔터테인먼트 시스템이 있는 항공기에는 승무원이 관리할 수 있는 센터가 있는데, 항공기가 클수록 관리센터가 복잡해진다. 작은 기종은 오버헤드 빈 안에 설치하기도 하며, 대형 기종은 객실사무장의 근처에 별도의 관리 스테이션을 만들어 관리하고 있다.

(17) 객실승무원 스테이션

승무원 좌석의 경우 승무원의 역할 수행을 위해 도어 옆에 설치되어 있으며 1~2명이 앉을 수 있다. 승무원 좌석을 사용하지 않을 경우에는 자동으로 접히게 되어 있으며, 승무원 좌석 주변에는 객실 내 각 구역의 승무원 및 조종실의 운항승무원과 연락을 취하고 필요할 경우 기내방송을 할 수 있는 인터폰, 비상장비, 산소마스크 등이 있다.

그 외 일부 승무원 좌석 주변에는 객실 조명, 커뮤니케이션 시스템, 사전녹음방송, 탑승음악 등을 조절하는 장치가 있는 승무원 패널이 있다.

(18) 화물칸

승객의 위탁 수화물, 일반 화물 및 우편물 등이 동체 아래 칸 Lower Deck에 탑재되는 곳으로, 탑승수속 시 승객이 위탁한 수화물을 단위 탑재용기를 이용하여 탑재함으로써 화물칸Cargo Compartment 공간을 최대한 활용하고 있다.

자료 : ICAO

항공기의 화물칸

The Global
Aviation Industry
글로벌 항공산업론

Competitors can buy planes and rent ticket counters
However, they are not able to easily imitate employee' spirits after all.
경쟁자들은 쉽게 비행기를 구입하거나 카운터를 빌릴 수 있다.
하지만 그들은 쉽게 문화를 카피할 수는 없다.

– Herb Kelleher –

CHAPTER 04 항공운송사업의 이해

학습목표

1 항공운송사업 운항증명의 정의와 절차를 이해하고 설명할 수 있다.
2 항공운송사업 운항증명의 운영기준과 내용을 이해하고 설명할 수 있다.
3 운항증명 신청의 절차를 이해하고 설명할 수 있다.
4 운항증명 검사팀 구성 및 운영을 이해하고 설명할 수 있다.
5 운항증명을 위한 검사를 이해하고 설명할 수 있다.
5 운항증명의 교부, 감독을 이해하고 설명할 수 있다.
6 항공기 임차승인과 운항증명 관련 기타 행정사항을 이해하고 설명할 수 있다.

01 항공운송사업의 운항증명

1) 정의

(1) 운항증명AOC

'국토교통부 장관이 정한 항공기사용사업이하 '항공기사용사업'이라 한다 및 항공운송사업 운항증명Air Operator Certificate, 이하 '운항증명'이라 한다'이라 함은 국토교통부 장관 또는 지방항공청장이 항공운송사업 및 항공기사용사업을 경영하고자 하는 자가 안전운항을 지속해서 수행할 수 있다고 판단하는 경우에 당해 사업자에게 내주는 증명을 말한다.

(2) 운영기준

'운영기준Operations Specifications'이라 함은 국토교통부 장관(또는 지방항공청장)이 운항증명 교부 시 안전운항을 위해 준수해야 할 운항조건 및 제한사항을 명시하여 운항증명과 함께 내주는 서류를 말한다.

(3) 항공안전감독관

'항공안전감독관'이라 함은 국토교통부 장관(또는 지방항공청장)이 임명하는 자로서 운항증명을 위한 검사 업무와 운항증명 교부 후 운항증명 소지자가 지속해서 규정과 절차의 준수 및 운항의 안전성을 확보하도록 감독업무를 수행하는 자를 말한다.

(4) 운항증명 담당부서

'운항증명 담당부서'라 함은 운항안전과장과 지방항공청의 항공운항과를 말한다.

2) 목적과 적용범위

항공사가 항공운송사업을 하기 위해서는 「항공안전법」 제90조, 「항공사업법」 제30

조에 따라 국토교통부 장관 또는 지방항공청장이 항공운송사업 및 국토교통부 장관이 정한 규정을 따라야 한다. 관련 부서는 항공기사용사업을 경영하고자 하는 자에게 운항증명 교부를 위한 세부절차 및 요령 등에 관해 필요한 사항을 규정해야 한다.

3) 운항증명 발급절차

운항증명은 다음 5단계의 순서로 진행되며, 단계별 추진이 이행되기 전에 운항증명 신청자와 운항증명 담당부서 간 운항증명의 신청 및 증명을 위한 검사진행 일정에 관하여 사전협의가 선행되어야 한다.

- 신청Application by the Operator
- 예비평가Preliminary Assessment of the Application
- 서류 및 현장검사Document Compliance, Demonstration and Inspection
- 운항증명 교부결정 및 교부Decision on Application and Award of AOC
- 지속감독Continuing Surveillance and Inspection

(1) 국토교통부 운항증명AOC : Air Operator Certificate의 개요

항공사의 조직 · 인력 · 장비 · 시설, 운항관리 · 정비관리 및 종사자 훈련프로그램 등 안전운항 체계를 검사, 국제 · 국내 기준에 적합 시 운항증명(증명서)과 운영기준(운항조건 및 제한사항)을 발급(안전면허에 해당)한다.

① 처리절차

신청서 접수 → 예비평가 → 서류검사 → 현장검사 → 운항증명서 및 운영기준 교부

※신청서 접수 전 준비사항 설명 및 추진일정 사전협의 필요(약 1개월)

소요기간은 90일(「항공법」상 민원처리기간, 공휴일 제외 15주)

② 주요 검사항목(85개 체크리스트, 3,805개 검사항목)

서류검사(2개월 소요)	현장검사(1개월 소요)
① 사업계획서 내용의 추진 일정	① 지상의 고정 및 이동시설 · 장비 검사
② 조직 · 인력의 구성, 업무분담 및 책임	② 운항통제 조직의 운영
③ 항공법규 준수의 이행증명서류	③ 정비검사시스템의 운영
④ 항공기, 운항 · 정비시설 계약 · 임차서류	④ 항공종사자 자격증명 검사
⑤ 종사자 훈련교과목 운영계획	⑤ 훈련프로그램 평가
⑥ 운항 · 정비규정(운항 일반교범, 항공기 운영교범, 최소 장비목록 및 외형 변경목록, 훈련교범, 항공기 성능교범, 노선지침서, 비상탈출 절차교범, 위험물교범, 사고 절차교범, 보안업무교범, 항공기탑재 · 처리교범, 객실 승무원 업무교범, 비행교범, 지속감항정비 프로그램, 지상조업 협정 및 절차)	⑥ 비상탈출 시현 ⑦ 비상착수 시현 ⑧ 기록 유지 · 관리 검사 ⑨ 항공기 운항 검사 ⑩ 객실승무원 직무능력 평가 ⑪ 항공기 적합성 검사
⑦ 승객 브리핑카드	⑫ 주요 간부직원에 관한 직무지식에 관한 인터뷰
⑧ 급유 · 재급유 · 배유 절차	
⑨ 비상구열 좌석배정 절차	
⑩ 약물 및 주정음료 통제 절차	
⑪ 운영기준에 포함될 자료	
⑫ 비상탈출 시현 계획	
⑬ 항공기 운항검사 계획서	
⑭ 환경영향 평가서	
⑮ 훈련계약에 관한 사항	
⑯ 항공안전관리시스템 계약 · 임차서류	

운항증명의 교부를 결정한 경우 국토교통부 장관(또는 지방항공청장)의 직인이 찍힌 운항증명서와 운영기준을 함께 내주되, 운항증명서 및 운영기준의 내용은 운항증명 신청자가 수행하는 사업의 종류와 범위에 따라 달리할 수 있다.

점검표명칭	분야
0.0 General	
0.1 Air Carrier's Licence or Registration	OP/AW
0.2 Business Plan	OP/AW
0.3 Organization, Personality	OP/AW
0.4 Key Person's Resume	OP/AW
0.5 Compliance Documents	OP/AW
1.0 AIRCRAFT CONFIGURATION CONTROL	
1.1 AIRCRAFT	
1.1.2 Operational Equipment	OP/AW
2.0 MANUALS	
2.1 MANUAL MANAGEMENT	
2.1.1 Currency, Manuals	OP/AW
2.1.2 Content Consistency Across Manuals	OP/AW
2.1.3 Distribution-Manual	OP/AW
2.1.4 Availability-Manual	OP/AW
2.1.5 Flight Safety Document System	OP
2.1.6 Accident Prevention and Flight Safety Program	OP
2.1.7 Training Program	OP
2.1.8 Operation Manual	OP
2.1.9 Aircraft Flight Manual	OP/AW
2.1.10 Aircraft Performance Manual	OP
2.1.11 Aircraft Operating Manual	OP
2.1.12 Route Guide	OP
2.1.13 Passenger Briefing Card	OP
2.1.14 Accident Procedures Manual	OP
3.0 FLIGHT OPERATIONS	
3.1 AIR CARRIER PROGRAMS AND PROCEDURES	
3.1.1 Passenger Handling	OP
3.1.2 Flight Attendant Duties/Cabin Procedures	OP
3.1.3 Airman Duties/Flight Deck Procedures	OP
3.1.4 Operational Control	OP
3.1.5 Carry-On Baggage Program	OP
3.1.6 Exit Seating	OP
3.1.7 De-Icing Program	OP/AW
3.1.8 Carriage of Cargo	OP
3.1.9 Aircraft Performance Operating Limitations	OP
3.1.10 Lower Landing Minimums	OP
3.1.11 Computer Based Record Keeping System	OP
3.1.12 Security	OP
3.1.13 Dangerous Goods	OP

점검표명칭	분야
3.2 OPERATIONAL RELEASE	
3.2.1 Dispatch or Flight Release	OP
3.2.2 Flight/Load Manifest/Weight and Balance Control	OP
3.2.3 MEL/CDL Procedures	OP/AW
4.0 PERSONNEL TRAINING AND QUALIFICATIONS	
4.2 TRAINING PROGRAM	
4.2.1 Training Curriculum	OP
4.2.3 Training of Flight Crewmembers	OP
4.2.4 Training of Flight Attendants	OP
4.2.5 Training of Dispatchers	OP
4.2.6 Training of Station's Person	OP
4.2.7 Training of Check Airman and Instructors	OP
4.2.8 Simulators/Training Devices	OP/AW
4.2.9 Outsource Crewmember Training	OP
4.2.10 Aircrew Designated Examiner Program	OP
4.3 CREWMEMBER AND DISPATCH QUALIFICATIONS	
4.3.1 Pilot Operating Limitations/Recent Experience	OP
4.3.2 Airman/Crewmember Checks and Qualifications	OP
5.0 ROUTE STRUCTURES	
5.1 APPROVED ROUTES/AREAS	
5.1.5 Station Facilities	OP/AW
5.1.6 Use of Approved Areas, Routes and Airports	OP
6.0 AIRMAN AND CREWMEMBER FLIGHT, REST, and DUTY TIME	
6.1 AIRMAN AND CREWMEMBER LIMITATIONS	
6.1.1 Scheduling/Reporting System	OP
6.1.2 Flight Crew Flight/Duty/Rest Time	OP
6.1.3 Flight Attendant Duty/Rest Time	OP
6.1.4 Dispatcher Duty/Rest Time	OP
7.0 TECHNICAL ADMINISTRATION	
7.1 KEY PERSONNEL	
7.1.3 Director of Safety	OP/AW
7.1.4 Director of Operations	OP
7.1.5 Chief Pilot	OP
8.0 Demonstration check	
8.1 Operation Check Plan	OP/AW
8.2 Plan for Evacuation Demonstration	OP/AW

자료 : 국토교통부

AOC 점검표 목록

AOC 점검표에 따르면, 항공운송사업 면허 또는 등록, 항공사의 프로그램 및 항공기 등의 시설물 구매에 관한 내용, 품목, 일정의 예정일이 순서, 조직, 인력의 구성 및 업무 분담, 해당분야와 관련된 적절한 지식과 경험을 갖춘 자를 임명하여 안전운항관리를 해야 하는 내용 등에 관한 세부사항을 검토하고 점검하도록 하고 있다.

예를 들어 '승객브리핑카드'에 관해서 항공사는 승객브리핑카드를 적절하게 작성되고 이행될 수 있음을 보증해야 하고, 다음 내용이 모두 적절하게 검토되어야 한다.

1. 내용 검토

1.1 승객브리핑카드는 해당항공기의 비상구와 비상 장비를 정확히 반영하고 있는가?
□ 예, 아니거나 해당사항이 없다면 설명을 하시오. : □ 아니오 : □ 해당 없음

1.2 승객브리핑카드는 비상탈출 시 비상구 위치를 정확히 표현하고 있는가?
□ 예, 아니거나 해당사항이 없다면 설명을 하시오. : □ 아니오 : □ 해당 없음

1.3 승객브리핑카드는 좌석벨트 착용과 탈착 방법에 관한 정보를 포함하고 있는가?
□ 예, 아니거나 해당사항이 없다면 설명을 하시오. : □ 아니오 : □ 해당 없음

1.4 승객브리핑카드는 기내 금연 준수에 관한 내용을 포함하고 있는가?
□ 예, 아니거나 해당사항이 없다면 설명을 하시오. : □ 아니오 : □ 해당 없음

1.5 승객브리핑카드는 구명복(유아용 구명복 포함) 사용법에 관한 정보를 포함하고 있는가?
□ 예, 아니거나 해당사항이 없다면 설명을 하시오. : □ 아니오 : □ 해당 없음

1.6 승객브리핑카드는 비상용 산소공급 장치의 사용방법에 관한 정보를 포함하고 있는가?
□ 예, 아니거나 해당사항이 없다면 설명을 하시오. : □ 아니오 : □ 해당 없음

1.7 승객브리핑카드는 비상착수 시 장비의 사용과 탈출에 관한 정보를 포함하고 있는가?
□ 예, 아니거나 해당사항이 없다면 설명을 하시오. : □ 아니오 : □ 해당 없음

1.8 승객브리핑카드는 충격방지 자세(유형별)를 포함하고 있는가?
□ 예, 아니거나 해당사항이 없다면 설명을 하시오. : □ 아니오 : □ 해당 없음

1.9 승객브리핑카드는 비상구열 좌석에 착석하는 승객이 반드시 숙지해야 할 다음 정보를 포함하고 있는가?

- 비상구열 좌석 착석에 적합한 기준
- 비상구의 위치
- 비상구 개방구조에 관한 인식
- 비상구 작동을 위한 지시의 이해
- 비상구 작동
- 비상구를 개방하는 것이 승객이 위험에 노출이 가중되는지에 관한 확인
- 승무원의 음성지시 및 수신호 준수
- 비상구의 상태를 잘 유지하여 비상구 사용에 지장이 없도록 할 것
- 탈출 슬라이드의 상태를 확인하고 슬라이드를 펼치고 슬라이드의 균형을 잘 유지하여 슬라이드에서 내리는 사람을 도울 것
- 비상구를 통해 신속하게 탈출
- 비상출구로부터 안전한 곳을 확인하고 선택하여 그곳을 따라 탈출

□ 예, 아니거나 해당사항이 없다면 설명을 하시오. : □ 아니오 : □ 해당 없음

2. 사양 및 기타

2.1 승객브리핑카드는 승객이 쉽게 읽고 이해할 수 있도록 제작되었는가?
□ 예, 아니거나 해당사항이 없다면 설명을 하시오. : □ 아니오 : □ 해당 없음

2.2 승객브리핑카드는 한국어 / 영어로 작성되어 있는가?
□ 예, 아니거나 해당사항이 없다면 설명을 하시오. : □ 아니오 : □ 해당 없음

2.3 승객브리핑카드에 사용된 그림과 기호는 해당정보를 충분히 전달할 수 있도록 제작되었는가?
□ 예, 아니거나 해당사항이 없다면 설명을 하시오. : □ 아니오 : □ 해당 없음

3. 검토 시 지적된 사항에 관한 조치 내용을 기술

자료 : AOC, 국토교통부

4) 운영기준의 내용과 구성

운항증명과 함께 내주는 운영기준에는 운항증명 신청자의 보유 항공기, 운항하고자 하는 노선의 구조 및 운항 형태 등 운항의 범위와 성격 등을 고려하여 운항증명 신청자가 준수해야 할 안전기준과 제한사항을 명시해야 한다.

운영기준은 다음과 같이 구성한다.

- Part A : 일반사항
- Part B : 항로 인가, 제한사항 및 절차
- Part C : 공항사용허가 및 제한사항(비행기)
- Part D : 정비
- Part E : 중량배분
- Part F : 항공기 부품교환
- Part G : 항공기 임차운항에 관한 사항
- Part H : 공항사용허가 및 제한사항(회전익항공기)

5) 준비사항 안내

운항증명 담당부서의 장은 운항증명 신청 시 제출해야 할 서류 및 신청절차 등에 관한 충분한 정보를 운항증명을 받고자 하는 자에게 제공할 수 있도록 다음 내용을 포함한 운항증명 신청에 관한 안내서를 발간해야 한다.

- 운항증명의 권한과 조건 및 제한사항(법령에서 정한 사항)
- 다음 항공운송사업별 운항 종류Category에 관한 운항조건

(1) 국제 항공운송사업

- 국제 여객운송
- 국제 화물운송
- 국제 여객 및 화물운송

(2) 국내 항공운송사업

- 국내 여객운송
- 국내 화물운송
- 국내 여객 및 화물운송

(3) 소형 항공운송사업

- 국제 여객운송
- 국제 화물운송
- 국제 여객 및 화물운송
- 국내 여객운송
- 국내 화물운송
- 국내 여객 및 화물운송

(4) 항공기 사용사업

- 비료 또는 농약살포, 씨앗뿌리기 등 농업 지원
- 산불 등 화재 진압
- 응급구호를 포함한 수색 및 구조(응급환자 이송 포함)
- 회전익항공기를 이용한 건설자재 등의 운반

02 운항증명 신청서의 접수

1) 소요기간 안내

운항증명 담당부서의 장은 준비된 운항증명 신청서를 접수한 경우에 「항공안전법」 시행규칙 제257조에 따라 접수일로부터 10일 이내에 운항증명 검사계획 및 예상 소요기간을 신청자에게 알려주어야 한다.

운항증명 담당부서의 장은 운항증명 신청자에게 운항능력이 있음을 입증하는 비행을 포함하여 제반 기준의 적합성을 판정하기 이전에는 운항증명의 교부 여부를 결정할 수 없으며, 필요할 경우 운항증명을 위한 검사에 걸리는 기간이 연장될 수 있음을 알려주어야 한다.

2) 준수사항 공지

운항증명 담당부서의 장은 운항증명 발급이 확정되기 전에 여객운송 등을 위한 예약을 받거나 광고를 해서는 아니됨을 신청인에게 명확히 알려야 한다.

03 운항증명 검사팀의 구성 및 운영

1) 운항증명 검사팀의 구성

운항증명 담당부서의 장은 운항증명을 위한 제반 검증절차를 원 스톱One-Stop으로 처리하기 위해 운항증명과 관련된 분야의 전문가로 전담팀(이하 '운항증명 검사팀'이라 한다)을 구성하여 운영하고, 운항증명과 관련한 각종 인 · 허가 등의 상담 · 접수 및 처리에 관한 업무 주관을 운항증명 검사팀으로 일원화하여 신속한 업무진행이 되도록 한다.

운항증명 검사팀은 운항증명 신청자의 안전운항체계 전반에 관한 체계적이고 효율적인 검사를 수행하기 위해 가능한 한 분야별로 세분화하여 구성한다. 운항증명 검사팀은 운항증명 신청자의 사업 규모에 따라 신축적으로 구성할 수 있으나, 항공운송사업자에 대해서는 운항(조종, 객실, 운항관리, 운송보안, 지상안전, 위험물 운송), 정비(감항, 항공전자) 등으로 세분화하여 구성해야 한다.

2) 운항증명 검사 팀원의 지정 및 운영 등

운항증명 담당부서의 장은 운항증명 신청이 접수될 경우 항공안전감독관 자격을 소지하거나, 관련 분야에 업무 경험이 풍부한 자 중에서 선별하여 국토교통부 장관(또는 지방항공청장)의 재가를 받아 운항증명을 위한 업무를 총괄하는 책임검사관PI 및 분야별 담당검사관을 지정하여 증명 업무를 수행하도록 한다. 증명을 위한 검사는 분야별로 검사관 1인이 독립적으로 시행하거나 2인 이상이 합동으로 시행할 수가 있다.

운항증명 담당부서의 장은 운항증명을 위한 검사업무를 수행하는데 있어서 운항분야, 감항분야 및 위험물 · 보안분야 등 기타 관련 분야의 협조가 필요한 경우 국토교통부 및 지방항공청 내 유관부서 또는 공항공사 등 외부기관에 협조를 요청할 수 있다.

운항증명 검사팀장은 운항증명을 위한 검사업무가 수행되는 동안 국토교통부 장관(또는 지방항공청장)에게 업무진행 상황을 주기적으로 보고해야 한다. 운항증명 검사팀장은 팀의 운영기간을 연장하거나 단축할 사유가 발생하면 국토교통부 장관(또는 지방항공청장)의 허가를 얻어 운영기간을 조정할 수 있으며, 운항증명 검사팀장은 운항증명 업무 진행상황 및 애로점 개선을 위해 운항증명 신청자 및 관련 부서와 수시로 실무회의를 개최(월 1회 이상)해야 한다.

3) 운항증명 검사팀의 해체

운항증명을 위한 검사가 종료되고, 운항증명을 발급하거나 운항증명 미교부 사유를 운항증명 신청자에게 통보함으로써 운항증명 검사팀의 활동은 종료된다.

04 운항증명을 위한 검사

1) 검사 일반

운항증명을 발급하는 과정에서 운항증명 검사팀장은 안전운항에 관하여 궁극적인 책임을 갖는 운항증명 신청자가 운항증명을 받을 자격이 있고, 안전하고 효율적인 운항을 포함하여 적용되는 규정과 규칙 등을 충분히 이행할 수 있는 능력의 보유 여부 등을 정확하게 판단할 수 있도록 관련 증빙자료 확인에 최선을 다해야 한다.

검사는 서류검사와 현장검사로 구분하여 시행하며, 운항증명 검사팀장은 운항증명 신청자의 사업의 종류와 범위, 항공기의 종류 등을 고려하여 검사내용 등의 일부를 생략할 수 있다.

2) 예비평가

운항증명 담당부서의 장은 접수된 운항증명 신청서에 필요한 자료가 정확하게 기록되었는지와 관련 첨부서류가 적절히 제출되었는지를 확인해야 한다. 운항증명 담당부서의 장은 운항증명 신청서 및 첨부서류에 잘못이 있거나 관련 자료가 빠진 경우, 경미한 사항에 대해서는 신청자에게 즉시 보완토록 하고, 중대한 사항에 관해서는 신청반려 사유를 명시하여 신청서 및 첨부서류를 신청자에게 반려해야 한다. 운항증명 담당부서의 장은 운항증명 검사팀장으로 하여금 제출된 서류 등을 기초로 하여 예비심사를 하도록 한다.

예비평가Preliminary Assessment of The Application 단계에서 확인해야 할 사항은 세부내용에서 정한다. 예비평가 후 운항증명 검사팀장은 서류검사와 현장검사를 포함한 운항증명 검사계획을 수립하여 신청자에게 통보한다.

운항증명 예비평가 점검표

점검 내용	결 과	비 고
1. 예비평가 시 고려사항 (Factor to be Consideration in the Preliminary Assessment)		
세부적인 검사를 시행하기 전에 운항증명 신청자가 제출한 신청서를 예비평가하여 운항증명 신청자가 다음 각 호의 요건을 갖추었는지 사전조사를 해야 한다.		
1) 충분한 자금	□ 적합 □ 부적합 □ 비해당	
2) 운항하고자 하는 항로구조	□ 적합 □ 부적합 □ 비해당	
3) 운송수요나 필요성에 적합하고 또 공공이익에 부합하는 서비스의 가용성	□ 적합 □ 부적합 □ 비해당	
4) 항로, 항공교통량, 운항횟수, 운수권 등 우리나라와 타국 또는 여러 국가 간의 항공협정 등에 따를 수 있는 운항의 형태와 운항의 수준	□ 적합 □ 부적합 □ 비해당	
5) 계획된 운항이 경제적으로 타당성이 있다는 것을 나타내는 항공교통량의 연구자료 또는 기타 자료	□ 적합 □ 부적합 □ 비해당	
6) 경영구조와 적정한 인원, 시설, 교범, 건물, 업무협정 및 기타 등에 관한 현 상황과 향후 계획	□ 적합 □ 부적합 □ 비해당	

점검 내용	결 과	비 고
7) 계획된 운항을 위한 당해 항공기의 적절성. 여기에는 다음 각 호의 사항들이 고려되어야 한다.		
가) 항공기가 실용적인 출력과 속도로 운항하도록 되어 있는지?	□ 적합 □ 부적합 □ 비해당	
나) 항공기의 운항 중량이 계획된 운항에 위험을 줄 수 있는 수준은 아닌지?	□ 적합 □ 부적합 □ 비해당	
다) 운항하고자 하는 운항고도, 항속거리, 공항의 규모가 항공기 성능범위 이내에 있는지?	□ 적합 □ 부적합 □ 비해당	
라) 항공기가 계획된 운항에 요구되는 장비와 계기를 적절하게 갖추고 있는지?	□ 적합 □ 부적합 □ 비해당	
마) 가용한 정비능력과 예비부품 등으로 항공기를 검사하고 정비할 수 있는지?	□ 적합 □ 부적합 □ 비해당	
8) 계획된 운항을 할 수 있는 능력. 여기에는 다음 각 호의 사항들이 고려되어야 한다.		
가) 계획된 운항을 가용자원으로 안전하게 수행할 수 있는지?	□ 적합 □ 부적합 □ 비해당	
나) 확보된 운항승무원 수가 승무시간과 비행 근무시간을 준수하면서 계획된 임무를 수행하는데 충분한지?	□ 적합 □ 부적합 □ 비해당	
다) 항공기를 안전하게 운용하고 관리할 수 있는 가용자원 요건은 적절한지?	□ 적합 □ 부적합 □ 비해당	
라) 운항계획이 항공기의 정비계획을 이행할 수 있도록 되어있는지?	□ 적합 □ 부적합 □ 비해당	
9) 사용할 목적의 공항, 교체공항, 공역 및 항로의 설정	□ 적합 □ 부적합 □ 비해당	
10) 가용한 탑재 항행장비로 안전하게 항행할 수 있는 최저비행고도와 운항공역 또는 항로 설정	□ 적합 □ 부적합 □ 비해당	
11) 설정된 목적 공항과 교체 공항에 관한 공항운영 최저 기상치	□ 적합 □ 부적합 □ 비해당	
12) 조직과 경영관리 및 운항통제 능력의 결여로 운항안전에 영향을 주지 않는다는 확신을 줄 수 있도록 한 중요 보직자와 경영관리자의 책임과 임무를 명시한 사항	□ 적합 □ 부적합 □ 비해당	
13) 운항증명 소지자로서 법적인 요건과 책임을 충족할 수 있는 책임사항의 적절성	□ 적합 □ 부적합 □ 비해당	
14) 계획된 운항을 안전하게 수행할 수 있는 전반적인 적절성	□ 적합 □ 부적합 □ 비해당	
15) 이 항목에서는 운항증명 신청자의 과거 경력을 포함하여 관리영역에서 책임 있는 위치 또는 운항증명 신청자의 활동에 중대한 영향을 미칠 수 있는 위치에 있는 요원들에 대해 종합적인 검토가 필요하다. 최소한 다음 각 호의 인원에 관한 과거 경력과 자격이 검토되어야 한다.		
가) 담당임원	□ 적합 □ 부적합 □ 비해당	
나) 관리 및 경영을 담당하는 임원	□ 적합 □ 부적합 □ 비해당	
다) 사고예방 및 비행 안전프로그램의 수립	□ 적합 □ 부적합 □ 비해당	

점검 내용	결 과	비 고
2. 재정, 경제 및 법적사항 평가 (Assessment of Financial, Economic and Legal Matters)		
1) 예비평가의 초기에 재정, 경제 및 법률적인 관련사항의 확실한 검토를 하는 것이 중요하다. 주 : 「항공사업법」 제7조, 제10조 및 제30조에 따라 항공운송사업자 면허를 취득한 신청자의 경우는 그 내용을 확인함으로써 4.2.의 1)항에서 5)항까지의 요건을 충족한 것으로 인정할 수 있다.		
2) 운항증명 신청자가 초기단계에 매출을 예상하기 곤란하고 매출이 매우 적은 경우에도 장비와 시설 그리고 인력 운영에 충분한 지원이 될 수 있는 재정적 능력을 갖추고 있는지 확인 – 운항증명 신청자의 재정적 능력에 관한 결정은 주요 장비와 항공기의 구매나 임대에 제시된 계약서와 같은 관련 자료, 통계자료, 자산과 부채 및 재정평가를 통해서 한다.	□ 적합 □ 부적합 □ 비해당	
3) 최근 항공기만을 임대(dry lease)하거나 승무원과 항공기 전체를 임대(wet lease)하는 경우 또는 엔진만을 임대하는 경우가 국제적으로 자주 통용되고 있다. 대부분은 임대한 국가에 등록된 항공기를 국적이 다른 항공사에게 대여하는 경우이다. 항공기 등록국과 국적이 다른 항공사 간에 적법한 협정이 없는 경우에 특히 감항성 유지나 운항감독 및 안전문제와 같은 많은 문제점들을 발생시킬 것이다. 결국은 항공기 임대계약에 관한 심사는 구체적으로 이루어져야 한다.	□ 적합 □ 부적합 □ 비해당	
4) 만약 계획된 운항이 재정적인 요소, 경제적인 요소 및 법률적인 요소에 관하여 만족스럽지 못한 상태가 발견될 경우에는 해당요소가 교정될 경우까지 검토를 중지해야 한다.	□ 적합 □ 부적합 □ 비해당	

점검 내용	결 과	비 고
3. 예비기술평가 (Preliminary Technical Assessment)		
1) 신청서에 관한 재정, 경제, 법률적인 예비평가를 완료하고, 불만족 사항을 수정 완료한 경우에 운항증명 신청자의 기술측면에 관하여 제 2단계의 예비평가를 수행할 수 있다.	□ 적합 □ 부적합 □ 비해당	
2) 계획된 운항에 관하여 운항증명 신청자의 기술적 적합성에 관한 예비평가는 운항증명 신청자가 발간한(또는 발간하고자 하는) 운항 규정, 정비 규정, 훈련프로그램, 사고예방 및 비행안전프로그램과 기타 운항지침서에서 정한 절차, 관행, 구체적 방법에 대하여 전반적인 검토를 해야 하며, 다음 각 목과 관련된 사항을 검토할 필요가 있다.		
가) 회사의 조직구성 및 관리 관행과 정책	□ 적합 □ 부적합 □ 비해당	
나) 주요 관리자의 경력, 자격과 경험	□ 적합 □ 부적합 □ 비해당	
다) 회사 인사정책	□ 적합 □ 부적합 □ 비해당	
라) 항공기 정비 또는 훈련을 위한 계약 또는 서비스협정	□ 적합 □ 부적합 □ 비해당	
마) 항공기 임대계약서(해당할 경우)	□ 적합 □ 부적합 □ 비해당	

점검 내용	결 과	비 고
3) 비록 계획된 운항의 범위와 성격이 기술평가 과정 중 세부사항에서 수정이 필요하더라도 다음 각 호에 기술된 일반적 지침사항을 따라야 한다.	□ 적합 □ 부적합 □ 비해당	
가) 계획된 운항의 성격과 그 범위, 사용되는 항공기 형식, 조직구조, 경영철학, 주요 종사자(Key personnel)의 임무와 책임, 설정된 권한체계 등에 관해 충분히 이해하도록 운항증명 신청자측의 적합한 직원과 만나야 한다.	□ 적합 □ 부적합 □ 비해당	
나) 운항증명 신청자측의 적합한 직원과 함께 필요한 기술평가 및 전체 조직에 관한 후속 운항검사를 위한 실행계획을 개발하고 그 계획을 재검토한다.	□ 적합 □ 부적합 □ 비해당	
다) 법규의 해설과 수용하는 적절한 방법을 포함하여 증명 절차와 요건과 관련하여 발생하는 문제와 질문에 관해 운항증명 신청자측의 적합한 직원에게 충고하고 조언한다.	□ 적합 □ 부적합 □ 비해당	
라) 운항증명 신청자가 운항규정, 정비규정, 훈련교범 등 필요한 규정을 작성했는지 확인하고, 각 규정의 기본적인 내용을 검토하여 필요할 경우 이러한 규정과 내용의 개선 또는 권고사항을 제공한다.	□ 적합 □ 부적합 □ 비해당	
마) 운항증명 신청자의 지상학술 과정, 정비 및 비행훈련프로그램이 국가의 훈련법규와 일치하고 그 타당성에 관한 일반적 평가를 하기 위해 각 프로그램의 각 단계를 초도 검토한다.	□ 적합 □ 부적합 □ 비해당	
바) 운항증명 신청자가 제출한 항공기 및 관련된 장비에 관한 정비와 검사 프로그램에 대해 질문을 한다.	□ 적합 □ 부적합 □ 비해당	
사) 운항증명 신청자에게 요구되는 모든 운항, 정비 및 종사자 기록을 유지키 위해 운항증명 신청자가 제출한 시스템에 관한 질문을 한다.	□ 적합 □ 부적합 □ 비해당	
아) 운항증명 신청자가 수행하는 시범비행 운항검사(Proving Flight or Demonstration Flight)가 무엇인지를 확인해야 한다.	□ 적합 □ 부적합 □ 비해당	
자) 검사관은 예상되는 운항증명의 종류와 이와 함께 교부되는 운영기준에 관한 중요성에 대하여 설명해야 한다.	□ 적합 □ 부적합 □ 비해당	
차) 검사관은 운항증명 신청자에 관한 문서에서 예비평가 기간 동안에 있을 수 있는 애로사항이나 항공사가 약속한 이행 여부를 확인해야 한다.	□ 적합 □ 부적합 □ 비해당	
카) 필요할 경우 법률, 기술, 항공기 성능, 화물적재, 비행 및 항행 분야 등에서 국토교통부 또는 지방항공청 내에서 기타 전문가들의 전문적인 지원을 활용해야 한다.	□ 적합 □ 부적합 □ 비해당	
타) 예비평가 및 운항검사 과정에서 발생하는 문제점, 논쟁이 되는 사항과 의심스러운 사항 등에 관해서는 관련 부서와 상의한다.	□ 적합 □ 부적합 □ 비해당	

3) 서류검사

운항증명 검사팀장은 운항증명 신청자가 제출한 서류에 관해 「항공법」 및 이 지침에서 정한 바에 따라 항공기의 안전운항을 위해 운항증명 신청자가 구비해야 할 규정과 서류 등에 대해 철저한 검사를 해야 한다. 그리고 운항증명 신청자가 제출한 서류가 「항공법」 등에 위배되는 등 미비점이 있을 경우, 운항증명 신청자에게 보완요청서를 발부해야 하며, 운항증명 신청자로 하여금 관련 조치 결과를 제출해야 한다. 또한 운항증명 신청자가 계획된 운항에 관한 적절한 관리를 이행할 수 있는지를 확인하기 위해 관련 절차, 지침, 관리 방식 및 조직구조 등을 서류검사Document Compliance Phase 단계에서 평가해야 한다.

운항증명 검사팀장은 운항증명 신청자가 제출한 서류가 모든 요건에 부합되고 만족하다고 판단될 경우 운항증명 신청자가 운항증명에 필요한 업무를 계속 진행할 수 있도록 운항승무원 훈련프로그램 등에 대한 교범 및 절차 등을 운항증명이 교부되기 전에 인·허가 또는 승인할 수 있다.

4) 현장검사

운항증명 검사팀장은 운항증명 신청서에 명시된 운항을 안전하게 수행할 수 있는 안전운항 체계를 운항증명 신청자가 지속해서 유지할 수 있는지 여부를 확인하기 위해 운항증명 신청자의 직원 배치상태, 훈련과정, 지상장비 및 운항/정비시설 등에 관하여 현장검사를 시행하여 그 적합성 여부를 확인해야 한다. 또한 운항증명 신청자의 비행, 운항관리 등을 포함한 모든 업무수행능력을 관찰하고 항공기 정비 장비 및 시설 등의 적절성 여부와 운항증명 신청자가 시행하는 비상탈출 시범 및 비상착수 시범 등을 검사하고 적합 여부를 판단해야 하며, 검사과정에서 미비점이 있을 경우는 운항증명 신청자에게 보완요청서를 발부하고, 운항증명 신청자로 하여금 관련 조치 결과를 제출토록 해야 한다.

운항증명 검사팀장은 현장검사를 통하여 안전운항체계 유지를 위해 운항증명 신청자가 제출한 각종 규정, 교범 및 서류 등에서 기술된 대로 제반 업무가 효과적으로 수행되는지를 평가해야 한다. 필요시에는 제14조의 서류검사와 동 조에서 정한 현장검사를 동시에 수행할 수 있다. 현장검사Demonstration and Inspections Phase 단계에서 확인해야 할 사항과 검사의 범위 및 기준 등은 세부내용에서 정한다.

05 운항증명의 교부 등

1) 운항증명 기준의 적정성 검토 등

운항증명 검사팀장은 모든 검사를 완료한 경우, 다음사항을 고려하여 운항증명 신청자가 운항증명을 받을 수 있는 요건을 갖추었는지를 종합적으로 판단해야 한다.

- 운항증명 신청자의 계획된 운항의 범위
- 조직과 자원Resources의 적합성
- 종사자가 지켜야 할 회사의 정책, 규정, 지침과 절차 등의 적합성 및 유효성
- 운항증명 신청자의 항공 관련 법규의 이행에 관한 의지와 능력 등

2) 검사결과 보고

운항증명 검사팀장은 다음사항을 포함하여 국토교통부 장관(또는 지방항공청장)에게 운항증명 신청자에 관한 검사결과 보고서를 작성하여 보고해야 한다.

- 운항증명 신청자가 계획된 운항을 안전하고 효과적이며 신뢰할 수 있도록 수행할 능력과 장비 등의 구비 여부
- 적절한 방식으로 계획된 운항을 수행할 능력의 유·무 등

3) 운항증명 교부

운항증명 검사팀장은 검사결과 운항증명 신청자가 운항증명을 교부받을 수 있다고 판단한 경우, 국토교통부 장관(또는 지방항공청장)의 재가를 얻어 운항증명 신청자에게 운항증명을 교부한다. 이때 운항증명 신청자에게 운항증명 교부 시 운영기준

도 함께 교부한다.

4) 운영기준에 포함할 사항 등

제18조 제2항에 따라 운영기준에 포함해야 할 내용과 작성기준 등은 세부내용에서 정한다.

5) 운항증명 미교부 사유 통보

운항증명 신청자가 요구되는 정도로 계획된 운항을 수행할 능력이 없다고 판단한 경우에는, 운항증명 검사팀장은 운항증명 신청자에게 운항증명 미교부 사유를 통보해야 한다.

6) 운항증명의 갱신 · 정지 · 취소 등

운항증명 담당부서의 장은 운항증명 교부 시, 다음 각 호의 경우 운항증명을 갱신 · 정지 · 취소될 수 있음을 운항증명 신청자에게 통지해야 한다.

(1) 운항증명의 정지 또는 취소

- 항공법령 등을 위반하여 항공기 등을 운영한 경우
- 운항하는 항로, 공항 및 항공기 정비방법 등에 관한 운항조건과 제한사항을 준수하지 아니한 경우
- 안전운항체계 변경에 관한 검사를 받지 아니하고 새로운 노선을 운항한 경우
- 항공기 안전운항에 중대한 위험을 초래할 수 있는 사항이 발견된 경우
- 운항증명을 반납한 경우
- 60일을 초과하여 운항을 중지한 경우

(2) 운항증명의 갱신

- 인력, 장비, 시설, 운항관리 및 정비관리 지원 등 안전운항 체계에 심각한 변경이 있을 경우
- 인수합병 등으로 인해 사업자 명칭 등이 변경된 경우

운항증명 담당부서의 장은 제1항에서 정한 사유가 발생할 경우 운항증명의 갱신 · 취소 · 정지 등의 조치를 해야 한다. 운항증명 소지자에게 제1항 제2호의 사유가 발생한 경우 운항증명 담당부서의 장은 운항증명 갱신을 위해 서류검사(제13조에서 정한 서류 포함) 및 현장검사를 시행할 수 있다.

06 운항증명 소지자에 관한 감독

1) 지속적인 감독

운항증명 담당부서의 장 및 지방항공청 항공검사과장은 운항증명 교부 후 운항증명 소지자가 계속해서 항공법규나 안전운항 체계를 유지하고 있는지를 정기 또는 수시로 감독해야 한다.

2) 지속적 감독에 관한 세부사항 등

운항증명 소지자에 관한 지속적 감독에 관한 세부사항 등은 운항증명신청 부록 6에서 정한다.

07 항공기의 임차승인

1) 항공기의 임차승인

운항증명 소지자가 운항을 목적으로 「항공안전법」 제5조에 따라 국적항공기 또는 외국국적 항공기를 임차하여 사용하고자 같은 법 시행규칙 제260조에 따라 운영기준 변경신청을 한 경우, 운항증명 담당부서의 장은 세부사항에서 정한 바에 따라 관련 구비서류의 적절성 등을 확인해야 한다.

제1항에 따라 확인한 결과가 제반 기준에 적합한 것으로 판단된 경우, 운항증명 담당부서의 장은 운항증명 소지자가 제출한 운영기준 변경신청서를 수리(受理)함으로써 항공기 임차승인을 한다.

08 행정사항

1) 운항증명 교부 공지

운항증명 담당부서의 장은 운항증명을 교부한 경우 관련 부서에 이를 통보하고, 국토교통부 홈페이지(지방항공청은 자체 홈페이지)를 통해 공지한다.

2) 운항증명 발행 관련 서류의 보관

운항증명 담당부서의 장은 운항증명 발행을 위한 신청서 및 검사서류 등 일체의 관련 서류를 준영구적으로 보관해야 한다.

3) 개정관리

항공운항과장은 연 1회 이상 이 지침의 내용을 검토하여 필요할 경우 개정해야 한다.

4) 재검토 기한

국토교통부 장관은 '훈령 · 예규 등의 발령 및 관리에 관한 규정'에 따라 이 훈령에 대해 2019년 1월 1일 기준으로 매 3년이 되는 시점(매 3년째의 12월 31일까지를 말한다)마다 그 타당성을 검토하여 개선 등의 조치를 해야 한다.

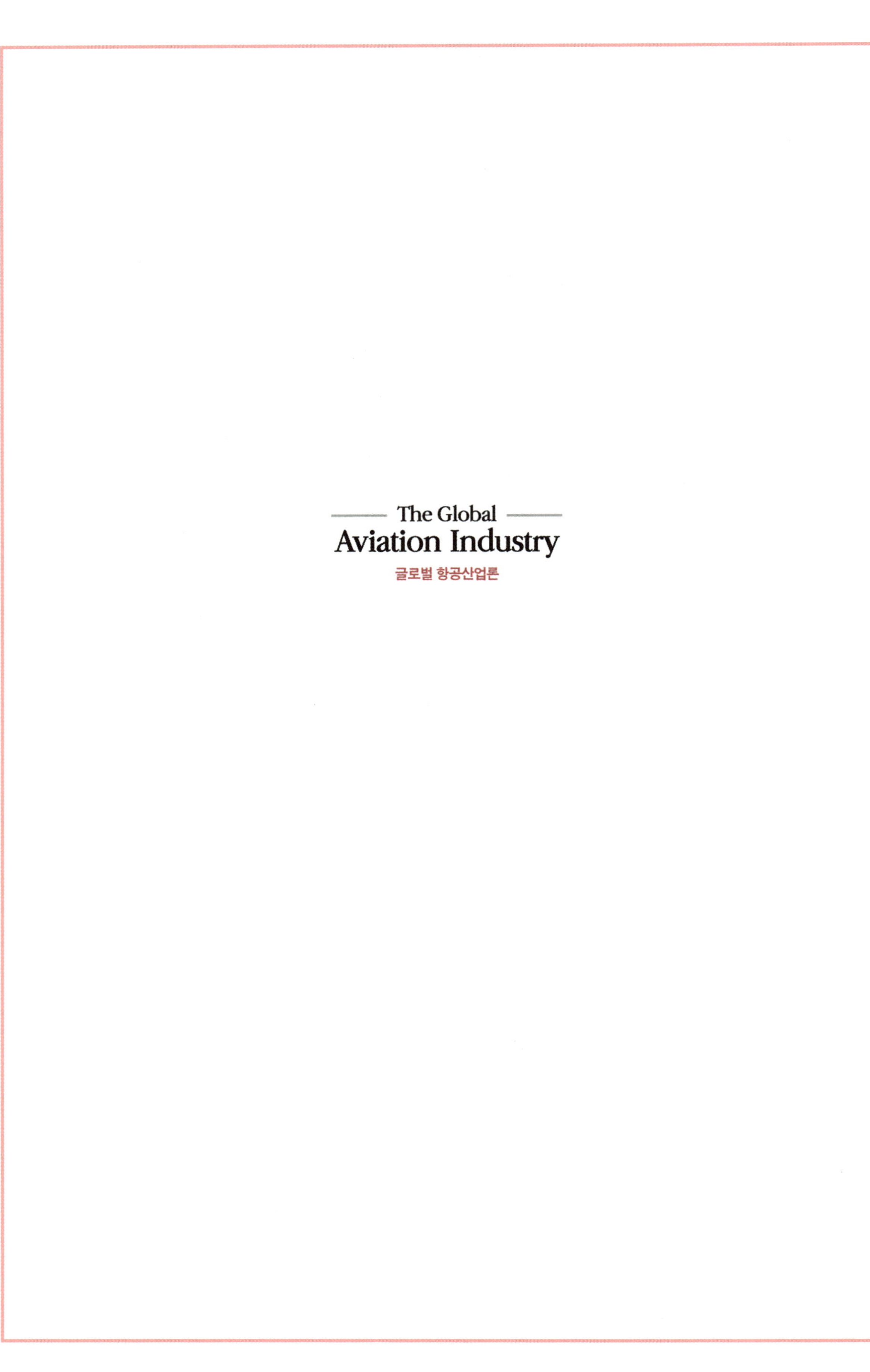

The Global
Aviation Industry
글로벌 항공산업론

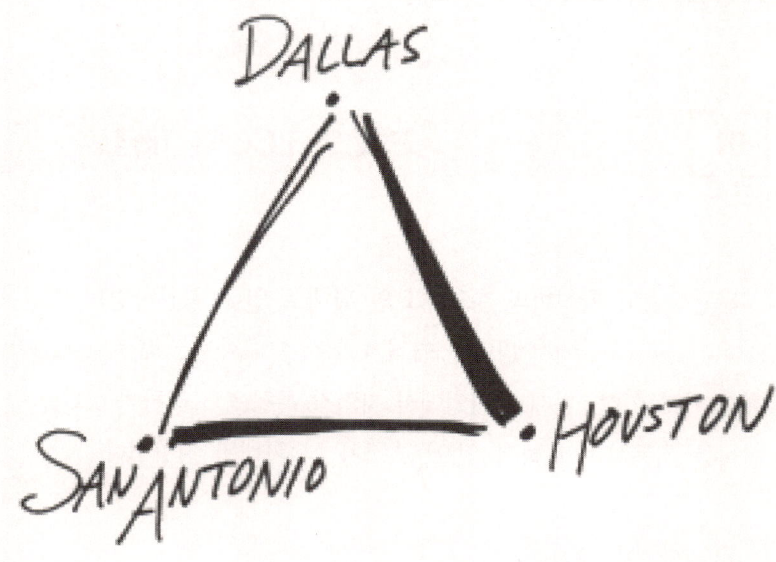

We have a strategic plan. It's called doing things.
우리의 전략은 바로 실행하는 것이다.

– Herb Kelleher –

CHAPTER 05 항공사의 운영전략

학습목표

1 FSC와 LCC의 개념을 이해하고 설명할 수 있다.
2 FSC와 LCC서비스, 동맹사, 운항전략, 마케팅 차이를 이해하고 설명할 수 있다.
3 국내 FSC와 LCC 현황을 이해하고 설명할 수 있다.
4 LCC 대표경영모델 사례인 사우스웨스트항공의 성공요인이 시사하는 바를 이해하고 설명할 수 있다.

01 FSC와 LCC의 개념

관광산업의 활성화와 항공수요의 확대로 인해 항공산업의 발달을 불러일으키며 FSCFull Service Carrier에서 다양한 가격과 고객층의 확보를 위해 LCCLow Cost Carrier를 확장해 나가고 있다. 현재도 기업에서 지역적 특성을 고려하여 LCC를 만들기 위해 면장면허를 취득하려고 하고 있으며, 점차 더 확대될 전망이다.

1) FSC의 개요

FSC는 Full Service Carrier의 약자로 '대형 항공사' 또는 '메이저 항공사'라고도 하며, 의미 그대로 풀서비스를 제공하는 항공사이다. 풀서비스는 다양한 음료와 무료 기내식과 간식들, 넉넉한 무료 수하물과 무료 좌석배정서비스, 신문 제공 등이 있다. 항공사마다 제공되는 서비스가 조금씩 차이는 있을 수 있으나 대체로 비슷하며, 항공운임은 대체로 비싼 편에 속한다. 그 이유는 운임 내용을 보면 항공 이용료에 연료비, 세금, 공항 이용료, 기내서비스 등이 모두 포함되어 있기 때문이다. 항공동맹체 중에서 '스카이팀, 스타얼라이언스, 원월드'에 가입된 항공사는 모두 FSC 메이저 항공사에 속한다. 국내 항공사 중에서는 대한항공과 아시아나항공이 FSC 항공사에 속한다.

2) LCC의 개요

LCC는 Low Cost Carrier의 약자로 FSC에 비하여 부가서비스를 줄여 비교적 저렴한 가격으로 운영되는 항공사이다. '저비용항공사LCC'라고도 하는데, 1970년대 후반 미국과 유럽의 항공 자유화를 계기로 발전하게 되었다. 사우스웨스트항공을 최초의 LCC로 알고 있는 사람들이 많지만, 최초의 LCC는 북캘리포니아와 남캘리포니아를 운항한 퍼시픽사우스웨스트항공(1949년 운항 시작)이다.

LCC는 많은 항공사가 설립되어 항공운송 시장에 영향을 미치고 있으며 나라별 · 지역별로 활성화되고 있다. 이 LCC의 경우 기존의 대형 항공사와 비교하면 기내서비스를 줄이고 기내식 유료화, 단일기종 유지, 단일좌석 등급정책 등을 추진하여 공급 원가절감에 역점을 두고 가격경쟁력의 마케팅전략을 가진다.

국내 LCC항공사 중에서는 제주항공과 에어부산, 에어서울, 티웨이항공, 진에어, 이스타항공, 플라이강원 등이 있으며, 2019년 12월 제주항공이 이스타항공을 인수하며 공동경영 체제로 돌입하였다. 또한 에어로 케이, 에어 프레미아 등 점차 면허를 받고 취항을 준비하며 LCC의 저변 확대가 되어가는 추세이다.

LCC항공사가 발전한 것은 여행 트렌드 변화와 매우 밀접한 관련이 있다. 우리나라는 '90년대 이전까지는 해외여행이 일부 특권층의 전유물이었다. 항공권을 포함한 해외여행 비용이 매우 비쌌고 정부의 규제도 있었기 때문이다. 그래서 항공사들의 마케팅이나 서비스전략 또한 고품질을 추구하였다. 현재는 국민소득 수준도 높아지고 항공기술의 발달과 경제 규모로 인해 해외여행 수요가 늘어났다. 또한 여행의 트렌드가 '항공보다는 여행지에 중점을 두는 트렌드'로 변하여 '굳이 이동수단에 큰돈을 들이지 말고 그 돈을 아껴 현지에서 즐기는데 더 쓰자'는 인식으로 변화한 것이다.

LCC에 속한 항공사는 회사규모가 다양하며, 대체로 B737시리즈나 A320시리즈와 같은 소형기를 주로 운용하지만, 일부 항공사는 A330이나 B777, 심지어 B787까지도 운용하는 경우도 있다. 국내 취항 중인 외항사 LCC 중에서는 '에어아시아X'와 '세부퍼시픽' 등이 중·대형기를 보유 중이다.

02 FSC와 LCC의 경영전략

1) FSC의 경영전략

(1) 서비스의 차별화

다양한 서비스로 차별화를 두고 있다. 수하물, 기내식, 스낵 등을 무료로 제공하는 것은 기본적 서비스이며, 또한 클래스별 좌석과 클래스별 지상/기내서비스를 이용할 수 있다.

대한항공의 경우 일등석, 프레스티지석, 일반석 등으로 나뉜다. 일등석의 경우 지상에서는 예약서비스, 공항서비스를 하며, 기내에서는 기내식 및 와인, 휴대용 편의용품서비스, 이불 및 깔개서비스, 편의복 제공, 알람서비스, 라운지서비스, 기내 전원공급 장치를 제공한다.

프레스티지석은 지상에서는 예약서비스, 공항서비스를 하고 있으며, 기내에서는 기내식 및 와인, 라운지, 휴대용 편의용품서비스, 알람서비스, 기내 전원공급 장치서비스를 제공하고 있다. 일반석 좌석은 일등석처럼 맞춤 기내식이나 서비스가 제공되지는 않지만, 기내식과 지상서비스를 하고 있으며 세심한 승무원들의 서비스는 동일하다. 또한 기내식 또한 클래스별로 다양하게 즐길 수 있으며 공통으로 신청할 수 있는 특별 기내식도 제공하고 있다.

(2) 동맹Alliance 및 라운지

항공 동맹을 통해 동맹체와 공동운항/마일리지제도를 운용하고 있다. FSC가 소속된 팀과 여러 외국항공사의 다양한 노선을 공동운항으로 이용할 수 있다. 또한 대한항공의 경우 마일리지제도로 스카이패스 클럽, 모닝캄 클럽, 모닝캄 프리미엄 클럽으로 나눠 다양한 혜택을 받을 수 있다.

고객이 가고자 하는 다양한 중·장거리 노선을 운항하고 있고, 그에 맞는 다양한 크기의 항공기를 보유하고 있으며 프리미엄 공항 라운지를 고급화, 개인화하는 방식으로 프리미엄서비스를 강화하고 있다. 대한항공은 인천공항 제2여객터미널에 일등석 전용 라운지 규모를 줄이고 개인별 휴식공간을 넓혔다. 아시아나항공은 인천공항 제1여객터미널 동편에 신설하는 일등석 라운지에 개인 공간 프라이버시 구역을 늘렸다. 또한 전용 터미널, 정규 스케줄로 운영하고 있다.

(3) 운항전략

허브 앤 스포크Hub and Spoke 방식을 통한 대규모 운송전략을 채택했다. 대형 항공사

끼리 항공동맹(스카이팀, 스타얼라이언스 등)을 맺는 이유도 이 허브 앤 스포크 전략을 극대화하기 위해서이다. 항공노선 운영 형태 중 하나로 허브 앤 스포크 방식처럼 네트워크로 운영되어 주 거점공항으로 승객을 모아 다시 주변 노선으로 운송하는 것이다. 주로 대도시에 있는 공항을 거점으로 사용하므로 공항 이용료가 상대적으로 비싼 편이다.

(4) 마케팅

장거리 노선의 다양화와 전략적인 프리미엄서비스로 독점적인 장거리 노선을 확장하고 다양한 비행기 기종(친환경, 고효율 대형 항공기)을 늘려 차별화된 서비스를 제공한다. 또한 쾌적한 기내 환경과 편안한 좌석, AVOD 등의 엔터테인먼트 시스템을 잘 갖추고 있어, 승객들의 편안하고 쾌적한 여행을 도와준다. SNS에 현재 운항하고 있는 취항지 소개와 신규 취항지 홍보를 하며 홍보에 노력하고 있다.

2) LCC의 경영전략

(1) 가격의 차별화서비스

LCC는 원가절감을 위해 기내서비스를 최소화하고 있다. 식사나 술 제공 등을 유료로 운영하고 있으며 좌석에 부착된 개인용 모니터가 없는 경우도 많다. 위탁수화물도 일반적으로는 수수료를 내야만 이용할 수 있으며, 항공권 취소 및 변경 수수료도 상당히 높은 편이다. 또 물 한 잔도 구매해야 마실 수 있는 항공사도 있다.

저가항공사는 항공권이 영수증 형태로 되어 있는데, 이러한 것에서도 가격을 줄이고 있다. 또한 기종도 거의 단일기종의 항공기만 운용하고 있는데, 기종이 다르면 기종에 맞는 정비사나 기장을 양성해야 하므로 인건비나 관리비 면에서 비효율적이기 때문이다. 그래서 대체적으로 LCC가 보유하고 있는 항공기는 B737 또는 A320, A321 기종이다. 이 기종들은 항속거리(운항거리)가 짧은 단거리 노선 전용기종들로 주로 단거리 노선을 위주로 운영한다.

국내 LCC 항공기는 대부분 B737-800으로, 200석이 되지 않는 소형 비행기이다. 대형 항공사에서도 사용하는 항공기이기도 하지만, 가장 작은 항공기에 속한다. 가까운 곳을 가면 비교적 괜찮지만, 장거리의 경우에는 힘들 수도 있다. 조금 더 편안하게 타고 싶다면 명당으로 알려진 비상구 좌석과 옆 좌석을 유상으로 판매하니 돈을 조금 더 내고 타면 된다. 그러나 최근에는 좌석수를 줄이고 좌석 간의 넓이를 늘리는 항공사들도 증가하고 있다.

이처럼 선택적 서비스를 하여 이용수단에 비용을 줄이고 여행지에서 비용을 더 많이 지출하고 싶은 여행객들을 위해 항공사 스스로 기내식, 위탁수화물 등등을 선택할 수 있게 하였다.

(2) 이벤트서비스

국내 LCC의 경우는 이벤트를 많이 시행하고 있어 재미를 더하고 있다. 마술쇼나 캘리그라피, 간단한 게임을 통한 선물 증정, 야경 안내, 기념일 이벤트 등 톡톡 튀는 이벤트로 좀 더 즐거운 비행을 즐길 수 있게 도와준다. 어린 자녀와 함께하는 가족 여행이나 사연이 있는 특별한 여행일 경우 더 큰 추억을 만들 수 있다.

(3) 운항전략

허브 앤 스포크Hub and Spoke 방식 대신 포인트 투 포인트Point to Point 방식을 채택하고 있다. 필요한 수요만큼 두 도시(공항)만 운항하는 형태로 노선 형태가 두 도시만을 연결한다고 해서 붙여진 이름이다. 포인트 투 포인트 방식은 별도의 환승 없이 목적지에서 목적지까지 직항으로 이어지는 노선이다. 전체 운항노선은 거미줄처럼 복잡하게 얽혀 있지만, 이 방식은 돈이 되는 노선만 집중적으로 공략할 수 있고 직항이기 때문에 운행비용을 절감할 수 있다. 대형 허브공항이 필요치 않기 때문에 수송 시 혼잡성이 덜한 장점이 있으며, 필요한 지점(도시)끼리 직접 연결되기 때문에 이용 편의성도 높아진다.

자료 : 에어서울 및 진에어 홈페이지

국내 LCC 이벤트의 예

(4) 마케팅전략

인터넷 홈페이지의 예약은 FSC의 경우 홈페이지보다 여행사가 저렴한 경우가 많아 여행사를 통해서 예약하지만, 저가항공의 경우 홈페이지에서 예약하게 하여 여행사 수수료를 줄였다.

저가항공사는 막대한 비용이 드는 광고보다 SNS를 활용하여 트위터, 페이스북, 유튜브 등을 통해 돈이 안드는 마케팅을 활용하여 젊은층을 확보해 나가는 전략을 쓰고 있으며, 또한 비행기에 빈 좌석을 활용하기 위해 선호도가 낮은 시간대 비행편을 대상으로 하여 다양한 특가상품을 많이 하고 있다.

자료 : 제주항공 및 에어서울 홈페이지

국내 LCC 마케팅 활동의 예

국내 FSC와 LCC의 차이

구 분	대형항공사(FSC)	저가항공사(LCC)
항공사	대한항공, 아시아나 등	제주항공(이스타항공), 에어서울, 에어부산, 진에어, 티웨이항공, 플라이강원 등
좌석	다양한 등급 좌석 좌석 클래스별로 상이	동일등급 좌석 좌석밀도 극대화
좌석판매와 가격	여행사 등 다양한 판매	직판 및 온라인 판매
운항전략	허브 앤 스포크	포인트 투 포인트
주요 노선	장거리 & 단거리 노선	단거리 노선 위주
거점공항	이용료가 비싼 대도시공항	이용료가 저렴한 중소공항
항공기 기종	다양한 기종 보유	획일화 전략(정비비용 절감)
기내서비스	풀서비스 및 무료	최소화 및 유료
취소, 변경 수수료	낮음	높음
수하물	무료	대부분 유료
영업	여객 및 화물 영업	여객운송

03 국내 FSC와 LCC의 현황

1) 국내 FSC의 현황

국내 항공사 중에서는 대한항공과 아시아나항공이 FSC항공사에 속한다. 국외 항공사 중에서는 에어마카오, ANA항공(일본), KLM(네덜란드), 루프트한자(독일), 남방항공(중국), 동방항공(중국), 중국항공(중국), 카타르항공(카타르), 에미레이트항공(두바이), 유나이티드항공(미국), 델타항공(미국), 체코항공(체코), 브리쉘항공(벨기에), 에어프랑스(프랑스) 등이 있으며, 항공 동맹체에 가입하지 않았더라도 FSC항공사인 경우도 있다.

(1) 대한항공

- 기업명 : (주)대한항공
- 대표자 : 조원태, 우기홍
- 주소 : 서울특별시 강서구 하늘길 20
- 창립일 : 1969년 3월 1일
- 로고와 심벌마크

- 미션 : 최상의 운영체제, 변화지향적인 기업문화, 고객감동과 가치창출을 통해 Excellence in Flight라는 미션을 달성
- 비전 : '세계항공업계를 선도하는 글로벌 항공사' 선포
- 인재상 : 진취적인 성향의 소유자, 국제적인 감각의 소유자, 서비스정신과 올바른 예절의 소유자, 성실한 조직인, 팀플레이

- 운항노선
  44개국 125개 도시(2019.08 기준)
  국내선 : 13개 도시 / 국제선 : 43개국 112개 도시
- 보유 항공기 : 총 169대(2019.08 기준)
  여객기 : 146대 / 화물기 : 23대

- 항공사 Alliance – 스카이팀
- 2000년 탄생한 스카이팀 창립 멤버로 마일리지 적립과 라운지 이용 등의 공동서비스 제공
- 현재 19개 회원사로 공동운항을 통해 175개국의 1,150곳 이상의 목적지로 매일 약 14,500여 편의 항공편을 고객들에게 제공

(2) 아시아나항공

- 기업명 : (주)아시아나항공
- HDC현대산업개발 · 미래에셋대우 컨소시엄에 매각(2019.12)
- 대표자 : 한창수
- 주소 : 서울특별시 강서구 하늘길 20
- 창립일 : 1988년 2월 17일
- CI Corporate Identity

ASIANA AIRLINES 아시아나항공

- 비전 : 업계 최고 1등의 기업 가치를 창출하는 아름다운 기업
  기업목표 : 전략경영, 인재경영, 품질경영, 윤리경영
- 슬로건 : 세계로 나가는 아름다운 동행(A Beautiful Way to World)
  아름다운 사람들 아시아나항공
- 인재상 : 성실하고 부지런한 아시아나인, 연구하고 공부하는 아시아나인, 진지하고 적극적인 아시아나인, 서비스정신이 투철한 아시아나인
  서비스모토 : 참신한 서비스, 정성어린 서비스, 상냥한 서비스, 고급스러운 서비스

- 운항노선 : 24개국 74개 도시 88개 노선(2019.08 기준)
- 보유 항공기 : 총 86대(2019.08 기준)
  여객기 : 74대 / 화물기 : 12대

- 항공사 Alliance – 스타 얼라이언스
  1997년 세계 최초로 결성된 항공사 동맹체
  2018년 6월 1일 기준으로 현재 30개 항공사와 제휴

국내 FSC 비교분석(2019.12 기준)

구 분	대한항공	아시아나항공
창립일	1969.03.01	1988.02.17
그룹 및 계열사	한진그룹	금호계열에서 HDC현대산업개발 · 미래에셋대우 컨소시엄에 매각(2019.12)
비전	세계 항공업계를 선도하는 글로벌 항공사	업계최고 1등기업 가치를 창출하는 아름다운 기업
미션	Excellence in Flight 최상의 운영체제 변화지향적 기업문화 고객감동과 가치창출	금호아시아나그룹 이해관계자들의 삶의 질 향상
인재상	1. 진취적 성향의 소유자 2. 국제적 감각의 소유자 3. 서비스정신과 올바른 예절의 소유자 4. 성실한 조직인 5. 팀 플레이어	1. 성실하고 부지런한 아시아나인 2. 연구하고 공부하는 아시아나인 3. 진지하고 적극적인 아시아나인 4. 서비스정신이 투철한 아시아나인
항공기 보유대수	169대(2019.08) 여객기 146대 / 화물기 23대	86대(2019.08) 여객기 74대 / 화물기 12대
운항노선	44개국 125개 도시(2019.08) 국내선 : 13개 도시 국제선 : 43개국 112개 도시	24개국 74개 도시 88개 노선(2019.08)

구 분	대한항공	아시아나항공
심벌마크(CI)	태극문양을 응용하여 역동적인 힘을 표현하고, 프로펠러의 회전 이미지를 형상화하여 강력한 추진력과 무한한 창공에 도전하는 대한항공의 의지를 나타냄	심볼 '윙(Wing)' 고객과 함께 아름다운 미래로 비상하는 기업 '색동의 氣(Energy of Seakdong)'
유니폼	전통적인 아름다움과 세계적인 패션감각이 조화를 이루는 세련된 디자인으로 이탈리아의 디자이너 지안프랑코 페레의 작품. 스커트와 바지의 두 가지 디자인을 도입해 활동성을 높임	디자이너 진태옥 씨가 한국 민화의 문양에서 모티브를 얻어 제작한 것으로, 은은한 한국 고유의 멋스러움과 기능성을 강조하며, 색동저고리를 입은 사람의 모습을 의미. 브라운은 따듯하고 안정적인 느낌을 의미함
얼라이언스	〈스카이팀〉 대한항공은 2000년에 탄생한 글로벌 얼라이언스 '스카이팀'의 창립 멤버로, 현재 19개 회원사로 구성된 스카이팀은 전 세계 175개 이상의 국가에서 1,150개 도시로 매일 14,500편 이상의 항공편을 운항 중	〈스타 얼라이언스〉 하루의 비행량, 목적지수, 도착지 국가수, 회원사 규모 등에서 세계일류의 항공 네트워크. 1997년 세계 최초로 결성된 항공사 동맹체로, 규모와 서비스의 품격, 안전도에서 세계 최고를 자랑함

2) 국내 LCC의 현황

국내 LCC의 비교분석(2019.12 기준)

상 호	제주항공	이스타항공	진에어	에어서울	에어부산	티웨이항공	플라이강원
대표	이석주	최종구	최정호	조규영	한태근	정홍근	주원석
창립일	2005.1.25	2007.10.26	2008.1.23	2015.4.7	2007.8.31	2003.5.19	2016.4.12
그룹사	애경그룹	2019.12 매각, 제주항공 공동경영 체제	한진그룹	금호아시아나그룹에서 HDC 현대산업개발에 매각	금호아시아나그룹에서 HDC 현대산업개발에 매각	예림당	
본사	제주시 신대로 64 건설회관 3층	서울특별시 강서구 양천로 34	서울특별시 강서구 공항대로 453	서울특별시 강서구 하늘길 176	부산광역시 강서구 통단지1로 57번가길 6	서울특별시 강서구 하늘길 210	강원도 양양군 양양읍 조산리 388
IATA	7C	ZE	LJ	RS	BX	TW	YNY
ICAO	JJA	ESR	JNA	RSV	ABL	TWB	RKNY
노선	17개국 45개 도시	10개국 34개 도시	9개국 28개 도시	8개국 20개 도시	12개국 31개 도시	17개국 33개 도시	양양, 제주, 타이베이
항공기보유	45대	21대	26대	7대	26대	24대	2대
대표기종	B737-800	B737-700 B737-800 B737-400ER B737-8MAX	B777-200ER(4대) B737-800(22대)	A321-200	A321-200(18대) A320-200(8대)	B737-800	B737-800

1) 제주항공

항공여행의 대중화와 제주도 항공교통 수단 개선의 목적에서 설립을 추진한 저가항공사로, 애경그룹과 제주도가 지분을 공동출자하여 2005년 1월 25일에 창립되었다. 정기 항공운송사업 면허는 대한항공과 아시아나항공에 이어 세 번째로, 저비용항공사 최초로 획득하고 2006년 6월 김포 - 제주 노선을 첫 취항으로 국내선 각 도시와 아시아 주요 도시 79개 이상의 노선을 운항하고 있다. 항공여행의 새로운 기준, New Standard로 고객지향적 사고로 끊임없이 혁신하는 대한민국 No.1 LCC로 자리 매김하고자 노력하고 있다. 2008년 B737-800을 첫 도입한 후, 점진적인 도입과 매각으로 기종을 단일화하여 운영의 효율성과 안전성을 높이는 경영전략을 펴고 있다. FSCFull Service Carrier의 70~80% 수준의 운임과 일자별 · 기간별 탄력운임 제도를 운영하여 고객의 편의를 높이고 있다. 또한 2019년 12월 이스타항공을 인수하여 공동경영 체제로 운영하기로 결정되었다.

2) 진에어

'실용의 중 · 단거리 항공사'를 기업 비전으로 하여 2008년 1월에 법인을 설립하고, 7월 17일 김포 - 제주 노선 첫 취항으로 운항을 시작하였다. 대한항공에서 100% 출자한 저비용항공사로, 2009년 국내 저비용항공사로는 최초로 국제항공안전인증IOSA을 획득하였다. B777-200ER, B737-800 25대의 항공기를 보유하고 있으며, 설립 초기에는 기간 대비 최고의 정시율을 기록하기도 했다. 합리적인 소비자가 선택하는 스마트하고 실용항공사로 유니폼도 청바지를 착용하였으나, 2019년 7월에는 전통성과 활용성을 겸비한 신축성 있는 블랙진의 청바지 및 청치마의 정복스타일로 변경하였다.

3) 티웨이항공

2004년 세워진 한성항공이 2005년 첫 취항 이후 경영난으로 인해 2008년 휴업하고, 2009년 법원에 기업회생 절차를 신청하여 2010년 8월 티웨이항공으로 회사명을 변경한 후 재운항을 시작하였다. 당시 항공기 2대로 시작하여 그해 9월 국내 항공운송사업 운항증명Air Operator's Certificate을 획득함과 동시에 김포-제주 운항을 개시하였다. 이 티웨이항공은 2013년 설립 3년만에 흑자를 달성하기도 했으며, 항공사의 규모에 집착하는 것이 아니라 합리적인 가격과 세련된 서비스 제공을 목표로 내세우고 있다. 올해로 창립 9주년을 맞은 티웨이항공이 '함께하는 우리들의 항공사'라는 경영이념 아래 다양한 부가서비스를 펼치면서 최상의 안전수준을 유지하기 위해 안전관리시스템 및 종합안전성과등급제도를 도입하여 안전을 강화하며 적극적인 투자 또한 아끼지 않고 있다.

4) 에어부산

2008년 10월 대한민국의 남부 지역을 기반으로 하는 지역 항공사로 출범하여 부산-김포 노선을 첫 운항으로 활동을 시작하였으며, 부산을 허브로 두고 안정적 운영을 하면서 노선을 확대해 나갔다. 또한 LCC항공사 중 화물실적 1위도 기록하였다. 2019년에는 김해공항보다 시장이 넓은 인천공항에 진출하였고, 도입할 신형 에어버스사 A321 네오 항공기를 인천공항에 배치한다. 부산의 대표적 항공사인 에어부산이 한 단계 더 도약할지 주목받고 있었는데, 모회사인 아시아나항공이 HDC현대산업개발로 인수되면서 현재 에어부산은 HDC 그룹의 자회사이거나 매각상황에 놓여 있다.

5) 에어서울

2015년 4월에 에어서울 주식회사를 설립하고, 12월 정기 항공운송사업 면허를 취득하여 항공기 A321-200로 총 7대를 보유하고 있다. 공짜 항공권, 연간 항공권 민트패스 등의 초저가 프로모션 상품을 출시하며 고객 유치에 힘을 쏟아왔다. 최저 운임으로 LCC 중 가장 넓은 좌석의 비행기를 이용할 수 있다는 것이 큰 강점으로 작용하여, 국내 항공사 중 유일하게 90% 이상 탑승률을 기록하며 단번에 꼴찌에서 1위로 올라섰다. 에어서울은 1년간 약 15개 노선을 취항하며 급속도로 성장하여, 기존 항공사와는 차별화된 신규 항공사로 자리매김하였다. 국적 항공사 최초로 2017년에 올해의 신규 항공사Start-up of the Year 2017를 수상하는 등 단기간 내에 급속도로 성장하고 있다. 그러나 모회사인 아시아나항공이 HDC현대산업개발로 인수되어 에어서울도 함께 매각되었다.

6) 이스타항공

2007년 10월 설립 후, 2008년 8월 국토해양부로부터 부정기 항공운송면허를 취득하고 대형 항공사 위주였던 독과점시장을 깨고 실용적인 가격을 통한 항공여행의 대중화를 일궈냈다. 또한 세계 최초 LCC 연맹체인 '유플라이 얼라이언스'에 가입하여 한국과 중국에 거점을 두고 있는 5개 항공사와 함께 글로벌 네트워크를 구축했다. 그리고 LCC 중 중국노선을 최다 보유한 항공사로서 총 9개의 중국노선을 운영하며 더욱 신규노선 개발에도 힘썼다. 그러나 국내 최초로 보잉의 차세대 주력 신기종인 B737-MAX 8기종 2대를 도입하였으나, 에티오피아 항공기B737-MAX 8 추락사고와 관련하여 국토교통부가 해당기종을 보유한 이스타항공에 특별점검과 더불어 한일관계 악화로 인해 경영난에 어려움을 겪다가, 2019년 12월 제주항공에 매각되었다.

7) 플라이강원

2016년 4월에 항공사를 설립하고 2019년 3월에 국제항공운송사업 면허를 취득하여 양양-제주를 신규 취항하였다. 이후 양양-타이베이 노선을 확장하고 2020년 1월에 B737-800 3호기를 도입하여 그 영역을 펼쳐나가고 있다. 그리고 중국, 일본, 동남아를 강원도 양양과 연결하여 양양국제공항을 활성화하고 강원도의 특화된 관광자원을 활용하여 진정성 있는 관광서비스를 제공하는데 기업목표를 두고 있다. 항공·관광 융합형 항공사인 플라이강원은 국내 최초로 TCCTourism Convergence Carrier, 항공과 관광의 융합 모델로 출범했다. 양양국제공항 국제선 정규노선 개설에 따라 외국인 관광객이 증가할 것으로 예상하고, 주요 시설의 개선 투자유치, 새 상품개발을 통한 관광산업

분야 활성화에 협력과 조화로, 더불어 성장하는 기업의 모토로 LCC 후발주자로서 그 다양한 행보를 계획하고 있다.

04 LCC 대표경영 모델의 사례

독특한 기업문화를 가진 '사우스웨스트항공'은 30여 년 동안 연속하여 흑자를 기록했고, 1990년 이래 이 회사의 주가는 300% 이상 올랐다. 또한 전 세계에서 가장 안전한 항공사로 평가받으면서 낮은 직원의 이직률, 서비스, 정기발착 등의 분야에서 상위를 기록하며, 〈포춘〉지가 미국 내에서 가장 일하기 좋은 10대 기업에 두 번이나 선정하기도 했다.

1) 사우스웨스트항공의 창업과 성장

(1) 텍사스주 교통수단을 위한 설립

텍사스주에 은행가인 존 파커라는 사람이 있었다. 그는 불편하고 비싼 댈러스, 휴스턴, 샌안토니오 3개 도시 간의 이동을 개선하고자 샌안토니오의 소규모 항공회사를 경영하는 로린 킹에게 텍사스주 내를 이동하기 위한 항공회사의 설립을 요청했다.

요청을 받은 로린 킹은 캘리포니아주에 있는 PSA항공과 에어 캘리포니아를 조사했다. 이 회사의 노선망이 적당한 거리를 둔 활황도시를 잇고 있는 것이라는 조사결과를 바탕으로, 텍사스주의 3개 도시에 대형 여객기를 운항하는 항공회사의 설립 구상을 1966년에 로린 킹이 경영하는 회사의 법률 고문을 맡고 있던 변호사 허브 켈러허에게 건의하였다.

당초 허브 켈러허는 엉뚱한 계획이라고 느꼈지만, 운임이 싸고 자주 운항하며 정시성까지 우수한 항공회사라면 성공할 것으로 예측했다. 그리고 1967년 3월 15일 켈러허는 에어 사우스웨스트 설립을 신청했다. 그러나 텍사스주 항공위원회가 비행 허가증을 발행하는 것을 금지하는 내용의 일방적 긴급 금지명령을 내렸고, 소송과정에서 모든 자본금이 바닥나게 되었다. 그러나 이 과정에서 허브 켈러허는 재판 비용을 본인이 부담하는 것으로 임원들을 설득하며 끝까지 텍사스주 최고재판소에 상고한 결과, 고등재판의 판결이 뒤집혀 승소하였다.

(2) 운항 개시 후의 자금난 문제

1971년 6월 18일에 댈러스, 휴스턴, 샌안토니오 3개 도시를 1일 18회 왕복하는 항공회사로 운항이 개시되었다. 회사대표는 계속하여 자금확보에 분주하게 움직여 700만 달러를 모았으나, 운항 개시 직후의 여객 유치에 실패하여 하루의 이용객수가 150명일 경우도 있었다. 다음 해인 1972년에 적자액의 합계는 500만 달러에 이르렀으며, 당시 3명의 종업원을 해고했다. 자발적 은퇴 인원을 제외하고는 창립 역사상 정리해고 인원은 오랫동안 이 3명이 유일했으나, 이후 2013년 착륙사고로 인해 한 명의 조종사가 추가로 해고되었다.

(3) 시행착오를 통한 성공법칙

이미 윌리엄 P. 호비공항에는 모든 여객항공회사가 철수하고 있었지만, 사우스웨스트에서는 휴스턴 중심가에서 가까워 비즈니스 승객에 적합한 공항으로 생각하였다. 1971년 11월 14일부터 윌리엄 P. 호비공항 발착편을 설정했는데, 이용자수가 급증하면서 도시지역에 가까운 공항에 발착하는 이 영업전략은 이후 저비용항공사들의 성공법칙의 하나가 되었다. 그러나 보유기 4대만을 전제로 계획한 운항계획을 실행할 수 있을지가 문제였기 때문에, 도착한 항공기를 10분만에 다시 손님을 태우고 발착하는 전략을 세웠고, 이 또한 여러 저비용항공사의 모델이 되었다.

1978년에 지미 카터 정권이 도입한 '항공자유화' 정책은 사우스웨스트항공도 텍사스주의 노선 전개를 시행하는 것이 가능하게 되었다. 여기서 기본전략인 단거리를 저운임 고빈도로 운행하는 정책을 앞으로도 계속해야 할 것인가를 두고 논의하였고, 결국 기본전략을 변경 없이 계속하기로 하였다.

같은 해 휴스턴과 뉴올리언스를 연결하는 노선을 개설하는 동시에, 댈러스에서 뉴올리언스의 노선 개설을 신청하였지만, 여러 기관의 반대에 부딪혀 최종적으로 댈러스 러브 필드에서 텍사스주와 인접하는 주보다 먼 지점에의 노선 개설을 할 수가 없게 되었다. 여기서 내세운 방침으로, 타사와 같이 '허브 앤 스포크'형이라 불리는 네트워크 형태를 구축하지 않고, 보유기종인 B737의 항속 거리나 수용력을 최대한으로 활용하는 '포인트 투 포인트'형의 수송으로 전환하였다. 즉 어느 정도의 집객을 전망할 수 있는 단거리와 중거리의 노선을 개설하여 그러한 노선을 서로 연결하는 네트워크를 확대하는 방법을 선택했다.

이 방침에 따라 휴스턴, 라스베이거스, 피닉스의 국내선 노선을 개설하여 한층 더 인접한 주를 묶는 노선을 전개하였고, 이 전략은 다른 항공회사가 운영하는 '허브 앤 스포크'형의 노선 구성에 따라 혼잡한 공항에서 불편한 환승을 할 수밖에 없는 이용자들에게 절대적인 지지를 얻어 결국 이 '포인트 투 포인트'형의 노선 전개를 기본으로 하여 사업을 펼쳐 나갔다.

(4) 최우량 항공회사로의 성장

1982년 허브 켈러허가 회장 겸 CEO로 취임하였다. 1980년대에 타 항공회사는 상호간의 인수합병으로 노선망을 확충하는 것과는 달리, 사우스웨스트항공은 계속 자력에 의한 노선 전개를 진행하였다. 또한 기본적으로는 한 번 취항한 노선은 절대로 철수하지 않고 착실하게 노선망을 확대하였다. 게다가 다른 항공회사가 시장점유율에 집중하는 와중에도 철저하게 이익을 중시한 경영을 하였다.

1988년 5월 미국교통부가 발표한 정시 운항률, 수화물 분실, 이용자 불만 등의 3개 부문에서 미국 전체 1등을 달성하였고, 1989년 11월부터 3개월 동안 연속하여 3개 부문 모두 선두가 되면서 1990년 1월에 'Triple Triple Crown3개월 연속의 삼관왕' 광고를 하였고, 미국 최우수상 항공회사로 이름이 알려지게 되었다. 그 후 1992년부터 연간 기준 5년 연속 '트리플 크라운Triple Crown, 삼관왕' 자리에 올랐다.

미국의 항공회사들은 1990년 초에 걸프전쟁으로 인한 연료비 상승으로 일제히 적자를 면치 못했으나, 사우스웨스트항공은 1990년 4분기 손실을 450만 달러로 억제하였다. 그리고 1994년까지 경기불황이 한창인 시기에도 이익이 지속된 것은 미국 항공업계에서 사우스웨스트항공이 유일했다.

(5) 장거리 국내선 취항과 에어트랜 인수

2001년 9·11 테러 발생 후 같은 해 9월 25일에 이용촉진 캠페인 시행을 발표했다. 같은 해 미국의 항공회사가 일제히 적자에 시달리고 있을 경우 사우스웨스트항공만 흑자를 유지한 것이다. 2002년 9월부터 처음으로 로스앤젤레스에서 워싱턴 D.C.를 연결하는 미 대륙횡단 노선을 개시하였고, 이것에 워싱턴 D.C.에서 볼티모어 워싱턴 국제공항에 노선을 연장하였다. 소요시간이 5시간 전·후인 노선이지만, 종래대로 B737 기종을 운용하며 지금까지와 같은 기내서비스 가격을 제공하였고, 2002년 9월까지 취항 기념으로 운임을 왕복 198달러로 판매하였다.

이후 2010년 9월에 에어트랜의 모회사인 에어트랜 홀딩스를 14억 달러에 인수하는 것을 발표하였고, 이듬해인 2011년 5월에 인수를 완료하였다. 그리고 2012년 미국 연방 항공국에서 단일 운항인증SOC 발행이 완료되었다.

2) 사우스웨스트항공의 성공요인

(1) 주요 전략

사우스웨스트항공은 항공사업을 위한 탄탄한 전략을 쓰고 있다.

- 저렴한 요금 : 저렴한 가격으로 이용 가능한 항공요금
- 저렴한 공항 : 2차공항을 이용하면서 비용이 감소
- 단일항공기 유형 : 하나의 항공기 유형만 사용하여 조종사, 정비사 및 예비부품 등 필요한 기술훈련과 관련 비용을 줄여 운영 유지
- 일정 : 짧은 턴어라운드 타임과 경로를 통해 모든 운항의 효율성 유지

무엇보다 사우스웨스트항공의 성공비결 중 하나는 직원들의 행복을 유지하는 것

이다. 그들은 비용을 낮추는데 의존하지만, 직원들에게 공정한 임금을 지불하고 높은 직원 만족도를 유지하며 생산적인 노동력을 자극하기 위해 이익분배와 같은 특권을 통합하는 것을 목표로 하고 있다. 또한 승객들에게는 식음료와 같은 많은 부가서비스가 누락되지만(빠른 처리시간 단축에 도움이 됨), 사우스웨스트항공은 사람들이 즐거운 여행을 하기 위한 적절한 고객서비스를 제공하기 위해 노력한다.

(2) 사우스웨스트의 효과

이 항공사는 미국 항공료에 있어 혁신을 이루어 그 이름을 따서 명명된 경제용어까지 생겨났다. '사우스웨스트의 효과Southwest Effect'는 1993년 미국 국무부에 의해 처음 만들어졌으며, 사우스웨스트항공의 새로운 시장진출이 해당노선의 항공서비스에 어떻게 영향을 미치는지를 설명하고 있다.

사우스웨스트의 효과란, "편의성과 저원가라는 모순을 동시에 해결하고자 한 사우스웨스트의 전략이 항공업계의 게임의 룰을 바꿔놓은 현상"을 말한다. 그들은 노선에서 공급을 늘리고 가격을 낮추었다. 이로 인해 기존 항공사도 경쟁을 위해 요금을 낮추게 된다.

결과적으로 사우스웨스트의 효과는 모든 항공사의 판매가 증가한다는 것이고, 낮은 가격은 항공여행 수요의 증가로 이어진다. 즉 운임을 낮추어야 하는 항공사들조차도 더 나은 로드요소로 인해 이익이 증가한다는 것이다.

지역 규모로 항공에 영향을 미치는 또다른 항공사도 있다. 제트블루Jet Blue항공은 미국에서 비슷한 트렌드로 경영을 유지하고 있고, 유럽에서는 거대한 라이언에어Ryan Air가 있다. 그러나 이 사우스웨스트항공은 여전히 저비용항공사의 대명사가 되고 있다.

(3) 직원이 첫 번째, 고객은 두 번째

허브 켈러허 회장이 여러 가지 업적을 이루었지만, 가장 뛰어난 점은 최악이었던 노사관계를 회복했을 뿐만 아니라 충성도 높은 직원을 키운 것이다. 〈포브스〉는 켈러허 창업자가 사람들에게 감동을 주고 사랑을 받을 수 있었던 20가지 이유를 흥미로운 일화를 담아 설명하였다.

직원들에 관한 관심을 첫 손가락으로 꼽았다. 그는 다른 사람의 말을 경청했고, 직원들과 희노애락을 함께 했다. 그는 모든 직원의 이름을 외웠고, 어디서 만나든 먼저 인사를 건넸다. 직책이나 직위도 필요치 않았다. 그는 현장 직원들을 만나러 다니느라 늘 바빴다. 한 사업부서 사장이 그에게 얼굴 볼 기회가 없다고 불평하며 우리보다 직원들이 더 중요하냐고 묻자, 켈러허 창업자는 "그렇다"고 대답했다. 특이한 채용방식과 고객보다 직원을 중시하는 문화, 사내 정치와 편 가르기를 없애고 직원 자존감을 높여주는 것, 신뢰를 중시하고 서로 공감하며 일하도록 한 점도 그가 사랑받게 된 요인으로 꼽힌다.

그는 자신과 가장 가까이 있는 직원들부터 존중했다. 최고경영자에게 대우를 받는다고 느낀 직원들은 회사에 관한 충성도가 높아졌고, 이는 사우스웨스트항공 경쟁력의 원천이 되었다. 심각하게 생활하지 말 것, 거칠게 행동할 수 있지만 비굴하지 말 것, 합당한 일을 하고 있다면 윗사람에게 다소 불손하게 보여도 된다는 점, 가치 있는 것에 시간을 할애하라고 가르친 것, 전사와 같은 정신을 갖도록 한 것, 인위적인 전략과 계획을 배척한 것, 어려운 시기에 회사와 직원을 보호하기 위해 좋을 때 잘 관리한 점, 결단력을 가지고 신속하고 민첩하게 실행한 것, 사우스웨스트항공만의 좋은 문화를 만든 것 등이 허브 켈러허의 업적이다.

하지만 켈러허가 위대한 경영자로 우뚝 섰던 것은 마지막으로 꼽은 항목이다. '가장 중요한 규칙은(기존) 규칙을 깨는 것에 전혀 개의치 않는 것이다.' 그는 임 · 직원들에게 기회가 있을 때마다 이렇게 말했다. "더 나은 서비스를 위해서는 모든 규칙을 언제나 다시 생각하고 의심해야 한다."

(4) 조직문화

사우스웨스트항공이 성공할 수 있었던 비결은 사람을 존중하는 조직문화에 있다. 경쟁우위가 사람에서 나왔기 때문에, 다른 회사들이 쉽게 모방할 수가 없었다.

켈러허 회장은 후배 기업인들이 금과옥조로 여길만한 명언을 많이 남겼다.

"공포가 아니라, 사랑으로 묶이면 기업은 더 강해진다. 직원을 잘 대하면 무슨 일이 일어날까? 고객이 다시 찾아올 것이고, 그러면 주주들은 행복해질 것이다. 눈에 보이는 물건은 누구나 구매할 수 있다. 하지만 아무리 해도 구매할 수 없는 것이 있다. 조직에 관한 전념과 헌신, 충성이다. 그것은 마치 십자군에 참여한 것 같은 느낌을 준다. 어떤 사람이 비용절감 아이디어를 가지고 오면 나는 바로 묻는다. 그것이 고객들에게 어떤 영향을 주느냐고! 나는 모든 인간적 약점을 용서한다. 다만, 병적인 자기중심과 가식만 빼고, 비즈니스의 비즈니스는 사람이다."

그의 말에는 기존 기업경영의 상식을 뒤흔드는 혁신이 숨어있다. 특히 사람을 바라보는 관점은 혁명에 가깝다.

자료 : 사우스웨스트항공

사우스웨스트항공의 문화

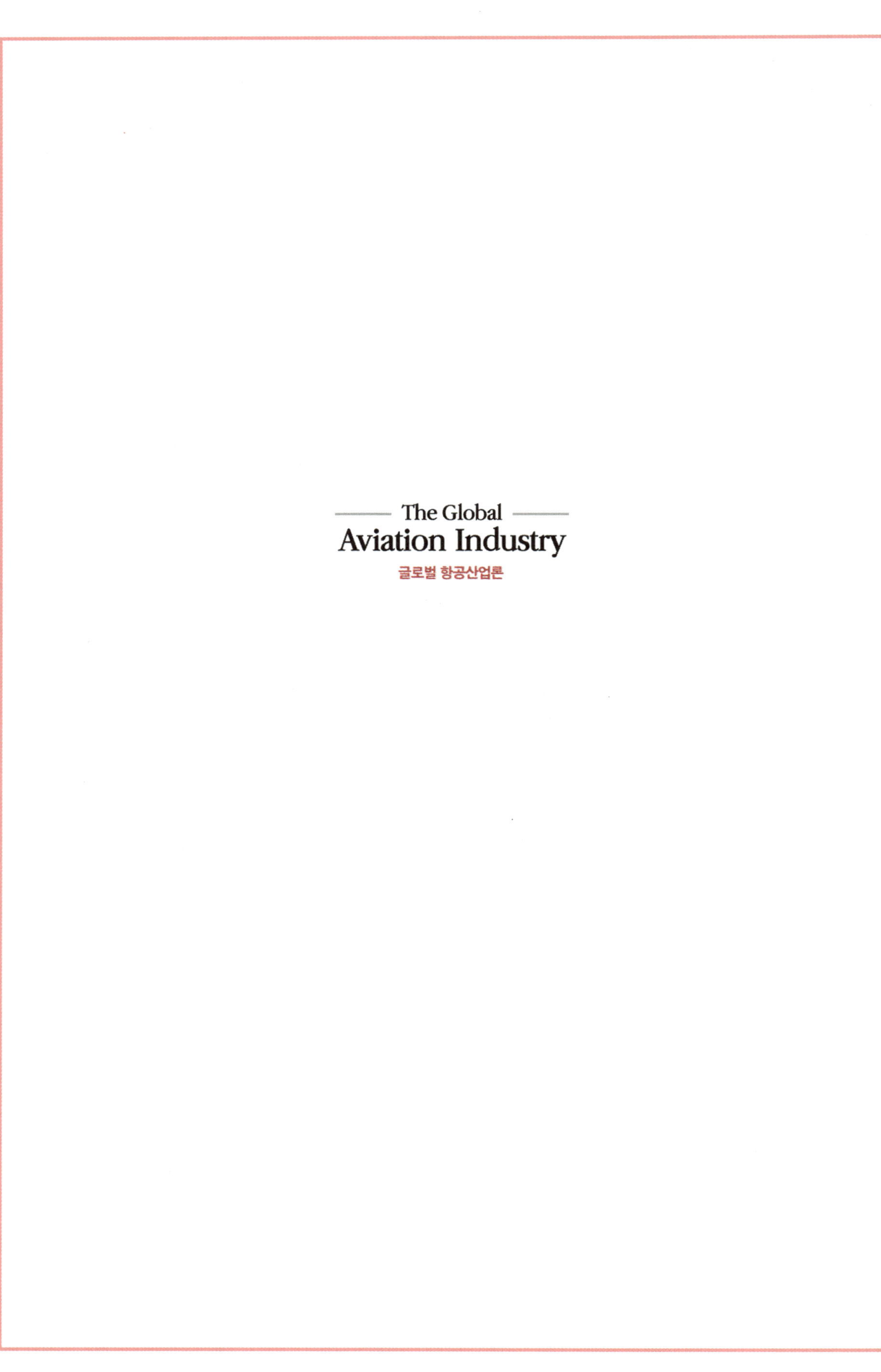

The Global
Aviation Industry
글로벌 항공산업론

Let no one ever come to you without leaving better and happier.

당신을 만나는 모든 사람이 당신과 헤어질 때는
더 나아지고 더 행복해질 수 있도록 하라.

– Mother Teresa –

CHAPTER 06 객실승무원의 조직 및 일반업무

학습목표

1 객실승무원의 조직과 부서의 역할에 관하여 이해하고 설명할 수 있다.
2 객실승무원의 비행스케줄과 해외체류 관리에 관하여 이해하고 설명할 수 있다.
3 객실승무원의 일반책임과 업무, 훈련자격 등을 이해하고 설명할 수 있다.
4 객실승무원의 비행 업무의 전반적 사항을 이해하고 설명할 수 있다.
5 객실승무원 자원관리의 개념과 내용을 이해하고 설명할 수 있다.

01 객실승무원의 조직

1) 객실본부

객실본부에서는 주로 객실승무원들과 관련된 일을 하고 있다. 객실승무원들을 관리하고 승무원 편조(스케줄링) 업무를 한다. 그리고 승무원들을 대상으로 안전과 서비스와 관련된 교육훈련을 시킨다. 또한 객실서비스에 관한 계획도 구상한다. 그외에 승무원들에 관한 서비스품질을 관리하고, 승무원들과 관련된 표준/매뉴얼 제작도 담당한다. 마지막으로 기내 면세품 판매와 기내 식음료서비스에 관한 계획, 비용관리도 객실본부에서 담당한다.

객실승무원들은 매일 비행을 하기 전에 객실사무장을 중심으로 '객실 브리핑'을 하는데, 이때 승무원별로 기내에서 담당할 역할을 배정한다. 이 시간은 승무원들이 알아야 할 해당비행편에 관한 중요한 정보와 기본지식을 업데이트하는 시간이라고 생각하면 된다. 이는 미리 알아야 할 고객정보를 사전에 공유하여 승무원들이 서비스를 제공하는데 도움을 주기 위함이다.

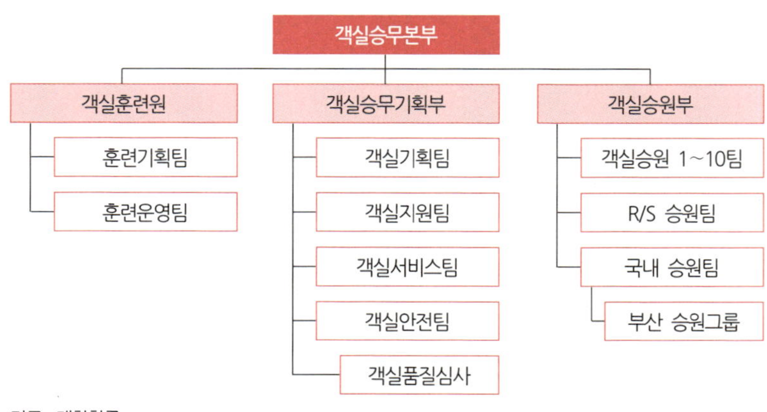

자료 : 대한항공

국내 항공사 객실승무본부 조직의 예

2) 주요 부서 업무

(1) 객실훈련원

기획과 운영팀으로 나누어지며, 아래와 같은 내용을 주요 업무로 하고 있다.

- 신입, 정기, 재임용 안전훈련 및 리더십훈련 진행 및 기준운영
- 객실승무원 서비스 교육훈련 진행 및 기준운영
- 객실승무원 교육콘텐츠 개발 및 교재, 교보재, 교안 제작
- 안전/서비스강사 양성 및 운영
- 훈련기록 관리시스템 관리/유지
- CRM 과정 개발

(2) 객실안전팀

- 객실안전/보안업무 계획 수립 및 관리 업무
- 객실승무원 안전/보안업무 규정 제정 및 개폐 업무
- 객실승무원 업무 교범 제·개정 및 유지관리 업무
- 국토교통부 항공정책실 및 IATA, ICAO, DOD, 대외 항공국, 항공기 제작사 등의 항공안전 관련 대외 기관과의 연관 업무
- 객실안전/보안 관련 사내·외 감사 수검 업무
- 객실안전/보안 관련 객실승무원 레포트Report 처리 업무

(3) 국제, 국내, R/S 승원팀

- 국제, 국내, R/S 승원팀 소속 객실승무원 운영 및 지원 업무
- 국제, 국내, R/S 승원팀 소속 객실승무원 비행근무 준비 지도 및 지원 업무
- 회사의 정책 및 절차 숙지 확인 및 지속적인 감독
- 국제, 국내, R/S 승원팀 소속 승무보고서 종합 접수 및 처리 업무

(4) 객실품질심사원

- 항공기 안전운항 관련사항 현장 이행 여부를 확인
- 확인된 개선 필요사항에 관한 개선활동
- 잠재적 위험요소 제거를 위한 사전 예방활동 수행

02 객실승무원의 관리

1) 비행과 해외체류 관리

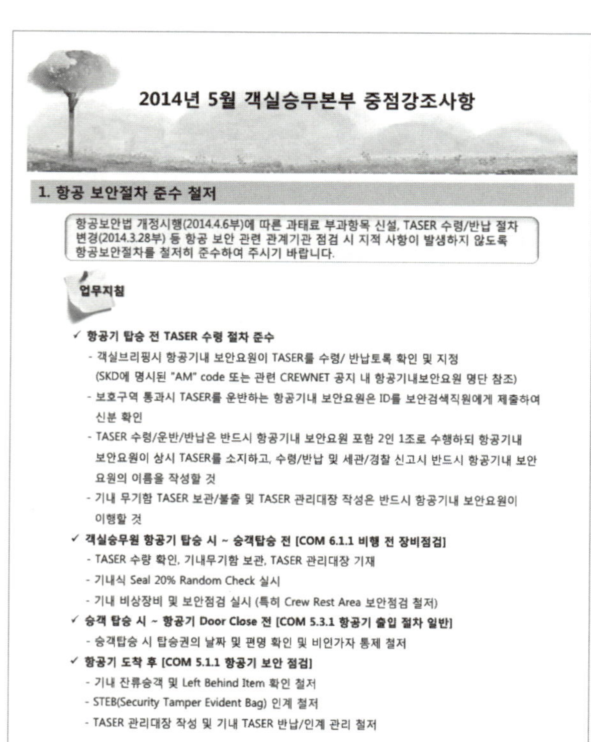

2014년 5월 객실승무본부 중점강조사항

1. 항공 보안절차 준수 철저

항공보안법 개정시행(2014.4.6부)에 따른 과태료 부과항목 신설, TASER 수령/반납 절차 변경(2014.3.28부) 등 항공 보안 관련 관계기관 점검 시 지적 사항이 발생하지 않도록 항공보안절차를 철저히 준수하여 주시기 바랍니다.

업무지침

✓ **항공기 탑승 전 TASER 수령 절차 준수**
- 객실브리핑시 항공기내 보안요원이 TASER를 수령/ 반납토록 확인 및 지정 (SKD에 명시된 "AM" code 또는 관련 CREWNET 공지 내 항공기내보안요원 명단 참조)
- 보호구역 통과시 TASER를 운반하는 항공기내 보안요원은 ID를 보안검색직원에게 제출하여 신분 확인
- TASER 수령/운반/반납은 반드시 항공기내 보안요원 포함 2인 1조로 수행하되 항공기내 보안요원이 상시 TASER를 소지하고, 수령/반납 및 세관/경찰 신고시 반드시 항공기내 보안요원의 이름을 작성할 것
- 기내 무기함 TASER 보관/불출 및 TASER 관리대장 작성은 반드시 항공기내 보안요원이 이행할 것

✓ **객실승무원 항공기 탑승 시 ~ 승객탑승 전 [COM 6.1.1 비행 전 장비점검]**
- TASER 수량 확인, 기내무기함 보관, TASER 관리대장 기재
- 기내식 Seal 20% Random Check 실시
- 기내 비상장비 및 보안점검 실시 (특히 Crew Rest Area 보안점검 철저)

✓ **승객 탑승 시 ~ 항공기 Door Close 전 [COM 5.3.1 항공기 출입 절차 일반]**
- 승객탑승 시 탑승권의 날짜 및 편명 확인 및 비인가자 통제 철저

✓ **항공기 도착 후 [COM 5.1.1 항공기 보안 점검]**
- 기내 잔류승객 및 Left Behind Item 확인 철저
- STEB(Security Tamper Evident Bag) 인계 철저
- TASER 관리대장 작성 및 기내 TASER 반납/인계 관리 철저

자료 : 대한항공

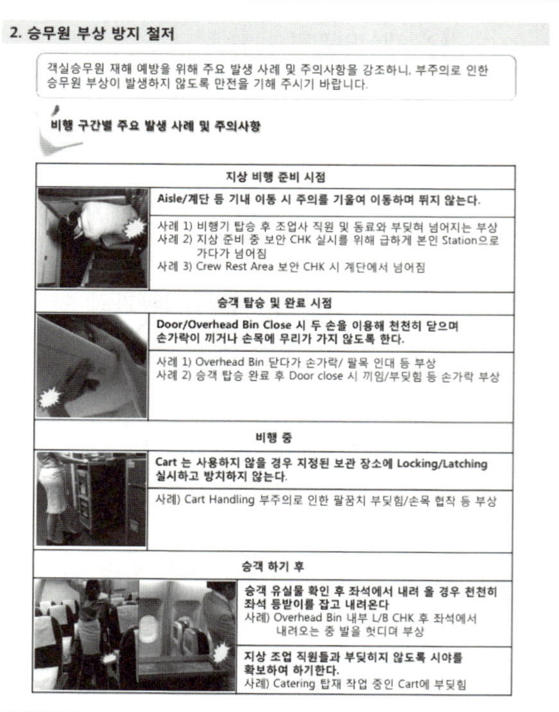

2. 승무원 부상 방지 철저

객실승무원 재해 예방을 위해 주요 발생 사례 및 주의사항을 강조하니, 부주의로 인한 승무원 부상이 발생하지 않도록 만전을 기해 주시기 바랍니다.

비행 구간별 주요 발생 사례 및 주의사항

구분	주의사항	사례
지상 비행 준비 시점	**Aisle/계단 등 기내 이동 시 주의를 기울여 이동하며 뛰지 않는다.**	사례 1) 비행기 탑승 후 조업사 직원 및 동료와 부딪혀 넘어지는 부상 사례 2) 지상 준비 중 보안 CHK 실시를 위해 급하게 본인 Station으로 가다가 넘어짐 사례 3) Crew Rest Area 보안 CHK 시 계단에서 넘어짐
승객 탑승 및 완료 시점	**Door/Overhead Bin Close 시 두 손을 이용해 천천히 닫으며 손가락이 끼거나 손목에 무리가 가지 않도록 한다.**	사례 1) Overhead Bin 닫다가 손가락/ 팔목 인대 등 부상 사례 2) 승객 탑승 완료 후 Door close 시 끼임/부딪힘 등 손가락 부상
비행 중	**Cart 는 사용하지 않을 경우 지정된 보관 장소에 Locking/Latching 실시하고 방치하지 않는다.**	사례) Cart Handling 부주의로 인한 팔꿈치 부딪힘/손목 협착 등 부상
승객 하기 후	**승객 유실물 확인 후 좌석에서 내려 올 경우 천천히 좌석 등받이를 잡고 내려온다**	사례) Overhead Bin 내부 L/B CHK 후 좌석에서 내려오는 중 발을 헛디뎌 부상
승객 하기 후	**지상 조업 직원들과 부딪히지 않도록 시야를 확보하여 하기한다.**	사례) Catering 탑재 작업 중인 Cart에 부딪힘

객실승무본부 중점 강조사항의 예

비행할 때 승무원들이 비행안전 수칙을 준수하고 정해진 절차에 따라 고객들에게 정성을 다해 제대로 서비스하고 있는지를 체크하는 업무이다. 여기에는 유니폼 착용 상태나 메이크업, 액세서리 착용같은 것도 포함된다. 또한 승무원들이 해외에 나가있을 때도 체류 시 지켜야 할 규정을 제대로 지키는지, 회사의 이미지에 부정적인 영향을 줄 행동을 하지는 않는지 관찰해야 한다.

승무원들은 법에서 정한 비행시간 제한이 있으므로 어느 정도 비행 근무를 하게 되면 반드시 휴식을 취할 수 있도록 해야 한다. 특히 중·장거리 비행 후에는 대부분 회사에서 계약을 맺은 호텔 등에서 묵게 되는데, 객실승무원들은 회사를 대표하는 얼굴이기 때문에 사소한 문제라도 발생하는 일이 없도록 사전에 승무원들에게 체류 시 지켜야 할 최소한의 에티켓들을 교육한다. 이것도 승무원 관리에 포함된다.

2) 로스터

객실승무원으로 입사한 후 모든 시험과 교육을 통과하여 비행 자격을 갖추면, 승무원의 비행임무에 관한 모든 세부정보가 담긴 개인용 캘린더(로스터)가 생긴다. 일반적으로 항공사에 따라서 로스터Roaster에는 2주에서 1개월 동안의 근무를 표시하며, 로스터링은 보통 승무원에게 약 10일 전에 사전 통보하여 제공되므로 여정과 휴식시간에 관한 계획을 세울 수 있다.

로스터를 보면 목적지를 알 수 있는 도시 3 Letter Code, 비행출발 날짜와 시간, 도착 날짜와 시간, 오프Off, 쉬는 날, 스탠바이Stand By, 대기근무, 턴어라운드 타임Turnaround Time, 기착지에서 하루 혹은 그 이상 머물지 않고 바로 돌아오는 비행인지, 레이오버Lay Over인지를 알 수가 있다.

카타르항공사와 같은 일부 항공사는 비딩(입찰)시스템Bidding System이 있어 매달 원하는 목적지를 10개까지 신청할 수 있고, 그중에서 많게는 2~4개, 적으면 1개, 더러는 하나도 못받을 경우도 있다. 해당시스템에는 트립레포트를 함께 제공하여 노선별로 레이오버(머무는 시간) 시간 등을 확인하여 신청할 수 있다. 예를 들어, 오사카 노선을 비딩Bidding하고자 트립레포트를 검색하여 28시간, 53시간 레이오버가 있다면, 맛집투어를 기획하여 53시간 레이오버로 비딩하는 등의 계획을 할 수도 있다.

03 객실승무원의 책임

1) 일반 책임

객실승무원은 객실승무원 업무 규정과 지침을 준수하고, 제작사 또는 항공사에 의해 부착된 '준수사항 표식Decal'의 내용을 준수해야 한다. 또한 비행근무 전 개인 메일함에 수신된 메일 내용을 확인해야 하며, 최근의 업무 지시를 숙지해야 한다.

객실승무원은 비행근무 시 항공기 운항에 관한 최종적 권한이 기장에게 있으므로, 객실승무원 업무 교범을 적용함에 항공기 운항과 관련하여 중대한 사항(지연, 탑승거절, 기내 난동승객의 처리, 긴급환자의 처리, 항공기의 보안 · 정비 · 비상상황의 발생 등)이라고 판단되는 경우에는 기장과 협의해야 하며, 필요할 경우 그 지시에 따른다.

객실승무원은 항공기의 안전 운항을 위해 기장과 협조하여 운항 중에 승객 안전과 비상탈출에 관한 임무를 수행해야 한다. 객실승무원은 객실 내의 어떠한 불안전한 상태에 대해 기장에게 즉시 보고해야 할 책임이 있다. 따라서 객실승무원은 비행 단계에 관계없이 어떠한 비정상적인 상황에 대해 기장에게 보고해야 한다.

2) 업무 교범

객실승무원은 비행 근무 시 객실승무원 업무 교범 전체 또는 필수 휴대 페이지를 휴대해야 하고, 필요할 경우 사용할 수 있도록 보관해야 한다. 최근에는 일부 항공사에서 전자교범을 활용하기도 한다. 객실승무원은 개정면Revision 및 공고Bulletin를 받아서 상시 최신상태를 유지 및 숙지해야 한다.

3) 객실승무원의 훈련 및 자격

객실승무원 자격은 국토교통부에서 인가받은 객실승무원 안전훈련 교범Cabin Crew

Training Manual에 따라 취득과 유지가 되고, 이 자격요건에 따라 스케줄 담당자는 근무를 배정한다. 객실승무원은 신입 안전훈련을 이수한 후 직급(또는 근무연한)에 따라 소정의 교육과정(정기 안전훈련, 재임용 안전훈련, 리더십 훈련)을 이수해야 한다.

4) 객실승무원의 직책별 임무

객실승무원이 2인 이상으로 편성된 경우, 그 중 회사로부터 객실사무장으로 지정받은 객실승무원이 객실사무장의 임무를 수행한다.

(1) 직책별 임무

① 객실사무장DP, Duty Purser

- 객실브리핑 주관, 임무 배정(위임 가능)
- 비행 전 객실설비의 기능점검 확인
- 항공기 출·입항 서류 및 Ship Pouch 관리
- 기내방송(위임 가능)
- 귀빈VIP, 기업중요승객CIP, 특수승객Special Passenger에 관한 처리
- 비행 중 발생하는 이상상황 해결 및 보고
- 해외체재 시 객실승무원 관리 및 현지 지점과의 업무 연계
- 운항승무원과의 커뮤니케이션(비상장비 및 보안장비 점검결과 보고, 도어 닫힘 준비완료 보고, Push Back 준비완료 보고, 이륙 준비완료 보고)
- 해당편 서비스 임무 수행

객실사무장이 다른 객실승무원에게 임무를 위임하는 경우, 최종 책임은 객실사무장에게 있다. 객실사무장은 위임에 있어 객실승무원의 직책, 자격, 경력 등을 고려한다.

② 부사무장AP, Assistant Purser

객실사무장의 업무를 보좌하는 역할을 하며, 객실사무장이 임무 수행 불가능한 경

우 객실사무장의 업무를 대행한다. 부사무장이 없는 경우에는 객실사무장 외 객실승무원 중 최상위 직급자가 객실사무장의 업무를 대행할 수 있다.

- 일반석 서비스 총괄(2개 클래스 이상으로 운영되는 비행인 경우)
- 서비스용품 탑재 확인
- 수습 객실승무원의 훈련지도 및 평가
- 기타 객실사무장으로부터 위임받은 업무 수행

③ 일반 객실승무원

승무 중 할당된 업무 이외에 객실승무원 업무교범에 명시된 사항들을 준수한다.

04 객실승무원의 비행업무

1) 비행 준비

(1) 휴대품 확인

여권, ID카드, 승무원등록증, 업무교범, 필수 휴대페이지를 지참했는지 확인한다. 또한 메모패드, 갤리 정보Galley Information 등 개인별 기내서비스용 준비물을 점검한다.

(2) 직무 확인

배정된 지정 임무 및 승무원 좌석Jump Seat을 사전에 확인한다.

(3) 비행정보 사전학습

해당편 비행 정보(기내 설비, 기내 엔터테인먼트 시스템, 출·도착시간, 목적지 CIQ / 입국서류 / 면세범위, 서비스절차 등)를 숙지한다. 그리고 최근 주요 지시 및 공지사항, 주요 불만승객, VOC 사례 등을 파악한다.

(4) 브리핑

브리핑은 객실 브리핑과 합동 브리핑으로 구분한다. 일반적으로 객실승무원들과 객실 브리핑 후 운항승무원과 함께 합동 브리핑을 한다. 객실 브리핑에서는 아래의 내용을 반드시 숙지하고 참여한다.

- 기내특별승객별 표준응대 절차 / 지침UM / WCHR / FMLY / 유·소아 동반승객 등
- 노선별 특이사항, CIQ, 환승안내 및 기내방송 절차 등
- 기내서비스 관련 특이사항, 해당편 탑재 기내식 메뉴, 스낵 종류 / 내용
- 기종별 특이사항, 위성전화기 장착내역 및 사용방법, IFE 및 좌석시스템 문제해결Seat Troubleshooting 방법 등
- 객실 브리핑이 끝나면 PIC(기장) 주관의 합동 브리핑에 참석한다. 이후 함께 항공기로 이동한다.

2) 승객 탑승 전

(1) 비상 / 보안 장비점검

객실사무장(또는 부사무장)의 안내방송 지시에 맞춰 담당구역별 비상 / 보안장비 점검 및 기내보안을 점검한다.

- 비상장비의 수량, 위치 및 이상 유·무 확인
- 보안장비 점검(비상벨, 방폭담요, 재킷, 포승줄, 타이랩, 테이저)
- 비행 전 보안검사 목록Pre-flight Security Checklist에 의거 객실, 화장실 및 갤리Galley 점검

(2) 설비점검

좌석점검 시 좌석주머니 내 이물질 및 좌석 주변의 청결상태 및 조명 점등상태 등

을 확인한다.

- IFE시스템 점검(위치, 오디오, 비디오, 스크린, 핸드셋 등 작동 여부를 확인)
- 객실이상 상황목록 & 메모CDLM 기재내용 위주로 갤리설비 점검
- 공기 제거Air Bleeding(커피메이커, 워터보일러)
- 개내 휠체어Onboard Wheelchair 탑재 유·무 확인(미주행 항공편 반드시 탑재)
- PA 상태 점검

(3) 화장실 점검

화장실 점검항목에 따라 화장실 청결 여부 및 화장실용품 비치상태를 점검한다.

(4) 청소상태 점검

복도의 카펫 등 통로의 청결상태를 확인한다.

(5) 신문 / 잡지 준비

- 1개 탑승교Bridge만을 사용할 경우 갤리선반에 준비
- 2개 이상 탑승교를 사용할 경우 이코노미클래스 탑승교에 카트 2개 준비
- 리모트 주기Remote Parking 시에는 스텝 카Step Car 당 카트 1대 준비
- 클래스별 예약 인원에 맞게 적절히 분배하되, 상위클래스에는 주요 일간지를 충분히 확보·전달

(6) 서비스물품 탑재 확인

탑재된 승객의 식사를 확인할 때 식사 개수, 주요리 개수, 특별식, 스낵 등을 확인해야 한다. 서비스 아이템과 기물 등은 항공사별로 차이가 있으며, 대형 항공사서비스 중심으로 설명하면 다음과 같다.

- 서비스 아이템 : 타월, 린넨, 고추장, 생수, 땅콩, 커피팩, 알코올 및 비알코올음료, 각종 드라이 아이템 등
- 서비스 기물 : 바구니Basket, 집게Tongs, 머들러박스Muddler Box, 얼음통 및 얼음삽Ice Bucket & Scoop, 오븐장갑, 쟁반Tray, 쟁반깔개Mat, 와인따개Wine Opener 등
- 서비스 품목 : 헤드폰Headphone, 편의용품Amenity Kit, 임신부용 편의용품 등(복편 비행 포함)
- 갤리 정보Galley Information를 참고하여 육안으로 기내식 내용물 및 유효기간 반드시 확인

(7) 기내판매 인계인수

항공기 탑승 전 지정장소에서 기내판매 가능한 화폐의 거스름돈이 담긴 잔돈 가방Money Bag을 받는다.

- 귀국편 사전주문품 확인 및 인수 : 고가물품은 아이템별 확인, 기타 용품은 봉인Seal 번호 인계
- 보조용품 탑재 여부 및 수량 확인 : 밀봉가능 비닐봉투Security Tamper Evident Bag, Pos 기계 및 배터리, 조견표, 인쇄지, 쇼핑백 등

(8) 서비스 준비

식사서비스 카트Meal Cart 내 드라이아이스Dry Ice를 사전에 제거하여 생수, 주스 및 주류를 시원하게 보관Chilling하는데 사용한다.

- 통로별로 헤드폰을 서랍에 적정량 준비
- 쟁반Tray, 볼펜, 기내엽서 갤리별로 확보하여 준비
- 간단한 비상약품 보관백Medical Bag(간단한 약)은 승객요청 시 즉시 제공할 수 있도록 갤리에 비치

KE	공동운항	FLT TIME
G/D ☐ CM ☐ SHR ☐ PM ☐	승객용 서류 ☐ (입국 / 세관 / 검역)	승무원용서류 ☐ 승무원여권 수거 ☐

점검 항목	
Taser/CRA Key 보관	☐
Video Box 탑재	☐
CDLM 내용 확인	☐
Potable Water ____	%
P.A / Video Test	☐
BGM Test	☐
비상보안장비 점검	☐
청소상태/보안 점검	☐
담요탑재 ________	매
BSCT ________	개
Child G/A	☐
방역 Spray & 서류	☐
Flight Coupon	☐
화장실 점검 Checklist	☐

	RGLR ML	SPCL ML	Total	Add ML
FR				
PR				
EY				

부족/보충 Item

승객 관련 점검 사항	승객탑승 중	이륙 후	PAX Rest 중	착륙 전
INAD/DEPO ____명	여권/서류 ☐			담당 지정 ☐
TWOV ____명	여권/서류 ☐			
UM ____명	여권/서류 ☐		ED카드/편지 ☐	담당 지정 ☐
FMLY ____명			ED카드작성 ☐	도착 안내 ☐
WCHR PAX ____명	WCHR탑재 ☐			도착 안내 ☐
BSCT PAX ____명	BSCT탑재 ☐	BSCT제공 ☐	ED카드작성 ☐	BSCT회수 ☐
주요승객인식 SVC	실시 ☐	실시 ☐		실시 ☐

목적지 입항서류 준비 ☐ In-bound 인계 서류 ☐	기판 사전주문서 매	Skypass 신청서 매 고객 서신 매

De-briefing

<승객관련>	<인수인계 사항>	<Zone 별 특기사항>	<후속 조치 필요 내역>
INAD/DEPO ☐	기내접수 서류 ☐	승객불만/제언 유 / 무	→보고자:
TWOV ☐	갤리인포 반납 ☐	기내식이물질 유 / 무	→인계자:
UM ☐	Taser 반납 ☐	승객 유실물 유 / 무	→인계자:
FMLY ☐	기판대금 ☐	기타:	
WCHR ☐	*판매실적($):		

객실사무장 Check Card

3) 승객 탑승 시

(1) 탑승인사

탑승권의 출발일자, 편명을 반드시 1 : 1로 확인한다.

- 거동수상자, 환자 및 과음 승객을 사전에 파악하고, 비인가자도 출입통제 시행
- 효율적인 탑승권 확인을 위해 탑승권의 날짜, 편명, 및 좌석번호의 표기 위치를 사전에 숙지
- 승객탑승 시점은 승객과 처음 대면하는 시점이므로 밝고 편안한 첫인상을 줄 수 있도록 유념
- 친절하고 적극적인 승무원 모습이 전체 비행의 서비스품질과 고객만족도를 결정함을 명시

(2) 좌석안내

좌석 중복배정 시 신속히 응대 처리한 후 반드시 "기다려주셔서 감사합니다."라는 인사를 수행한다.

- 기내특별승객은 좌석안내 시부터 정확히 파악하고 비행 중 지속해서 도움을 제공해 드릴 것을 안내
- 비상구 좌석 브리핑 시행: 비상구 좌석 착석 적합성 여부 및 동의 여부를 확인
- 밝은 표정으로 적극적으로 이동하며, 안내하고 통로가 막혀 탑승이 지연되지 않도록 유의
- 어린이, 신혼부부 등 가족 또는 일행과 좌석이 분리 배정된 경우 적극적으로 좌석 재배치
- 비동반소아UM, 도움이 필요한 고령승객FMLY, 유·소아 동반승객 및 노약자 탑승 시 짐정리 및 보관에 적극적으로 도움 제공
- 비동반소아(여아)의 경우 옆 좌석 착석 승객의 적정성 여부 확인 및 필요할 경우 좌석 재배치 조치

(3) 휴대수하물 보관 협조

기내반입 휴대수하물 적합성 여부를 확인하고 보관장소를 안내한다. 이때 과대/과다 수하물 반입 여부도 확인하여 운송직원에게 연계한다.

- 휴대수하물은 원칙적으로 승객이 직접 운반/보관토록 안내하되, 노약자에 한해 필요할 경우 도움을 제공
- 도어 닫힘 전에 승객이 비인가 장소에 내버려둔 경우 지정된 장소에 안전하게 보관토록 안내/요청
- 순항 중 승객이 휴대수하물을 찾거나 다시 보관하도록 요청하는 경우, 승객이 직접 조치토록 안내

(4) 기타사항

항공사에 따라 승객 탑승 90% 시점에 통로별로 헤드폰서비스를 하거나 이륙 후 서비스하는 경우도 있다. 대부분의 저비용항공사는 제공하지 않는다.

- 특별식Special Meal 주문 내용이 있다면, 주문승객의 이름을 확인한 후 해당승객 좌석 윗부분에 스티커 부착(일부 항공사는 여권과 대조하여 확인함)
- 담요와 베개가 탑재된 선반 위치를 사전에 파악하여, 전승무원과 정보 공유(일부 항공사는 유료로 판매하거나 저렴한 비용으로 대여하기도 함)
- 탑승객이 신속히 착석할 수 있도록 적극적으로 안내하고, 만석일 경우 전좌석 착석상태 재확인
- 승객 탑승 중에도 콜버튼에 신속히 응대할 수 있도록 유의
- 승객수Head Count 시행

4) 이륙 전

(1) 안전 확인Safety Check

항공기 지상이동을 위한 객실준비 상태를 점검한 후 전체 승무원 호출All Attendant Call에 응답한다.

(2) 환영방송

담당구역 전방에서 환영방송에 맞춰 정중히 인사를 수행하고, 객실 후방으로 이동하여 선반 닫힘상태 등을 점검한다.

(3) Safety Demo(안전브리핑)

데모 상영 / 실연을 시청할 수 없는 좌석에 착석한 승객, UM, 노약자 및 장애인에게는 개별 브리핑을 시행하고, 승객 좌석 위 천장에 부착된 모니터는 데모 상영 후 원위치 시킨다.

(4) 안전업무

접어서 보관하는 서비스 카트Folding Cart 보관상태, 컴파트먼트와 화장실과 갤리 쓰레기통 정위치 여부를 재확인한다. 핸드폰 등 전자기기를 사용하는 승객에게는 전원 꺼줄 것을 안내한다. 점검이 끝났으면 승무원도 승무원 좌석Jump Seat에 착석하여 좌석벨트를 착용하고 30 Second Review를 수행한다.

5) 이륙 후 서비스 전

(1) 객실점검

기내온도를 점검한다. 일반적으로 기내 적정온도는 24(±)1도이다. 이때 유·소아 동반 승객을 응대하여 유아용 요람Bassinet을 장착(사전주문)하고, 항공사에 따라 비닐백, 담요 및 베개 등을 제공하기도 한다.

(2) 기내편의용품Amenity Kit(Full Service Carrier 경우)

창측부터 한 사람씩 두 손으로 공손하게 제공하고, 기내슬리퍼 귀마개 등 간단한 기내편의용품임을 설명하며 제공한다.

(3) 갤리브리핑 시행 내용

갤리(주방)에 모인 승무원들은 아래의 정보를 공유하고 서비스를 시작한다.

- 승객탑승 시 불만표출 승객 정보 공유
- 구역별 기내특별승객 현황 및 정보 공유
- 서비스 아이템 위치 확인
- 구역별 승객수, 식사서비스 카트 수량 / 위치 확인
- 주요리 선택Main Dish Choice 확인
- 서비스 스티커 활용 강조

- 기내식 제공절차 등 전체 서비스플랜 리뷰
- 기내 특별식 주문내용 및 서비스방법 리뷰

■ Meal Loading Status

	Regular Meal	Special Meal	Total

■ Passenger Service Status

Zone/PAX	L		R		L		R	
VIP/KIP								
BSCT UM FMLY WCHR								
SPML								
SPCL Request								
Keeping Items & Others								

■ Special Information & Squawks

Item (location)	Details

■ In-flight Service Flow

Snack SVC Time :			2nd Meal SVC Time :	Landing Time :
Crew Rest Plan	Group A	~		
	Group B	~		

갤리브리핑 Sheet 양식의 예

(4) 기내방송

기내방송은 정확한 정보전달 및 적시에 시행하는 것이 중요함을 인식하여 천천히 또박또박 시행한다. 모니터링 담당승무원은 모니터링 시행 결과를 즉각 전달하여 정확한 안내방송이 시행되도록 조치한다.

6) 비행 중

비행 중 제공되는 식음료는 대형 항공사의 경우 국내 항공사는 무료로 제공하며, 국외의 일부 항공사는 유료로 제공한다. 국내 저비용항공사는 일부 생수를 제공하기도 하나, 대부분의 저비용항공사는 모두 유료로 서비스한다.

아래의 내용은 풀서비스를 하는 대형 항공사 중심으로 설명하였다.

(1) 어린이탑승기념품Child Giveaway

이름을 부르며 친근감 있게 제공하되, 소아에게 반말을 사용하지 않도록 유의한다.

(2) 음료제공

- 준비된 음료를 종류별로 소개하고 주문을 받아 제공하며 냅킨 및 땅콩을 함께 제공
- 쟁반Tray으로 제공하는 경우 여러 음료 중 선택이 될 수 있도록 갤리에서 수시로 리필하며 제공
- 음료 제공은 창측, 회수 시에는 통로측 먼저 시행하되 "한 잔 더 드시겠습니까?" 라고 문의한 후 회수

(3) 식사제공

- 주요리 가열Main Dish Heating 상태를 점검하여 적정 세팅Setting 시점을 조절
- 틴포일Tin Foil이 훼손된 것은 새것으로 교환해서 최상의 상태로 제공
- 준비된 식사메뉴를 안내하고 양식 주요리Entree는 조리법과 곁들여지는 음식Starch 도 함께 소개
- 외국인에게 비빔밥 서비스 시 비빔밥 안내지 제공 및 식사방법 설명
- 와인 종류를 소개하고 주문받아 제공하고, 사양하는 고객에게는 다른 음료도 준비되어 있음을 안내
- 미역국 제공 시 반드시 '뜨거우니 조심하라'는 안내를 한 후 주의해서 제공(손에서 손으로 전달 금지)

(4) 티 & 커피

- 커피는 제공 직전에 내려서Brewing 신선하고 뜨겁게 제공
- 차 제공 시 준비된 차의 종류를 소개한 후 제공

(5) 식사회수

식사Meal Tray는 천천히 회수하되, 먼저 치워주기를 원하는 승객에게는 우선으로 응대하고 식사 회수 시 승객과 자연스러운 대화를 유도하며 식사서비스에 관한 만족도를 확인한다.

(6) 객실청소Cabin Cleaning

화장실 점검항목을 참고하여 화장실 청결유지 및 비품을 보충한다. 통로청소를 시행하고 다 마신 컵 등을 회수한다. 잡지꽂이Magazine Rack에 잡지를 배치하였다면 상시 정리정돈을 한다.

(7) 기내판매

국가별 액체류 반입규정 및 귀국편 사전주문서 접수기준을 숙지하고 안내한다. 기내판매 미가담 승무원은 음료서비스 및 승객 케어를 적극적으로 수행한다.

(8) 입국서류

국가별 출입국 규정을 정확히 숙지한 후 입국서류 배포 및 작성에 협조한다. 입국서류는 작은 쟁반Small Tray에 준비 · 제공하고 비동반소아UM, 도움이 필요한 고령승객FLMY 및 기타 도움요청 승객에게는 개별적으로 응대한다.

(9) 승객휴식

승객휴식에 방해되지 않도록 주의하며, 승무원의 식사는 서비스 공백이 발생치 않도록 교대로 시행하고 식사 후 구강청결을 유지한다.

(10) 화장실 점검

화장실 청결상태는 수시로 점검하여 항시 청결상태가 유지될 수 있도록 관리한다. 또한 티슈나 화장실 비품 재고상태를 수시로 확인한 후 채워 넣는다.

(11) 특별승객 케어

비동반소아UM, 휠체어Wheelchair 승객 및 유 · 소아 동반승객은 비행 중 수시로 방문하여 불편사항 및 필요사항을 확인한다. 입국서류 적성 여부를 재차 확인하고, 필요할 경우 적극적으로 도움을 제공한다. 어린이 승객은 표현력이 부족할 수도 있으므로 어린이 눈높이에 맞춰서 응대하고, 비행시간 5시간 이상 중 · 장거리 노선 운항편에서는 UM 보호자에게 편지를 작성한다. 편지내용은 비행 중 식사내용을 포함한 관찰사항을 잘 정리하여 정성이 담긴 내용으로 작성한다.

(12) 콜버튼 응대

승객 콜버튼 응대는 다른 업무에 우선하여 최우선으로 응대하여 주문사항을 해결한다. 승객 콜버튼 접수 후 양해가 있다고 하더라도 필요이상으로 요청사항 해결이 늦어지지 않도록 유의하고, 접수 시 요청사항 경청 및 요청사항 / 좌석번호를 메모하여 해결한다.

(13) 기내 쾌적성 유지

- 기내온도는 24(±) 1도 기준으로 조정하되, 수시로 기내온도 점검 및 승객 상황을 모니터링 시행
- 기내조명 조절 시 단계별로 조절 및 한 단계씩 바뀔 때마다 여유 있게 점진적으로 조절
- 화장실 점검항목에 의거 청결유지 활동 및 화장실용품 리필 시행
- 커튼조절 시 항상 눈높이보다 높은 위치를 잡고 천천히 여닫음으로써 펄럭임 최소화
- 갤리 내에서는 잡담을 금하며, 소음으로 인해 승객의 불편이 발생치 않도록 조심스럽게 작업 수행
- 통로에 방치된 플라스틱컵, 헤드폰비닐은 수시로 수거 및 회수하여 승객 상해를 방지

- 객실 순회 시 승객과 눈을 맞추며 천천히 이동하고, 특별승객 위주로 도움이 필요하지 않은지를 확인

(14) 고장사항

고장사항Cabin Squawk 등 기내 발생한 모든 비정상적 사항은 보고체계에 따라 적시에 보고하고, 기내설비 관련 고장사항은 사소한 것이라도 보고하여 객실이상 상황목록& 메모CDLM : Cabin Discrepancy List & Memo에 기재토록 유지한다.

(15) 기내서류

기내접수 서류는 일괄적으로 거두어 객실사무장에게 전달하여 Purser's Flight Report에 기록을 유지한다.

(16) 재고조사

- 주류 재고조사Liquor Inventory List 작성
- 기내면세품 재고정리 시행 및 세관 제출용 리포트 산출
- 기내용품Dry Item 재고관리 시행

7) 착륙 준비

(1) 서비스물품 회수

- 헤드폰 수거 안내방송에 이어 헤드폰 및 잡지 회수(착륙 30분 전)
- 헤드폰 회수 시 자연스럽게 작별인사도 시행

(2) 공항 접근 후

다음 순서에 따라 수행한다.

- 공항 접근Approaching 안내방송 시행

- 미회수 서비스 아이템 회수
- 갤리 내 유동물 보관상태 점검
- 기내 판매 관련 각종 제출서류 산출 및 점검
- 특별승객에 관한 하기 안내 및 하기 인사 시행
- 보관요청을 받은 물건 반환
- 기내면세품, 리큐어류, 주요 서비스 아이템은 밀봉한 후 봉인 여부를 확인

(3) 착륙 후

다음 순서에 따라 수행한다.

- 착륙 안내방송 시행
- 좌석벨트 점검, 좌석등받이 / 개인용 모니터 원위치, 창문커튼 오픈
- 최종적인 객실 안전점검 업무 수행
- 승무원 좌석Jump Seat 착석, 좌석벨트 및 어깨끈Shoulder Harness 착용

8) 착륙 후 승객 하기 시

(1) 안전 업무

항공기 완전정지 시까지 좌석에 앉도록 제지하고, 항공기가 완전히 멈춘 후 사무장의 안내방송에 따라 슬라이드 모드Slide Mode 변경 후 맞은편 승무원과 교차 확인Cross Check, 보고를 수행한다.

(2) 승객 하기

커튼 등을 활용하여 승객 하기 순서에 맞게 하기할 수 있도록 안내한다. 특별승객은 운송직원에게 정확히 인계하고, 승객 하기 완료 후 화장실 내 잔류승객 여부를 최종 확인한다.

9) 승객 하기 후

(1) 유실물 점검

선반, 담요, 좌석 및 좌석주머니Seat Pocket 내부 등을 꼼꼼히 확인하고, 유실물 발견 시 즉각 보고하고 운송직원에게 인계한다.

(2) 하기용품 정리

헤드폰, 린넨, 화장실용품, 테이저 및 잡지백 빌봉 여부를 확인하고, 객실 바닥에 깨진 봉인 키Seal 유·무 및 잠금되지 않은 서비스 카트Cart 유·무를 재확인한다.

(3) 디브리핑

비행 중 특이사항을 보고(고장사항, 기내환자, 불만승객, 분실물 등 좌석배정 관련 특이사항 등)하고, 비행 후 반납업무 등을 보고(각종 인계인수서, 기판대금, 테이저, 갤리 정보Galley Information, 기내 설문지 등)한다.

05 승무원의 자원관리

1) 승무원의 자원관리CRM 개념

(1) 정의

승무원 인적요인 훈련의 가장 잘 알려진 형태인 CRMCrew Resource Management은 안전하고 효율적인 항공기 운항을 위해 항공기 운항과 관련한 하드웨어, 소프트웨어, 운항 관련 인적자원과 환경 등 이용 가능한 자원을 승무원이 효과적으로 사용하는 것으로 일반적으로 정의하고 있다.

1986년 ICAO 총회의 결의안 정신을 기초로 각 국가와 학술연구기관, 항공업체들은 운항 구성원의 특성과 문화적 배경을 참조하여 항공사의 안전운항을 위한 인적자원관리 훈련기법을 설계하고 개발하여 훈련 목표를 효과적으로 달성시키기 위해 노력하고 있는데, 인적요인에 대해서는 1986년 ICAO 총회에서 인적요인Human Factor에 관한 내용을 다룬 이후, 1990년 러시아의 페테르스부르그에서 1차 인적요인 세미나를 개최하는 등 ICAO는 4차례의 비행안전을 위한 인적요인 심포지엄을 개최하여 항공안전에서의 인적요인을 강조하였다.

(2) 배경

영국의 심리학자 제임스 리즌이 주장한 '스위스 치즈Swiss Cheese' 모델은 항공안전 사고들이 발생하는 이유에 관한 실마리를 제공한다. 여러 개의 크고 작은 구멍이 불규칙하게 뚫려 있는 치즈 조각들을 일렬로 정렬한 뒤, 구멍을 통해 나열된 치즈들을 관통하기는 쉽지 않다. 낱개의 치즈 조각에 만들어진 구멍들이 비슷한 위치에 배열되어야만 관통할 수 있듯이, 항공안전사고 또한 치즈 구멍과 같이 다양한 위험요인들이 우연히 동시에 일어날 경우에 발생한다.

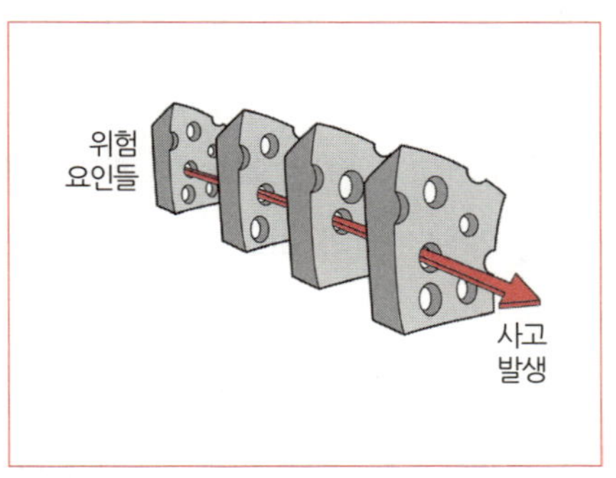

자료 : 항공운송업무론, 이향정 외, 2015.

Swiss Cheese 모델

지금까지 발생한 항공사고에서는 몇 가지 공통점이 있으며, 그중에서도 가장 중요한 점은 승무원이 이용 가능했던 승무원 자원Crew Resources을 효율적으로 이용하지 못했다는 것이며, 또한 이들 자원의 효율적인 활용만 이루어졌다면 이러한 사고는 미리 방지되었을 것이라는 점이다. 이런 불확실한 상황들을 대비하여 그 피해를 최소화시킬 수 있는 튼튼한 방어막들을 겹겹이 준비해야 하며 훈련을 통하여 효과적인 자원관리에 필요한 의사소통Communication, 통솔력Leadership 및 사회성 등에 관한 바람직한 능력을 개발해야 한다는 것이다.

(3) CRM 목표

CRMCrew Resource Management은 효과적인 인적요인Human Factor 현실적용의 한 예이며, 효과적인 CRM에서는 인적요인은 일상적으로 발생할 수 있음을 인정하고 인적요인으로 인해 발생하는 심각한 결과의 발생 가능성을 줄이는 것을 목표로 삼는다.

2) CRM 4단계

승무원을 위한 인적요인Human Factor의 Highlight는 CRM이라고 할 수 있으며 일반적으로 4단계로 나누고 있는데, 기본과정Awareness은 초기 학술교육 단계라고 할 수 있으며 승무원 협동을 위한 개인의 역할과 그룹의 요소들에 대해 초점을 맞추고 있다. CRM에서 사용되는 개념과 일반적인 용어의 설명, 개념적인 모듈, 그러한 요소들이 과거의 사고/준사고와 어떤 관련이 있는가를 설명한다. 의사소통, 상황인식, 의사결정 등 CRM Skill과 리더십, 팀 개념, 스트레스 관리 등 인적요인의 전반적인 사항들을 다룬다. 이것은 신뢰성을 증진하고 태도를 변화시키는데 도움을 주도록 계획된다.

숙달과정Practice and Feedback은 보수과정Refresher과 정기숙달 훈련을 포함하기도 하는데, 팀이나 그룹훈련, CRM 기술의 연습, 대인관계 연습, 설문을 통한 피드백 등을 활용한다. 효과를 높이기 위해 비디오 피드백을 통해 서로 비평의 기회를 얻기도 한다. 짧은 기간의 인식에 관한 단점의 보완으로 지속적인 효과를 위해 반복Recurrent훈련 프로그램으로 보강하고 통합해야 한다. 또한 아무리 훌륭한 자원관리 과정이라고 하더라도 일시적이며 단기적인 운영으로는 만족할 만한 효과를 거두기가 어렵다. 그러므로 연속적인 정기훈련이 필요하며 협력적인 태도와 기준을 변경시키기 위해서는 장기간의 노력과 미흡한 부분에 관한 특정한 보강훈련 과정Reinforcement이 필요하다. 또한 CRM 훈련은 모든 훈련 과정에 포함하고 CRM 개념이 실제 항공기 운항만큼 중요하다는 인식을 해야 한다. 이 훈련은 운항과 관련된 요원들과 합동으로 시행할 것도 권고하고 있다.

CRM은 운항 관련 전체적인 훈련 프로그램에 배려가 되어야 하며, 계속해서 보강하고 조직문화 일부로 자리잡아야 하며 관리의 최고 위치로부터 지원을 받아야 한다.

CRM 훈련의 목적은 안전하고 효율적인 운항과 승무원의 복리증진을 이룩하기 위한 것인데, 이 중 가장 큰 목적은 안전문화의 정착이라 할 수 있다.

3) EMCRMError Management CRM

텍사스대학의 인적요인Human Factor / 항공우주 승무원 연구Aerospace Crew Research Project를 담당한 Dr. Helmreich와 Co-worker인 Bill Targart가 기존의 이론을 독창성을 가미하여 체계화시켰다.

오류관리Error Management는 안전의 결과를 통해 이익이나 성과를 증진하는데 목표를 두고 있으며 위험관리Risk Management보다 적극적이고 능동적인 자세를 취한다. 지나간 사건에 의존해 리스크를 분석하거나 위험이 발생한 다음 대처하는 것보다는, 체계적인 자료의 수집을 통해 사건이 일어날 가능성을 추정하여 분석하는 것에 중점을 둔 예방의 성격이 강하고 보다 확장된 안전관리기법이라고 말할 수 있다. 오류관리는 인간과 인간 사이의 문화 상호작용을 강조하고 이것이 안전에 미치는 요소를 연구 · 분석하여 프로그램에 도입한다.

집단의 내 · 외부로부터 오는 영향을 아래와 같은 인간의 한계와 실수의 특성에 접목하고 있다.

- 인적실수Human Error는 피할 수 없는 것
- 인간의 성능에는 한계가 있다는 것
- 그 한계는 실수의 경향이 증가될 경우 가속된다는 것
- 안전은 보편적인 가치라는 것
- 위험도가 높은 조직은 반드시 안전문화를 발전시키고 유지시켜야 한다는 것

이러한 기본개념에 근거하여 위험요소의 근원에 관한 연구와 대응단계에서 실수의 발생을 가상하여 다시 대응하는 단계적인 방법을 논하고 있다.

4) 효과적인 활용

CRM은 실수가 부정적인 결과로 표출되기 이전에 해결하고 조절하기 위한 일련의 전략적인 대응방안으로 인간자원, 설비, 정보 등 이용 가능한 모든 자원의 효과적인 활용을 포함한다.

효과적인 CRM을 위한 선결조건은 업무 전반의 효율성에 도움을 줄 수 있는 숙련된 업무지식을 갖춘 승무원이다. 항공기내에서는 기장PIC이 최종결정 권한이 있지만, 올바른 결정을 내릴 수 있도록 모든 가용한 정보를 제공하는 것은 모든 객실승무원이 수행해야 하는 임무이다.

이러한 객실승무원과 운항승무원 간의 팀워크는 최상의 결정을 내리는데 도움을 제공한다. 항공기내에서의 승무원 간 협조는 매우 결정적인 요소이며, 승무원 간 협조 결여는 회사의 리더십 및 조직관리 교육을 무용하게 하는 요인이 되기 때문에, 항공사는 신입 및 정기 안전교육의 CRM Training을 통해 승무원 간 협조교육을 효과적으로 시행하고 있다.

일반적으로 CRM 기술을 '의사소통Communication', '승무원 협동Crew Coordination', '계획 및 업무관리Planning & Workload Management', '상황인식Situation Awareness', '의사결정Decision Making'의 5가지 범주로 구분해서 운영하고 있으며, 이것을 CRM 훈련의 기본 구성요소로 삼고 있다.

Without a heart, It's just a machine.
마음이 없으면 그냥 기계일 뿐입니다.

– Southwert Airlines –

CHAPTER 07 항공여행

학습목표

1 항공기 도착과 출발을 위한 운영 준비과정을 이해하고 설명할 수 있다.
2 비행단계를 이해하고 설명할 수 있다.
3 승객이 출국하는 절차에 관하여 이해하고 설명할 수 있다.
4 승객이 입국하는 절차에 관하여 이해하고 설명할 수 있다.
5 수하물 규정에 관해 이해하고 설명할 수 있다.
6 항공여행 중 건강과 웰빙 요령에 관하여 이해하고 설명할 수 있다.

01 항공기 도착과 출발

1) 턴어라운드 시간

항공사에 있어서 탑승수속이 길어지거나 정시운항을 못하게 된다는 것은 수입감소를 의미한다. 주기장(계류장)에서는 주기료를 지급해야 하므로 단 1초도 아깝다. 항공사는 항공기가 비행할 경우 수입을 얻기 때문에 가능한 짧은 시간동안 항공기를 지상에 둔다. 이때 각 비행 사이의 간격을 '턴어라운드 타임Turnaround Time; U턴 시간'이라고 말한다. 착륙한 비행기에서 승객과 짐을 내리고, 기내청소를 하고, 연료보급에 비품, 식량 등을 보충하고 새로운 승객과 짐을 싣고 다시 출발할 때까지의 시간이다.

오하이오 주립대Ohio State University 항공공학연구센터의 마틴 로틀러Martin Rottler는 이를 마치 '복잡한 댄스'같다고 표현하였다.

2) 비행 운영을 위한 준비

(1) 항공기 주변에 대기

턴어라운드 타임Turnaround Time에 항공사는 다음 비행을 준비하기 위해 항공기 주변에서 많은 작업을 하게 된다. 도착하는 항공기의 운항승무원은 공항 관제사와 무선통신을 통해 주기장을 지정받는다. 에어사이드 지역의 모든 차량과 항공기는 지상관제에 의해 관리되고 무전기로 통신한다.

지상의 도착팀은 항공기를 최대한 신속하고 효율적으로 준비할 수 있도록 항공기가 공항에 도착하기 약 10여분 전에 직원들은 지정된 스탠드에 모여 항공기를 맞이할 준비를 한다. 램프서비스 직원은 초크, 콘, GPU, 벨트로더, 수하물트롤리, 하역장비를 갖추고, 지상운항 관리자와 케이터링, 기내청소, 급유, 물보충, 화장실서비스를 제공하는 회사, 협력업체 직원들도 차량과 필요한 장비를 갖추고 비어있는 스탠드 주변에 대기한다.

항공기는 유도로Taxi Way를 따라 주기장으로 들어오고, 항공기 마샬러Marshaller는 항공기를 주기할 수 있도록 유도하기 위해 운항승무원과 시각적 신호를 주고받는다.

자료 : 중앙일보

항공기 마샬러

항공기와 항공교통관제 지상직원, 운항승무원 간의 무선통신과 달리 마샬링은 시각적인 일대일 커뮤니케이션이며, 항공기 지상조종의 매우 중요한 부분이다. 신호를 담당하는 마샬러는 운항승무원이 명확하게 식별할 수 있도록 눈에 띄는 반사 안전조끼를 착용하고 방음용 귀가리개와 헬멧, 조명이 부착된 신호기계(표지), 장갑을 착용한다. 신호를 전달하는 절차는 ICAO 방식을 따른다.

스탠드에서 기다리고 있는 직원들은 다음사항이 완료될 때까지 항공기에 접근해서는 안 된다.

- 항공기가 스탠드에서 완전히 멈춤
- 브레이크 사용
- 엔진 멈춤
- 충돌방지 표시등이 꺼짐

(2) 도어 오픈의 준비

항공기가 스탠드에 도착하면, 객실승무원은 도어를 열 준비를 한다. 항공기 바퀴가 위치에 고정되고 외부전원이 공급된 후에 안전콘이 배치되면 승객용 계단 혹은 제트브릿지가 앞쪽 도어에 부착된다. 이때 지상직원은 도어를 열기 위한 신호로 항공기의 도어를 두드린다.

항공기 도어는 항공사 자체 절차에 따라 항공기 내부 혹은 외부에서 열 수 있고, 항공기 대부분은 외부에서 도어를 열 경우 자동으로 탈출미끄럼대Slide / 구명정Raft 팽창 위치가 정상으로 바뀌게 되나, 매뉴얼(수동)로 작동하는 B737과 같은 기종은 이에 해당하지 않아 반드시 내부에서 해제한 후 열거나 외부직원에게 해제되었음을 커뮤니케이션 한 후 열도록 해야 실수로 탈출미끄럼대가 작동되어 생기는 부상과 지연Delay을 방지할 수 있다.

(3) 지상 업무

도어가 열린 후 지상직원은 항공기에 탑승하여 승무원과 서류를 교환하고 승객을 위한 모든 메시지를 전달받는다. 휠체어 사용 승객이나 혼자 여행하는 어린이 등 사전 요청이 있는 경우에 특별 지원 직원이 항공기에서 이들이 하기하는데 도움을 제공한다. 동시에 수하물과 화물팀은 화물칸에서 수하물과 화물을 내리기 위해 항공기 오른쪽에 있는 화물전용 도어에 접근한다.

① 연료공급Aircraft Fuel

연료를 공급하는 팀은 연료공급을 위해 차량을 항공기 날개에 연결한다. 이때의 공급 절차는 다음과 같다.

자료 : G.H. Headline

연료 주입 중인 항공기

- 보조 전원장치나 엔진작동 중에는 주유 시 안전예방 조치를 한다.
- 승객이 탑승 중이거나 기내에 있을 경우 또는 하기할 경우 연료 주입 및 배출을 한다.
- 연료오염 방지를 위한 주의사항을 지킨다.

② 케이터링Catering

항공기 케이터링 서비스

케이터링 팀은 사용한 서비스물품을 내리게 하고 새 비행편의 서비스물품을 공급하기 위해 승객이 완전히 내릴 때까지 기다린다. 항공사의 기내서비스를 담당하는 부서는 케이터링 업체에 해당비행편과 각 갤리 위치에 어떤 품목을 배치해야 하는지 정확히 명시하는 계획도를 제공하며, 케이터링 팀은 필요한 장비를 정확하게 싣는다.

③ 청소Aircraft Cleaning

승객이 모두 하기하면 동시에 청소팀이 항공기에 탑승하여 작업을 시작한다. 항공기 객실, 주방(갤리), 화장실 등을 청소하는데 주어진 시간에 따라 청소 수준이 달라지며, 각 항공기는 정기적으로 항공사 계획에 따라 딥 클리닝을 한다. 딥 클리닝을 하기 위해서는 시간이 많이 소요되며 카펫을 닦고 말리거나 좌석 커버를 변경하는 작업 등을 한다.

자료 : 스카이트랙스

항공기의 청소

④ 급수 및 화장실서비스

깨끗한 식수를 담은 차량은 항공기에 연결되어 항공기 탱크로 물을 넣는 급수서비스를 한다. 식수 탱크는 항공사가 결정한 수준까지 채워진다. 또한 화장실의 오물탱크에 화장실 서비스 차량이 연결되어 오물을 빼낸다.

자료 : Freightquip

항공기의 물 공급차량

⑤ 화물 및 수하물 적재

화물칸은 항공기 아래쪽에 있으며, 일반적으로 도어는 항공기 오른편에 있다. 대형 항공기는 화물보관소에서 ULD를 제위치로 이동시키는 자동 수하물 및 화물 적재 시스템을 갖추고 있으며, ULD는 수하물 분류 구역에서 수하물을 싣고 항공기로 이동하게 된다. 소형 항공기는 화물 적재 직원이 화물칸에 올라가서 컨베이어 벨트에서 수하물 화물을 직접 손으로 옮긴다.

자료 : 위키피디아

항공기의 화물로딩

⑥ 항공기 정비팀

자료 : Arab Aviation

정비 중인 항공기 정비사

항공기 정비팀은 항공기에 탑승하여 운항승무원과 대면하고, 비행 중에 발생한 결함에 관하여 논의한다. 항공기 로그Log에 기록된 항공기의 모든 결함을 주의 깊게 조사하고, 운항승무원과 정비팀이 모든 결함을 적절하게 점검할 때까지 항공기 출발은 허용되지 않는다.

(4) 객실승무원

턴어라운드 타임 중에 객실승무원은 다음 비행을 위해 기내에 남아있거나 승무원 교체가 이루어질 수 있다. 객실승무원은 항공기에서 내리면 일반승객의 도착 경로와 마찬가지로 공항을 지나거나 제한 구역에 진입하는 항공기 외부의 버스에 탑승한다.

다음 비행을 계속하는 객실승무원은 모든 지상활동이 시간에 맞추어 종료되고 정시에 출발할 수 있도록 조정해야 한다.

객실승무원은 승객 탑승 전에 여러 가지 업무를 수행한다. 비상 · 보안장비 점검, 설비 점검, 화장실 점검, 청소상태 확인, 신문 · 잡지 준비, 서비스물품 탑재 확인, 기내판매 인수인계, 서비스 준비 등이 있다. 모든 비상 · 보안장비는 항상 장착 위치, 수량 및 상태가 사용할 수 있도록 탑재되어야 하며 사용 가능하지 않을 경우 즉시 객실사무장에게 보고해야 한다.

(5) 운항승무원

운항승무원은 조종실에서 비행 전 점검을 수행한다. 오른쪽 좌석에 앉은 부기장은 안전문제가 발생할 수 있는 요인이 있는지 확인하기 위해서 항공기 외부를 돌아본다. 정비팀과 유지보수팀이 미리 점검을 완료하고 문제를 해결하므로, 부기장의 역할은 항공기의 시각적 모양을 확인하고 액체 누출과 항공기 손상이 있는지를 확인하는 것이다. 모든 점검이 완료되고 항공기가 안전하게 비행할 수 있는 조건이 충족되면 승객은 탑승을 시작할 수 있다.

운항승무원(기장)은 비행 전 두 번의 브리핑을 한다. 먼저 부기장 등 운항승무원에게 비행 계획을 알리며, 평소엔 기장 1명, 부기장 1명이 탑승한다. 객실승무원과 이루어지는 합동 브리핑에서는 해당비행편의 출 · 도착시간, 비행 중과 도착지의 날씨, 기타 특이사항 등을 객실승무원들에게 전달한다.

다음엔 직접 기체 점검을 하며 점검항목이 크게는 21개, 세부항목은 120개로 이런 과정을 다 마친 뒤에야 기장은 조종석에 앉을 수 있다. 각종 계기판, 조종장치가 꽉 들어찬 조종석 한쪽 벽에는 신용카드 한 장이 매달려 있는데, 예정에 없던 공항으로 회항했을 경우 비행기의 기름을 넣는 주유카드이다.

인천국제공항의 관제는 3단계로 나누어 진행된다. 주기장에서 유도로 입구까지는 램프, 유도로에서 활주로까지는 그라운드가 관제를 맡는다. 마지막으로 인천타워의 허가가 떨어지면 비행기는 활주로를 달려 비행을 시작한다.

02 비행단계

1) 비행단계

항공기는 비행 전 및 고객탑승 단계부터 항공기 도어를 닫고 푸시-백Push-back, 활주로로 가기 위한 택시, 이륙, 상승, 안전고도에서의 수평비행, 착륙을 위한 하강, 공항으로의 접근, 착륙, 착륙 후 주기장으로 가기 위한 택시, 항공기가 완전히 도착하여 주기하는 일련의 과정을 거치게 된다.

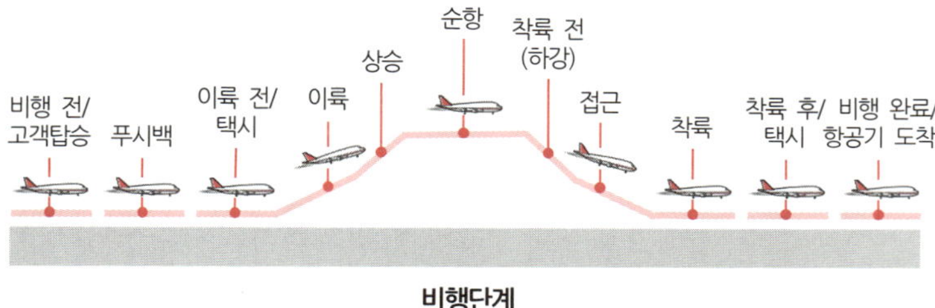

비행단계

2) 단계별 표준신호

운항승무원과 객실승무원은 비행 단계별 표준신호를 통해 정보를 공유한다.

기내 표준신호(Standard Communication Signal)

구 분	표준신호	발신자	대 응
인터폰 커뮤니케이션 (Interphone Communication)	• 차임(Chime) 1회	전 승무원	• 가까운 헤드셋을 신속히 받음
조종실 출입 (Cockpit Entry)	• 인터폰 연락 후 노크 3회	객실승무원	• 기장은 출입문의 Viewing Port를 이용하여 객실승무원임을 확인
이 · 착륙 (Take-off)	• 좌석벨트 착용 사인 표시등(Fasten Seatbelt 3회 점멸 후 'ON')	기장	• 객실승무원 재확인 사항 • 모든 승객 착석 • 객실 내 이륙 준비 • 전 객실승무원 착석

구 분	표준신호	발신자	대 응
상승 중 10,000피트 통과	• 좌석벨트 착용 사인 표시등(Fasten Seatbelt Sign 'OFF')	기장	• '좌석벨트 상시착용 방송' 시행
	• 좌석벨트 착용 사인 표시등(Fasten Seatbelt Sign 'ON') 상태에서 Chime 1회 (주) A330은 Interphone을 이용		• 객실승무원 이석 가능 • 승객 착석 유지 • 난기류 방송 불필요
	• 좌석벨트 착용 사인 표시등(Fasten Seatbelt Sign 'ON') 상태에서 Chime 2회		• 객실승무원 착석 유지 • 승객 착석 유지 • 난기류 방송 불필요
공항접근 (Approaching)	• 좌석벨트 착용 사인 표시등(Fasten Seatbelt Sign) 3회 점멸 후 'OFF' or 'ON' • 기장방송 'Cabin Crew, Prepare for Landing'	기장	• 객실승무원 확인사항 • 객실 내 착륙준비
Landing (강하 중 10,000피트 통과)	• 좌석벨트 착용 사인 표시등(Fasten Seatbelt Sign) 3회 점멸 후 'ON'	기장	• 객실승무원 재확인 사항 • 객실 내 착륙준비 완료 • 승객을 포함한 객실승무원 착석 • Sterile Cockpit 시작 시점
충격방지자세신호 (Brace Position Signal)	• 좌석벨트 착용 사인 표시등(Fasten Seatbelt Sign) 4회	기장	• 객실승무원은 승객들이 충격방지 자세를 취하도록 '충격방지 자세/Brace'라고 Shouting함
비상신호 (Emergency Signal)	• All Call 3회	전 승무원	• 핸드셋을 신속히 받음
비상탈출	• 비상탈출 경보기(Evacuation Horn) 작동/비상등 작동(B747 / B777 / A330 / A300)	기장	• 객실승무원 확인사항 • 탈출 신호음을 소거 • 즉시 탈출을 지시

- B737 항공기는 탈출신호음Evacuation Horn 기능이 없으므로 PA시스템으로 탈출명령을 내린다. 이외에 중·대형 항공기는 기장이 탈출신호음을 작동시켜 알람을 울리게 하거나 PA시스템으로 탈출명령을 내린다.
- 공항접근신호Approaching Signal는 20,000피트(20,000피트 이하의 고도에서는 TOD)에서 주어지며, 착륙신호Landing Signal 10,000피트에서 주어진다.

  ※TODTop of Descent : 착륙준비를 위한 강하시점
- 공항접근신호 부여 시 난기류가 예상될 경우에 좌석벨트 착용 사인을 켤 수도 있으며 이때 기장과 협의해서 승객의 착륙준비 시점을 적절히 조절한다.
- A330 기종은 이·착륙Take-off, 공항접근 및 착륙신호가 각각 좌석벨트 착용 사인이 4회 울릴 수 있다.

- 위와 다른 방법으로 신호할 때에는 기장과 객실사무장 간에 신호방식에 관한 사전 협의가 이루어져야 하며, 결정된 사항을 모든 승무원에게 알려야 한다.

03 출국절차

1) 구비서류

(1) 구비서류 확인

여행자가 공항에 도착하여 출국하기 위해 진행하는 우선의 절차로서, 항공업무의 중요내용이 포함되어 있다. 항공권, 여권 등 여행 구비서류에 관한 확인 및 수하물의 위탁처리 과정을 통틀어 '탑승수속'이라 한다.

모든 여행자가 갖추어야 하는 기본서류는 여권Passport, 사증Visa, E-ticket, 해당국가 방문 시에 필요한 예방접종증명서Vaccination 등이다. 여권과 사증은 반드시 유효기간 확인에 유의해야 하며, 여행하는 국가에 따라 비자와 예방접종서는 생략할 수 있으므로 여행 전 방문국가의 규정을 확인할 필요가 있다.

(2) 여권

'여권Passport'은 국가가 발급하는 국적 증명서로서, 외국 관계기관에 자국민의 보호와 자유통행을 요청하는 본국의 신분증명서이며, 동시에 국외로 출국이 가능한 출국 증명서이다.

여권은 사용횟수에 따라 유효기간과 상관없이 1회만 사용 가능한 단수여권Single Passport과, 유효기간 내에 사용 횟수에 제한 없이 사용 가능한 복수여권Multiple Passport으로 구분되며, 일반여권인 경우는 유효기간이 10년이다. 대한민국 여권은 2008년 8월부터 전자칩이 내장된 전자여권으로 발급되고 있다.

(3) 사증

'사증Visa'이란, 방문 혹은 여행하고자 하는 나라로부터 받는 입국허가증으로, 여권이 정식 발행된 유효한 것임을 증명하고 사증인이 그 여권 소지자를 안전하게 자기 나라에 입국시키도록 본국(여권 발급국) 관리에게 추천하는 기능을 한다. 사증은 대사관에서 구비서류와 함께 발급을 받으며 그 국적, 신분, 방문 목적 등에 따라 여러 종류로 구분되어 발급된다.

- 신분에 따른 기준 : 외교사증Diplomatic Visa, 공무사증Official Visa, 일반사증Ordinary Visa
- 사용 횟수에 따른 기준 : 단수사증Single Entry Visa, 복수사증Multiple Entry Visa
- 입국 목적에 따른 기준 : 관광사증Tourist Visa, 상용사증Business Visa, 체류사증Staying Visa, 통과사증Transit Visa

사증을 받은 후에도 여행 전 안전하고 편안한 여행을 위해, 매월 발간되는 각국의 출입국 관리에 관한 안내책자인 TIMTravel Information Manual의 최근 정보를 확인하는 것이 바람직하다. 우호관계와 경제적 수준이 비슷한 양국 간에 비자면제협정Visa Waver Agreement을 체결할 수 있으며, 최근에는 많은 나라가 나라별로 비자면제협정을 맺어 체결국과 사증 없이 자유롭게 여행할 수 있도록 하고 있다.

사증면제제도란, 이런 번거로움을 없애기 위해 국가 간 협정이나 일방 혹은 상호 조치로 사증 없이 상대국에 입국할 수 있는 제도이다. 미국 입국 및 경유 시에는

VWP(Visa Waiver Program)

미국 정부는 국경보안, 출입국관리, 비자거부율 등을 고려하여 약 30~40개국에 90일간 관광 · 상용 등의 목적으로 비자 없이 입국 · 체류할 수 있는 VWP 가입국 지위를 부여하고 있다. 우리나라에는 2008년 11월 17일부터 VWP가 적용되어 우리 국민의 무비자 미국 방문이 가능해졌다. 한 번 VWP 가입국이 되었다고 해서 그 지위가 계속 유지되는 것은 아니며, 미국 정부에서 2년마다 우리나라의 대테러 대책, 출 · 입국관리 및 여권관리 현황, 불법체류 · 입국 거부자 숫자 등을 감안하며 가입국 지위 연장 여부를 결정하게 된다.

ESTA라는 전자여행허가를, 캐나다 입국 및 경유 시에는 eTA라는 전자여행허가를 꼭 받아야 하며, 영국 입국 시에는 신분증명서, 재직증명서, 귀국항공권, 숙소정보, 여행계획을 반드시 지참해야 한다.

2) 탑승수속

(1) 체크인카운터

출발 전 항공권과 여권 유효기간 및 서명 확인, 세관신고와 출국심사에 관한 정확한 정보를 확인하고, 출발층에 있는 운항정보 안내 모니터FIDS에서 체크인카운터를 확인한다. 또는 공항 내 운항정보 안내카운터를 이용해도 된다. 그리고 탑승권 발급 후 게이트Gate번호, 탑승시간 안내, 목적지를 확인한 후 수하물을 위탁 처리한다.

수하물Baggage이란, 승객이 여행 시 휴대 또는 탁송을 의뢰한 소지품 및 물품을 말하며, 위탁 수하물Checked Baggage과 휴대 수하물Carry on Baggage은 구분된다.

- 위탁 수하물 : 고객이 여행사나 항공사에 탁송 의뢰하여 수하물표를 발행하여 항공기 수하물 칸에 탑재되는 짐
- 휴대 수하물 : 위탁 수하물이 아닌, 고객의 책임과 보관 하에 기내에 휴대하여 운송하는 모든 수하물

탑승객의 여정과 좌석의 등급, 마일리지 회원의 등급에 따라 무료 수하물의 허용범위가 다르게 적용되고 항공사마다 다르게 운영된다. 그리고 고객에게 각 항공사의 수하물 규정을 이용 전 확인할 수 있도록 반드시 안내하여 발생할 수 있는 불편을 미리 방지할 수 있도록 해야 한다.

체크인카운터 방문 ➜ 항공권 발권 ➜ 수하물 위탁

(2) 셀프체크인 / 백드랍

항공사 및 노선에 따라 셀프체크인이 불가한 경우도 있으므로, 확인 후 체크인카운터나 셀프체크인을 이용하면 된다. 좌석 선택도 본인이 비어있는 좌석에서 원하는 대로 선택할 수 있다. 탑승수속을 마친 후에는 수하물을 수속해야 한다. 비자 등 서류 확인 문제로 이용 가능 항공사 및 노선이 제한될 수도 있다. 셀프백드랍이 불가능한 경우는 해당수하물 담당 카운터에서 짐을 부치면 된다.

> 탑승권과 여권 스캔 ➜ 수하물 투입 ➜ 수하물 위탁 규정 확인
> ➜ 수하물 태그 부착 ➜ 확인증 발행

(3) 웹 · 모바일 체크인

일부 항공사에서는 웹 · 모바일 체크인서비스가 불가하니, 이용 가능 항공편은 각 항공사를 통해 확인한다. 마찬가지로 수하물은 수하물 체크인 카운터나 셀프백드랍으로 위탁하면 된다.

3) 출국절차

(1) CIQ

CIQ란, 국제선 공항이 갖추어야 할 기관(기능)인 세관Customs, 출입국심사Immigration, 검역Quarantine을 의미하는 약어이다.

세관은 입국 시에 고가의 물품을 가지고 들어올 경우 문제가 되는 것이 일반적이다. 하지만 그 물건을 가지고 나갔다가 다시 들어올 경우 문제가 될 수 있다면 신고를 하는 것이 좋다. 출국 시에 외화 반출이나 귀중품 · 고가품 반출 / 재반출에 관하여 신고나 허가가 필요한 경우가 있다. 외화는 미화 1만 불에 초과하는 해외 여행경비 휴대반출 시 세관 외환신고대에 신고하고 출국을 해야 한다.

검역 관련 절차는 탑승수속 전에 해야 신속하게 탑승할 수 있다. 관련사항이 있는

것은 첫째, 여행자 검역으로 방문하는 국가의 감염병 발생 정보를 확인하고 출국 4~6주 전에 필요한 예방접종을 받는다. 특히 아프리카나 중남미 지역으로 입국하는 사람은 황열예방 접종을 하고 국제공인예방접종증명서를 휴대해야 한다. 둘째, 동 · 식물 검역으로 반려동물과 함께 출국 당일 필요서류(예방접종증명서 및 건강증명서 등)를 준비하여 공항 내에 있는 동 · 식물 수출검역실로 서류검사와 임상검사를 거쳐 검역증명서를 발급한 후 체크인카운터로 가서 탑승수속을 받고 출국한다. 또한 사람이 많은 공항에서 발생하는 테러나 기타 사고를 예방하기 위해 모든 공항은 항공기에 탑승하기 전 보안검색을 철저히 한다. 그러므로 절차에 따라 질서 있게 잘 따라야 한다.

보안검색을 마치고 여권을 들고 출국심사를 하게 되는데, 우리나라의 경우 자동출입국심사와 유인출국심사가 있다. 자동출입심사가 가능한 대상은 만 19세 이상 국민이라면 가능하며, 만 7세에서 18세 미만은 사전등록 후 가능하다.

(2) 탑승구 이동

탑승권의 게이트번호와 위치를 확인한 후 이동한다. 인천공항의 경우 게이트에 따라 제1여객터미널에서 셔틀트레인으로 탑승동으로 이동한다. 간혹 게이트가 변경되는 경우도 있으므로 비행 편명과 게이트를 확인해야 한다.

아래 탑승권 사진은 탑승구가 248번으로 제2여객터미널에서 탑승하며, 탑승시간은 16 : 05분, 비동반소아UM 서비스를 이용하여 15 : 45분에 담당자와 함께 이동함이 표시되어 있다.

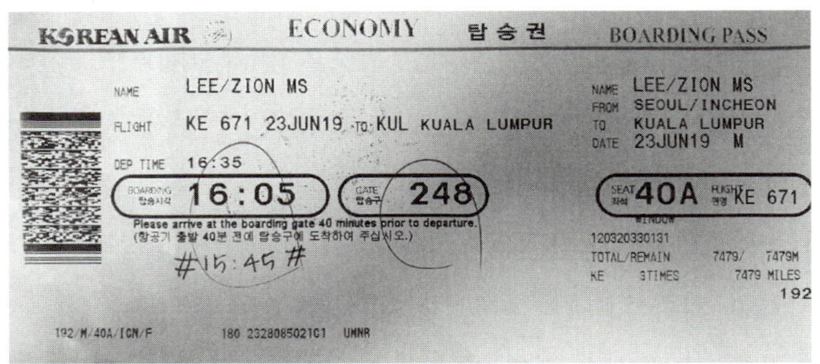

사진 탑승권의 예

(3) 탑승Boarding

면세점 및 공항서비스를 이용하다가 탑승이 지연되는 경우도 있는데, 이륙 30~40분 전까지 탑승구로 이동하여 탑승한다. 탑승 시 본인 확인을 위해 탑승권과 여권을 다시 확인하게 된다.

> **인천공항 교통약자 우대출구 이용방법**
>
> 교통약자 우대출구를 이용하려면, 교통약자는 본인이 이용하는 항공사의 체크인카운터에서 이용대상자임을 확인받고 '교통약자우대카드'를 받아 전용 출국장 입구에서 여권과 함께 제시하면 좀 더 빠른 출국 수속을 진행할 수 있다.

교통약자 우대출구와 승무원·도심공항 이용고객 출구

4) 도심공항터미널 이용 출국절차

탑승수속, 수하물위탁, 출국심사가 가능하며 세 군데에서 진행하면 된다. 도심공항터미널에서 탑승수속과 출국심사까지 완료한 고객은 인천국제공항 3층 전용 출국통로를 이용하여 출국하면 된다.

04 입국절차

1) 항공기 하기

항공기 하기 → 검역사열 심사 → 법무부 입국사열 심사 → 위탁수하물 수취 → 세관신고

항공기가 탑승교에 연결되고 항공기의 도어가 열리면, 아래와 같은 순서로 승객의 하기가 진행된다.

응급환자 → VIP & CIP → First Class 승객 → Business Class 승객 → 비동반소아 (UM : Unaccompanied Minor) → Economy Class 승객 → Stretcher 승객

2) 검역

(1) 여행자 검역

여행자 검역의 경우, 오염 지역에서 입국 시에 주의를 필요로 하게 된다. 각종 질병의 유행과 전염을 막으려는 조치로, 승객 및 승무원 모두 검역심사를 하며 발열감시와 건강상태 질문서를 제출하게 되어 있다. 또한 필요할 경우 검역조치가 이루어지며 추적관리의 대상이 되기도 한다.

(2) 동 · 식물 검역

동물, 축산물을 휴대하거나 가축농장을 방문한 여행객은 세관의 여행자 휴대품 신고서에 해당란을 체크한 다음, 검역관에게 제출하여 반드시 검역을 받게 되어있다. 수입금지 국가로부터의 동물 및 축산물 반입을 절대 금지하고 있으며, 미신고시 과태

료가 부과된다.

3) 입국심사

입국 국가에 따라 입국신고서를 작성해야 하는 곳과, 작성하지 않아도 되는 곳이 있으므로 반드시 확인해야 하며, 입국신고서를 가지고 법무부 입국심사를 받아 수속을 진행하면 된다.

4) 수하물찾기

입국심사를 마치고 수하물 수취대 번호를 확인한 후 이동하여 부친 짐을 찾는다. 컨베이어 벨트로 옮겨진 수하물에서 본인의 것인지 확인하도록 하며, 특별 수하물의 경우 직원이 승객에게 인계하거나 따로 한곳에 꺼내놓는 경우도 있다.

5) 세관신고

모든 여행자는 입국 시 세관신고 절차를 잘 이행해야 한다. 세관신고서를 사전에 작성하여 제출해야 하며, 모든 위탁수하물 및 휴대수하물은 세관원에 의해 검열을 받게 된다.

또한 국가별 면세범위 초과 시 관세를 징수하며, 나라별 면세범위를 초과한 물품을 자진 신고하지 않을 경우는 가산세가 부과된다. 또한 세관 규정에 어긋난 물품을 반입 시에는 법적으로 문제가 될 수도 있으니 유의해야 한다.

신고서 작성 및 입국 → 수하물 수취 → 신고서 제출(모든 여행자) → 신고품이 없는 여행자 → 면세통로 → 검사완료 → 신고품이 있는 여행자 → 세관검사통로 → 검사 완료

05 수하물의 규정

1) 수하물의 종류

수하물이란, 승객이 자신의 항공여행과 관련하여 휴대 또는 탁송을 의뢰한 물품, 용품 및 기타 휴대품을 의미한다. 일반석에 적용되는 수하물의 크기와 무게는 항공사별로 차이가 있으며, 국내 대형 항공사의 경우 개당 55×40×20cm 3면의 합이 115cm 이하로서 10~12kg까지이다. 캐리어 기준 21인치까지 허용되는 반면, 저비용 항공사는 항공사별로 각각 다르므로 여행 전에 먼저 확인하는 것이 좋다.

(1) 위탁 수하물Checked Baggage

승객이 항공사에 탁송 의뢰하여 수하물표를 발행한 수하물을 말한다. 탑승수속 카운터에서 좌석배정과 함께 승객이 소유한 수하물의 개수 및 중량을 측정하고, 항공사 규정에 따라 무료 수하물, 초과 수하물, 특수 수하물로 분류하여 수하물표 부착 후 화물칸에 탑재/운송된다.

무료 수하물 규정(대한항공의 예)

지 역	미주 구간	미주 외 구간	국내선
일등석	수하물의 무게가 32kg 이하이며, 최대 3변의 합이 158cm 이내의 짐 3개		-
프레스티지석	각 수하물의 무게가 32kg 이하이며, 최대 3변의 합이 158cm 이내의 짐 2개		30kg
일반석	각 수하물의 무게가 23kg 이하이며, 최대 3변의 합이 158cm 이내의 짐 2개 ※브라질 : 출·도착 여정은 32kg 이하의 짐 2개 적용	각 수하물의 무게가 23kg 이하이며, 최대 3변의 합이 158cm 이내의 짐 1개	20kg
소아 (만 12세 미만)	성인과 동일+접는 유모차, 소아용 카시트 중 1개		성인과 동일
유아 (만 2세 미만)	접는 유모차, 운반용 요람, 유아용 카시트 중 1개+크기가 115cm 이하이면서 무게가 10kg/22lbs 이하인 가방 1개		접는 유모차, 카시트 (또는 요람) 각 1개

(2) 휴대 수하물Hand-carry Baggage

위탁 수하물이 아닌 고객의 책임과 보관 하에 기내에 휴대하여 운송하는 모든 수하물을 말한다. 따라서 별도의 수하물 택Tag이 없지만, 일부 항공사는 기내 휴대 수하물의 무게 규정을 통과했다는 택Tag을 붙여주기도 한다.

휴대 수하물도 항공사 간에 다소의 차이는 있으며, 1인 10kg 미만으로 기내 선반 및 좌석 밑에 보관할 수 있도록 물품 3면의 합이 115cm 미만으로 제한된다.

기내 반입액체 허용기준

액체가 담긴 100㎖ 이하의 용기가 1ℓ 이하의 투명 비닐봉투에 담기고 입구를 닫아 밀봉된 경우 반입이 가능하다. 면세점 구매물품에 한정하여 '액체물 면세품 전용봉투'에 넣은 경우에만 용량과 관계없이 반입이 가능하다(최종 목적지행 항공기 탑승 전까지 미개봉 상태를 유지).

대형 항공사 휴대수하물 휴대기준

구 분	종 류
위탁 / 휴대 수하물로 운송이 불가한 물품	다음의 물품들은 어떠한 경우에도 수하물로 운송이 허용되지 않으며, 화물로 신고하여 운송되어야 한다. • 폭발성 물질 • 액화, 고체, 압축, 냉동, 독극성 등의 가스류 • 인화성 액체 • 인화성 고체로 자화성 또는 물과 반응하여 인화하는 고체 • 산화성, 독극성, 전염성 물질 • 방사성 물질 • 부식성 물질 및 기타 위험물
위탁 수하물 운송이 불가한 물품	• 파손 혹은 부패하기 쉬운 물품 • 하드케이스에 넣지 않은 소형 악기류 • 기내 또는 여행 중에 사용될 의약품 • 노트북컴퓨터, 휴대폰, 카메라 등 고가의 개인 전자제품 또는 데이터 저장장치 • 현금, 보석이나 귀금속, 유가증권, 계약서, 논문과 같은 서류, 여권, 신분증, 열쇠, 견본(샘플), 골동품 등 가치를 따지기 어려운 귀중한 물건 • 리튬배터리 및 충전용 보조배터리(휴대수하물로만 운송 가능, 5개 중 100Wh 초과 160Wh 이내의 고용량 배터리는 2개 이내로 제한[예 : 90Wh × 3개, 120Wh × 2개 = 가능]) • 라이터 및 전자담배

구 분	종 류
기내 휴대 제한품목 (Security Removed Item)	기내 보안 및 인명, 항공기 안전을 위해할 가능성이 있는 물품으로, 위탁은 가능하나 승객 휴대가 불가하므로 항공사가 수거 관리하여 운송한다. 도착 후 Baggage Claim Area에서 찾을 수 있다. • 끝이 뾰족한 무기류(칼, 송곳, 가위 등) • 둔기(골프채, 아령, 야구배트, 빙상용 스케이트 등) • 총기류(총알과 총을 분리 후 위탁 가능) • 공구류(도끼, 망치, 톱, 펜치류 등)

자료 : Koreanair.com/flyasiana.com

(3) 동반 수하물Accompanied Baggage

승객이 탑승한 항공편에 함께 운송되는 수하물을 말한다.

(4) 비동반 수하물Unaccompanied Baggage

승객의 항공편과 관계없이 별도 항공편으로 운송되는 수하물이다. 즉 항공화물Air Cargo 형태로 운송되는 수하물이다.

(5) 특수 수하물

① 생(生)동물PET

집에서 기르는 애완동물(개, 고양이, 새만 가능함)을 기내에 반입하여 운송하거나, 위탁 수하물로 접수하여 전용 화물칸에 탑재하여 운송한다. 애완동물은 살아있는 생명체로 운송에 제한사항과 각별한 주의가 요구되는데, 내용은 다음과 같다.

생(生)동물 운송기준

구 분	내 용
종류	• 애완용 개, 고양이, 새
용기	• 세면의 합이 115cm 이하의 Cage(높이 21cm 이하) • 방수바닥, 잠금장치가 있어야 함
주의사항	• 1인당 1 Cage, 1마리만 반입 가능(6개월 미만의 경우에는 2마리 가능) • 비행 중 Cage에서 꺼내는 것은 엄격히 금지됨

② 대형 악기류

바이올린 등 세변의 합이 115cm 이내인 소형 악기는 무료로 기내 반입이 가능하나, 고가의 대형 악기는 별도의 좌석을 구입하여 승객 옆 좌석에 보관·운송해야 한다. 악기가 점유하는 좌석의 운임은 판매시점의 일반 성인요금에 따른다. 고객의 요청으로 위탁 수하물로 운송될 경우에는 아래와 같은 절차로 처리한다.

- 악기의 상태점검 및 포장의 안전도 확인
- 깨질 물품의 택Tag을 붙이고 운송 도중 발생하는 파손 등의 사고 시 항공사 면책사항임을 확인하는 '악기류 면책서약서'를 작성

(6) 수하물 사고 및 처리

수하물은 지연Delay, 분실Missing, Loss, 파손Damage, 부분분실Pilferage이 있다.

수하물 사고 및 분실처리 절차와 내용

구 분	내 용
규정	• 운송인은 탁송수하물의 파손, 분실의 경우 손해의 원인이 항공운송 중 발생한 경우 그 손해를 배상해야 하며, 지연으로부터 발생하는 손해에 관해서도 책임을 져야 한다(바르샤바협약).
사고접수기간	• 파손 : 수하물 접수 후 7일 이내 서면 접수 • 지연 / 분실 : 수하물 접수일로부터 21일 이내
처리절차	• Property Irregularity Report 작성 • 해당승객에게 RON(Remain Over Night) Fee 지급(이용 클래스별 보상기준 상이) • World Tracer를 통해 화물을 추적하여 확인작업 시행 • 추적 이후 14일 이내 확인불가 시 배상처리
배상규정	• 분실 : 최고 배상책임 한도액 $20/kg, 휴대 수하물의 경우 1인당 최대 $400으로 입증할 수 있어야 함. 단, 여객이 사전에 높은 가격을 신고하고 종가요금을 지불한 경우 신고가격까지 배상이 가능 • 파손 : 수선할 경우는 수선비 영수증 첨부하여 실비 정산됨. 새로 구매할 경우 원 가격에 감가상각비를 적용한 금액 보상 • 도난 : 중량 최고 배상한도액과 승객 청구액 중 낮은 금액 보상 • 지연 : 탑승클래스에 따라 일용품 구입비 OPE(Out of Porket Expense) 지급. 단, 항공사별 적용기준이 다소 다를 수도 있음
Interline Bag Claim 처리규정	• IATA Resolution 780조에 명시된 항공사 간 기본처리 규정에 따름 • 승객을 운송한 최종 항공사에서 승객의 Claim을 처리하고, 이후 수하물 사고에 관한 항공사 간의 책임소재를 가려 IATA Clearing House를 통해 정산처리

06 항공여행 중 건강과 웰빙

1) 비행 전

온라인을 이용한 조기 탑승수속으로 공항에서 여유롭고 편안한 시간을 즐겨보는 것도 좋다. 또한 비행 시 장시간 앉아있어야 하므로, 탑승 전 터미널에서 가볍게 걷는 것도 도움이 된다. 또한 규칙적으로 보습제를 바르면 피부의 산뜻함을 유지할 수 있으며, 비행 전 부담스러운 식사는 자제하는 것이 좋다. 그리고 여행 전날부터 술, 차 및 커피 섭취를 자제하는 것이 좋고, 꽉 끼는 옷보다는 다소 편안한 복장으로 탑승하는 것이 좋다.

2) 비행 중

(1) 수면 및 운동요령

기내에서 잠을 자고 간단한 운동을 하면, 신체에너지를 강화하여 상쾌한 기분으로 목적지에 도착할 수 있다.

(2) 음주

습관에 따른 취침 전 가벼운 술 한 잔은 도움이 될 수 있지만, 지나친 음주는 수면을 방해할 수 있으므로 삼가야 한다.

(3) 카페인

온종일 수시로 마시기보다는, 졸음이 오거나 깨어있어야 할 경우 커피를 마셔본다. 잠자리에 들 시간에는 삼가는 것이 좋다.

(4) 계획적으로 잠 청하기

하루 중 어느 경우나 낮잠을 자면 건강한 생활을 유지하는데 도움이 될 수 있다. 시간대가 다른 지역을 여행할 경우, 평소 잠을 잘 시간에 몸을 움직이고 45분 정도 낮잠을 자두는 것이 좋다. 이로 인해 활력이 생기며 잠자리에 들거나 올바른 수면을 취하는데 도움이 된다.

(5) 의약품

비행 중 수면제를 복용하는 것은 권장하지 않는다. 응급상황이 발생할 경우 승무원의 안내를 따르지 못할 수 있기 때문이다. 또한 수면제를 복용하여 졸린 나머지 기내에서 움직임이 귀찮아질 수 있으며, 이에 따라 혈액순환 문제의 위험이 커질 수 있다. 약을 먹어야 할 경우 원래 포장상태를 유지하여 보관하며, 비행 중에 소진되지 않도록 충분한 양을 기내수하물 안에 준비하여 언제든지 복용할 수 있도록 한다. 새로운 약을 복용하는 경우, 혹시 모를 부작용에 대비하여 집에서 미리 복용해 본다.

(6) 비행 중 기내에서 할 수 있는 이완운동

탑승 후에는 기내에 비치한 잡지를 읽으면서 웰빙과 관련한 추가정보를 확인한다. 대부분의 항공편에서 여행에 유익한 운동과 요령을 알려주는 건강 관련 영상물을 감상할 수도 있다.

3) 착륙 후

최종 목적지에 도착하면 마사지를 받거나 가볍게 수영을 하며 지친 몸에 활기를 불어넣는 것도 좋다.

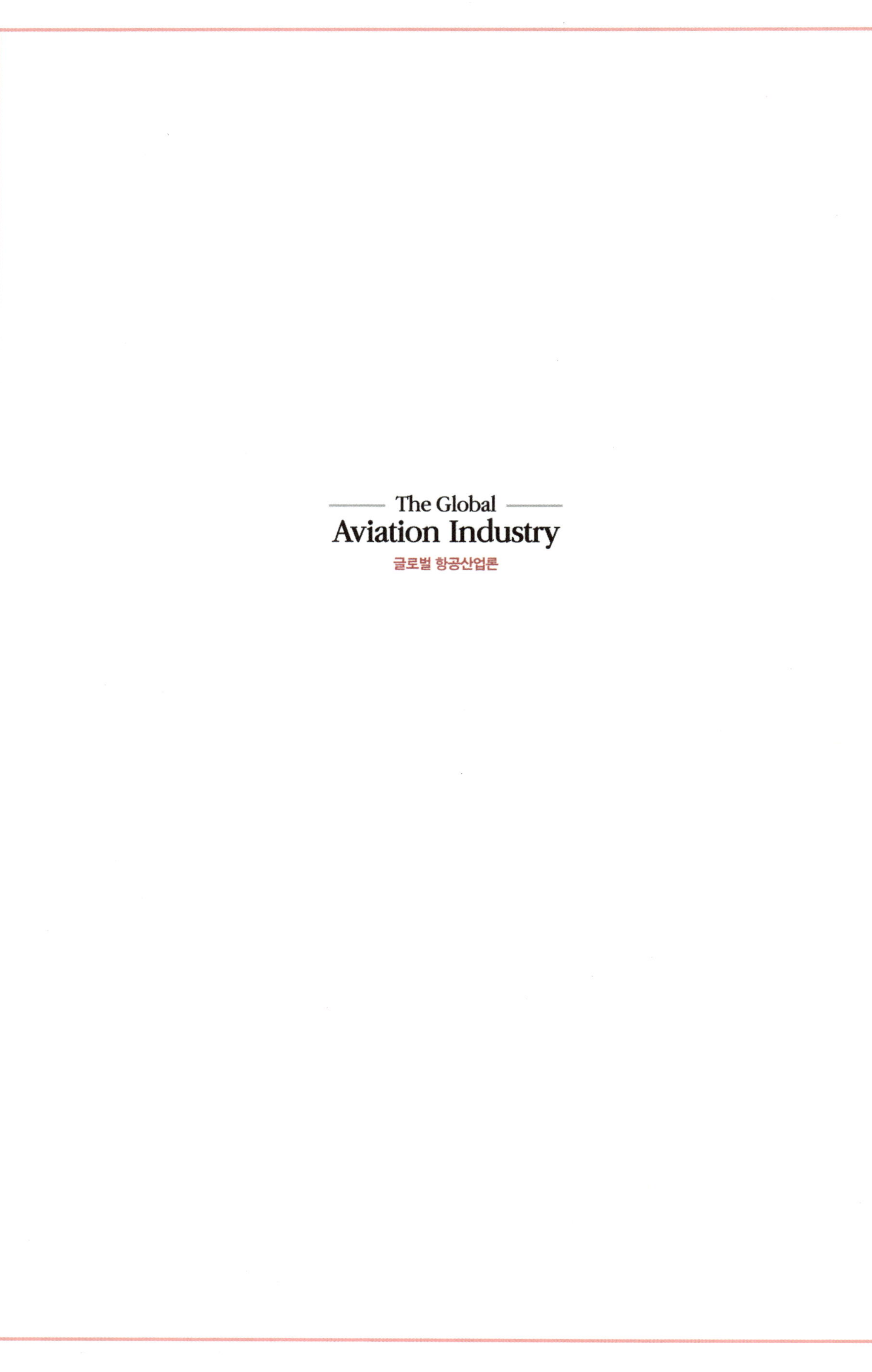
The Global
Aviation Industry
글로벌 항공산업론

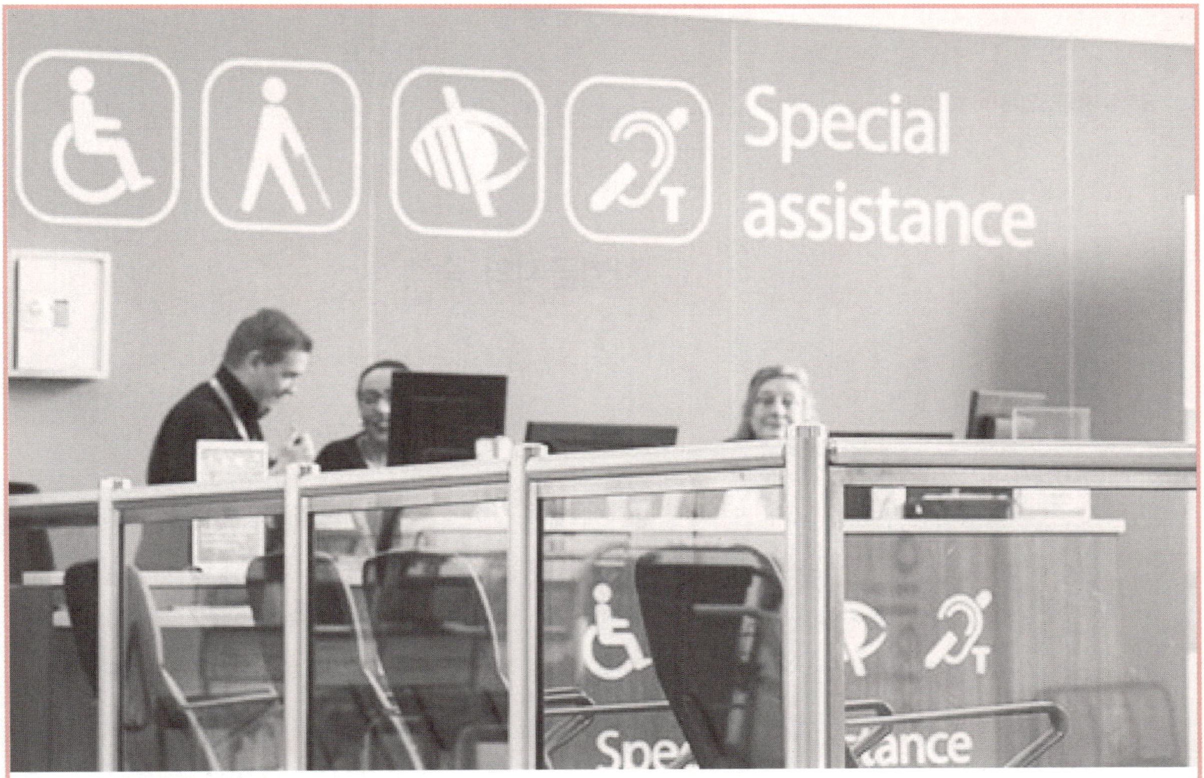

특별한 도움을 주신 훌륭한 서비스에 감사드립니다!
아들이 제 비행기를 예약했지만, 저를 위해 도움을 요청하는 것을 잊었습니다.
그러나 저는 체크인 카운터에 도착하자마자 특별한 도움을 받았습니다. 6년 만에 처음으로 비행했고,
저를 휠체어에 앉혀 기내까지 편안한 도움을 준 사랑스러운 여인은 항공사에 절대적인 믿음을 주었습니다.
파리에서 비행기로 12일 후에 돌아왔을 때, 같은 사랑스러운 여인이 저를 도와서 출구까지 안내해 주었습니다.
서비스는 확실히 도움이 되었으며, 유럽 항공편의 경우 언제나 먼저 귀사를 고려할 것입니다.
직원들은 모두 훌륭했고 더할 나위 없었습니다.

●●●●● Seat comfort
●●●●● Customer service
●●●●● Cleanliness
●●●●● Food and Beverage
●●●●● Legroom
●●●●● Value for money
●●●●● Check-in and boarding

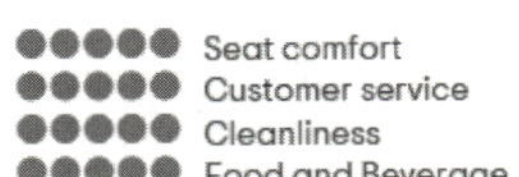

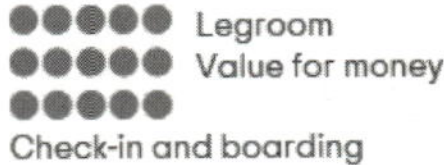

Date of travel : June 2016, Review of easyJet Special assistance

CHAPTER 08 항공사 특수승객

학습목표

1 차별금지 승객에 관한 정의와 객실승무원의 임무를 이해하고 설명할 수 있다.
2 유아 및 비동반소아에 관한 기준과 객실승무원의 임무를 이해하고 설명할 수 있다.
3 탑승 가능한 애완동물의 기준에 관하여 설명할 수 있다.
4 호송죄수 및 추방자에 관한 기준과 객실응대 절차를 이해하고 설명할 수 있다.
5 이상승객을 바로 알고, 이에 관한 객실승무원의 응대 절차를 설명할 수 있다.

01 차별금지의 승객

1) 장애인승객

항공사는 안전을 고려하여 특정 승객에 대해 탑승을 거절할 수 있으나, 이를 적용함에 그 승객의 신체장애로 인해 승무원 또는 다른 승객들의 기분을 상하게 하거나, 혐오감을 주고 불편함을 끼치거나 끼칠 것이라는 이유만으로 장애인승객Disabled Passengers(이하 장애인)의 운송에 차별(운송 거절 등)을 두어서는 안 되며 그 수를 제한하지도 않는다.

(1) 일반적 정의

육체적 · 정신적 손상이 있는 사람들로 비상사태 발생 시 신속하게 비상탈출하기 위해서는 타인의 도움이 필요한 상태에 있는 것을 의미한다. 예약부서와 운송부서 직원에게는 지체 부자유승객 수용에 관련된 표준 절차에 관한 지침이 제공되어야 하며, 이들에게는 이 지침에 의거 승객의 수용 여부를 결정해야 하는 초기 책임이 있다.

(2) 장애인승객의 분류

① 정신적 장애승객

객실안전 규정을 이해하지 못하거나 적절한 반응을 보이지 못하는 승객을 말한다.

② 신체적 장애승객

청각 장애승객은 승무원의 구두 지시를 듣지 못하여 신속한 비상탈출을 위해 타인의 도움이 필요한 승객으로, 기내시설의 위치와 사용법 및 기타 필요한 사항을 글이나 그림 등으로 설명한다.

시각 장애승객은 사물을 보지 못하여 신속한 비상탈출을 위해 타인의 도움이 필요한 승객으로, 인도견과 함께 탑승할 경우 인도견을 승객 발밑에 위치하게 한다. 보행

장애승객은 자력으로 민첩한 이동이 불가능하여 신속한 비상탈출을 위해 타인의 도움이 필요한 승객이다.

스트레쳐Stretcher 승객은 좌석에 앉지 못하고 설치침대에 누운 채로만 여행이 가능하다.

③ 승객 좌석

탑승수속 시 장애승객은 가능한 비상구 가까운 곳에 좌석을 배정하고(비상구 열 좌석 제외), 특히 걸을 수 없는 승객은 가능한 통로측 좌석에 배정하며, 신속한 탈출을 위해 통로를 사이에 두고 양측 좌석에 배정하는 것은 피한다.

④ 객실승무원의 임무

객실승무원은 장애승객들이 도움이 필요할 경우(휴대수하물, 화장실 이동 등) 적극적으로 도와주어야 한다. 그러나 특정승객의 식사 과정을 지속해서 보조하거나 화장실 내에서 또는 약을 직접 투여하는 등의 도움을 제공할 필요는 없다. 객실승무원 교체 등이 발생하면, 필요한 경우 장애승객에 관한 정보를 공유한다.

- 객실승무원은 따뜻한 태도로 환영하고 자신을 소개한다.
- 미소와 동시에 말로 인사하는 것이 항상 바람직하다.
- 장애인은 타인과 마찬가지로 감정을 가진 사람으로 존중하는 태도로 대우한다.
- 객실승무원은 그들이 도움을 원하는지와, 어떻게 그들을 돕는 것이 가장 좋은지 물어볼 수 있다.
- 장애가 있는 승객은 도전적인 환경에서도 자신을 움직이고 잘 돌볼 수 있는 독특한 능력을 가지고 있으며, 그들 자신이 필요로 하는 것을 가장 잘 판단할 수 있는 사람이다.
- 장애에 관한 질문을 피하고, 배려하는 자세로 질문한다.
- 객실승무원은 장애인승객의 보호자가 아닌, 해당승객을 직접 보며 커뮤니케이션한다.

- 승무원의 가정 하에 그들을 대신하여 결정을 내려서는 안 된다. 장애가 없는 사람들을 묘사할 경우 '정상'이라는 단어를 사용하지 않는다.

⑤ 휠체어

장애인용 휠체어는 접을 수 있는 형태로서 기내에 도어가 장착된 코트룸Coatroom이 있고, 그 내부에 충분한 공간이 확보된 경우에 한하여 기내에 반입될 수 있다. 운송직원 및 객실승무원은 사전에 충분한 공간의 확보 여부를 확인해야 하며, 기타의 경우 장애인용 휠체어는 일반화물로 처리해야 한다.

⑥ 동반인

안전과 관련된다면, 항공사는 동반인Assistant을 요구할 수 있다. 객실사무장은 안전(비상사태 시 신속한 탈출 등)을 위해 반드시 동반인이 필요하다고 판단되면 기장에게 보고하고, 공항지점장(운송책임자)과 동반인 탑승에 관하여 협의한다. 만약 객실사무장과 공항지점장(운송책임자)의 의견이 일치하지 않는다면 기장이 최종 결정권을 가진다. 다음은 일반적인 항공사에서 규정한 동반인이 필요한 가이드라인이다.

- 인큐베이터, 설치침대Incubator, Stretcher 사용승객
- 브리핑을 완전히 받아들일 수 없고 대화가 불가능한 심각한 시각·청각 장애승객
- 정신장애로 인해 안전과 관련된 지시를 적절히 이해하고 따를 수 없는 승객
- 탈출 시 자신의 신체를 가눌 수 없을 정도의 심한 활동 지장승객
- 본인 스스로 식사 및 용변처리가 불가능한 승객

⑦ 가이드동물

가이드동물Guide Animals은 시각장애인이나 청각장애인을 돕기 위해 특별히 훈련된 개이다. 안전상의 이유로 모든 규제기관이 개를 제외한 동물의 운송을 허용하지 않는다. 가이드동물의 운송이 승인된 경우에는 앞줄 좌석이 제공되며, 개에게 좌석벨트 또는 좌석 다리에 연결하는 하네스를 사용하여 승객의 발 주변에 고정할 수 있다.

객실승무원은 가이드동물이 일하기 위해 탑승했음을 인지하고, 동물이 수행해야 할 일을 막지 않도록 주의한다. 즉 동물이 주인에게 집중하는 것을 방해하지 않아야 하며, 가이드동물은 항공기에 탑승하기 전에 배변하도록 훈련을 받지만, 필요에 따라 흡수성 매트가 필요할 수도 있다.

다른 승객이 알레르기나 위생에 관한 우려를 표현할 수도 있지만, 이런 경우 다른 승객이 동물과 함께 여행하는 것을 거부할 경우에는 거절한 승객이 항공편에서 내려야 하고 다른 대안이 제공된다.

- 시각 또는 청각장애인 등을 보조하도록 특별히 훈련된 인도견 등은 운송담당자가 확인할 경우 항공기 탑승이 가능하다.
- 공항지점장은 승객정보지SHR에 장애인 보조동물을 표시하여 객실사무장에게 알려야 한다.
- 장애인 및 가이드동물은 비상구 열 좌석에 배정될 수 없으며, 비상 탈출구를 막아서도 안 된다.
- 가이드동물이 기내를 배회하도록 해서는 안 되며, 좌석을 점유할 수도 없다. 가이드동물의 장비 또는 목줄이 잘 매어져 있어야 하지만, 재갈을 물릴 필요는 없다.
- 가이드동물은 애완동물로 취급하지 않으며 기내반입 가능 마릿수에 제한은 없다.

2) 장애인 차별금지

(1) 탑승 전

안전운항에 직접적인 위협을 주지 않는 한 승객 탑승을 거절할 수 없으며, 안전한 여행이 의심스러운 경우 기장이나 운송직원CRO과 협의하고 장애인승객 탑승 시 운송직원으로부터 승객정보를 최대한 확보한다.

(2) 탑승 시

될 수 있으면 승객 본인에게 말을 건네며 어떤 도움이 필요한지를 파악한다. 승객이 요청하지 않은 사항을 자의적으로 판단하여 제공하지 않으며, 좌석안내 등 도움을 제공하지만 업거나 들어서 옮기지 않는다.

(3) 이륙 전

전달받을 수 없는 안전 관련사항에 관해 개별 브리핑을 시행한다. 개별 브리핑 시 주위의 시선을 끌지 않도록 하며 이해 여부를 묻지 않는다. 가까운 비상구 및 탈출을 시작하는 시점에 관한 안내를 한다.

(4) 하기 시

장애인승객이 차별 관련 불만을 제기할 경우, 공항에 배치된 운송직원CRO에게 인계한다.

3) 항공운송 규제 환경

장애가 있거나 이동이 불편한 승객을 돌볼 경우, 객실승무원은 항상 승객 접근 규정을 염두에 두어야 한다. 이 규정은 승객의 항공여행을 돕기 위해 시행되는데, 미국의 경우 항공사가 장애인을 차별하는 것을 금지하는 법안이 있으며, 다른 여러 국가에도 비슷한 규정을 따른다. 차별은 의도적이든 아니든 다양한 방법으로 발생할 수 있는데, 이에 관한 규정은 다음과 같다.

- 30개 이상의 좌석이 있는 새로운 항공기는 기내통로 좌석 절반에 이동식 통로 팔걸이를 갖추고, 승객이 팔걸이를 들어 올려 휠체어에서 좌석으로 옮겨 앉을 수 있어야 한다.
- 광동체 항공기는 휠체어를 타고 사용할 수 있을 만큼 충분한 공간이 있어야 한다. 또한 휠체어 사용을 위해 추가 손잡이와 설비가 있는 화장실을 갖추어야 한다.
- 60석 이상의 항공기에 장애인용 화장실이 없는 경우에는, 장애인승객이 일반 화장실에 가기 위해 기내용 휠체어가 필요하다는 것을 항공사에 48시간 전에 통보

하면 항공사는 휠체어를 기내에 준비해야 한다.

- 100명 이상의 좌석이 있는 항공기는 승객의 접는 휠체어를 우선순위로 보관할 수 있는 공간이 있어야 한다.

02 유 아

1) 기준

유아Infants승객의 적용 범위는 국제선의 경우 생후 14일부터 2살 미만이며, 국내선인 경우 생후 7일부터 2살 미만이다. 생후 7일 미만의 신생아는 항공여행이 불가하며, 생후 7일 미만의 신생아로서 '위급환자Emergency Patient'로 분류되어 항공의료센터에서 허가를 얻은 경우에 한하여 항공여행이 가능하다. 유아승객으로서 어떠한 질병도 없고 성인보호자를 동반하는 경우에는 제약 없이 항공여행을 할 수 있다.

유아용 요람Baby Bassinet은 이 · 착륙 시 사용할 수 없으며, 난기류Turbulence 때는 유아를 보호자가 안고 있어야 한다. 또한 유아동반 승객은 비상구열 좌석에 배정될 수 없다.

2) 좌석배정 제한 및 지침

(1) 구명복 관련

- 항공사는 필요할 경우(비상 착수)를 대비하여 총 탑승승객의 숫자가 제공되는 구명복의 숫자를 초과하지 않도록 한다.
- 탑승승객 숫자가 구명복의 총 탑재수량을 초과하는 경우에는 기장에게 보고하고 추가탑재를 요청한다.
- 유아 동반승객 탑승 시 유아 동반승객이 요구할 경우에는 유아가 사용할 구명복을 제공할 수 있으며, 제공했을 경우는 착륙 후 회수하여 원위치에 보관한다.

(2) 산소마스크 관련

- 항공사는 유아를 포함한 승객의 숫자와 제공되는 산소마스크의 수를 고려하여 좌석배정을 해야 한다.
- 객실승무원은 근무 중 유아 동반승객이 원래 배정받은 좌석에서 이동하여 착석하거나, 연속되는 좌석Set of Seats 당 2명 이상의 유아가 착석하고 있는 것을 발견한 경우 기종별 도해에 기록된 산소마스크 장착 숫자를 참고하여 필요할 경우 적절한 좌석으로 안내한다.

03 비동반소아

1) 기준

비동반소아UM : Unaccompanied Minor는 성인 동반인 없이 여행하는 소아를 의미한다.

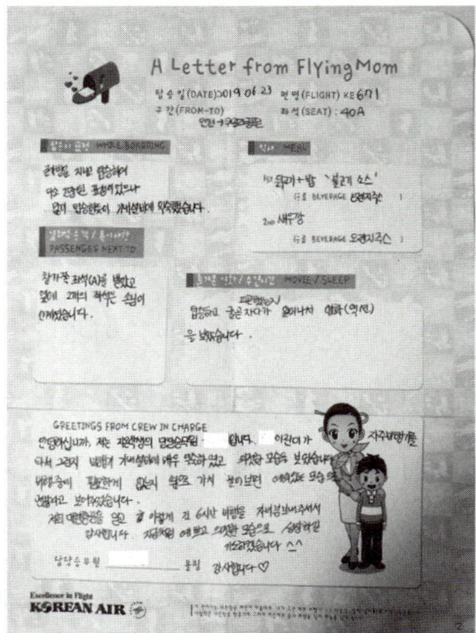

비동반소아의 목걸이 및 승무원편지의 예

국내선은 만 5세~만 13세 미만이고, 국제선은 만 5세~만 12세 미만이다. 승객의 요청 시 또는 다른 항공사와 연계수송이 필요한 경우에는 상기 연령을 초과하여 비동반소아UM운송이 가능하다.

객실사무장은 운송직원으로부터 목적지국가의 입국에 필요한 서류와 여권이 든 UM 봉투를 전해 받는다. 객실사무장은 UM의 안전하고 편안한 여행을 위해 담당 객실승무원을 지정할 수 있고, 객실사무장은 도착 공항에서 운송직원에게 UM 및 UM 봉투를 인계한다. UM은 비상구열 좌석에 배정될 수 없다.

04 애완동물

기내 반입 가능한 애완동물Household Pets은 개, 고양이 및 애완용 조류에 한하며, 위탁수하물 또는 기내휴대수하물로 운송될 수 있다. 기장은 다른 승객의 편의와 쾌적한 비행을 위해서 필요하다고 판단되면 애완동물을 화물칸으로 이동시킬 수 있다.

05 호송죄수

1) 기준

호송 대상자 1명당 2명 이상의 호송관이 동승해야 한다. 단, 비행시간이 4시간 이하이면서 호송 대상자가 강력범죄자가 아닌 경우는 호송 대상자 한 명당 한 명의 호송관을 탑승시킬 수 있다. 강력범죄자(살인, 강도, 강간, 폭력상해범)는 2명의 호송관을 필요로 하고, 경제사범 및 상기 강력범죄자에 해당하지 않는 단순범죄자는 1명의 호송관을 필요로 한다.

강력범죄자의 판단은 호송 의뢰관계 기관에서 하고, 미흡할 시 항공사에서 추가조치를 요청할 수 있다. 항공기 안전을 위해 호송 대상자는 항공기 당 한 건을 초과할 수 없으며, 건당 2명을 초과하여 탑승할 수 없다.

2) 호송관의 책임

호송 대상자의 구속이 필요한 경우 도구를 확보해야 한다. 정상적인 경우 호송 대상자에 대해 의자나 테이블 등 항공기 일부분에 수갑 사용을 해서는 안 되며, 호송 대상자 이동 시 동행 및 감시를 해야 한다. 기내에서 불법행위가 발생했을 경우는 기장의 명령에 따라 행동해야 한다.

3) 운영 절차

호송 대상자와 호송 책임자의 탑승은 승객탑승 이전에 완료되어야 하며, 목적지 도착 시에는 승객이 모두 하기한 후에 하기해야 한다. 운송직원은 호송 대상자와 호송 책임자의 탑승을 시행하기 전에 기장과 객실사무장에게 호송사실, 호송 대상자의 수 및 좌석번호를 통보해야 한다.

기장은 호송이 항공기 안전운항을 심각히 저해한다고 판단될 시 객실사무장 및 운송직원과 협의하여 호송 책임자에게 적절한 안전조치를 요구할 수 있으며, 이러한 조치가 이루어지지 않을 경우 호송을 거부할 수 있다.

호송 대상자와 호송 책임자의 좌석은 기내 후미의 좌석에 배정되어야 하며, 호송 대상자는 주방Galley 근처, 비상구열 좌석 또는 통로 좌석에 배정되어서는 안 된다. 호송 대상자 옆에 호송 책임자가 착석하며 호송 대상자의 기내이동 시 반드시 호송 책임자가 동행해야 한다.

호송 책임자와 호송 대상자에게 알코올성 음료가 제공되어서는 안 되며, 호송 대상자에게 철제 식기류나 칼 종류를 제공해서도 안 된다.

06 추방자

1) 기준

추방자DEPO : Deportee는 합법, 불법을 막론하고 일단 입국했다가 승객이 일정 기간 경과 후 주재국의 관계당국에 의해서 강제추방 명령을 받은 승객을 말한다. 반면 Inadmissible PassengerINAD의 경우는 사증 미소지, 여권 유효기간 경과 및 사증 목적 외 입국시도 등의 입국자격 결격사유로 인해 여행 목적지 또는 경유지 국가에서 입국 또는 통과 상륙이 거절된 승객을 말하며, 이 승객의 처리 절차는 추방자 승객처리 절차에 따른다.

2) 승객처리 절차

강제추방을 명령한 관계당국의 지점장은 다음 서류를 해당승객 탑승 항공편 객실 사무장에게 인계하고 추방자 승객의 탑승 사실을 통보한다.

- 추방자의 여권
- 추방명령을 내린 관계당국의 추방명령서(입수 가능 시)
- 추방자의 성명과 좌석번호가 명시된 승객정보지SHR : Special Handling Request
- 신용 계약 및 송장 사본(추방자의 복편 항공권을 항공사가 냈을 경우)

객실사무장은 어떠한 경우에도 강제추방을 명령한 관계당국으로부터 인수한 서류를 항공기내에서 추방자에게 반환해서는 안 되며, 관련 서류는 반드시 해당승객과 함께 도착지 운송직원에게 인계해야 한다.

07 이상승객

1) 무단하기 승객

객실승무원은 승객탑승 시 항공기 출입통제를 철저히 한다. 그런데 이때 탑승한 승객의 무단하기 발생 시 제지 및 기장/운송직원에게 즉시 통보해야 한다. 기내 탑승객의 불가피한 사유로 일시적 하기가 필요할 경우, 승무원은 해당승객을 운송직원에게 직접 인계하고 문을 닫기 전 사무장의 하기승객의 재탑승 여부를 확인한다.

2) 승무원 업무방해 승객

(1) 기내 업무방해 행위의 정의

승객의 기내 업무방해 행위는 승무원의 정당한 직무집행을 방해하거나 승무원과 탑승객의 안전한 운항이나 여행을 위협하는 일체의 행위를 말한다. 또한 아래의 「항공안전 및 보안에 관한 법률」(제23조 승객의 안전유지 협조 의무)을 위반하는 모든 위법 행위를 포함한다.

- 승무원 및 타 승객에 관한 폭행, 폭언, 협박, 위협행위 등 일체의 소란행위
- 음주 및 약물중독 상태에서의 기내 소란행위(만취행동 등)
- 승무원의 경고를 무시한 기내 안전수칙 위반행위(기내흡연, 금지된 전자기기 사용 등)
- 승객 간 또는 승무원에 관한 성추행/성희롱 행위
- 기장의 승낙 없이 조종실 출입을 시도하는 행위
- 항공기가 착륙한 후 항공기에서 내리지 아니하고 항공기를 점거하거나 항공기내에서 농성하는 행위
- 제반 비행안전 저해행위(운항 중인 항공기의 도어 핸들조작, 화장실 내 연기감지

기의 훼손 또는 조종실의 도어를 발로 차는 행위 등)

- 모든 항공편에는 「항공안전 및 보안에 관한 법률」이 적용되며, 탑승 승객은 「항공안전 및 보안에 관한 법률」의 제반 규정 준수

(2) 기내 업무방해 행위의 유형 분류

① 유형 1(공격적이나 설득이 가능 : Complied)

- 종류 : 항공기 지연운항, 예약 초과, 좌석 불만, 기내판매 불만, 운송직원 / 타 승객과의 문제 등
- 성격 : 최초 불만제기 및 명확한 사유 인지가 가능하며, 고성과 분노 표출이 있을 수 있으며, 주로 항공사 조치에 관한 불만을 제기한다. 난동으로 연결되지 않도록 불만의 해결이 가능하며, 승객의 심리상태 이해 및 불만원인 해결이 중요하다.

② 유형 2(공격적이며 대화가 어려움 : Does Not Comply)

- 종류 : 전자기기 사용규정 위반, 만취 난동, 흡연, 승객 간 싸움, 폭언, 성추행, 제반 규정 위반 행위 등
- 성격 : 유형 1의 난동 행위가 지속하는 경우, 또는 타 승객의 여행 및 승무원 업무를 방해하고 위협을 끼치는 경우에 해당하며, 승무원 개입 부재 시 난동 행위로 발전 가능성이 농후하다.

③ 유형 3(범법적 성격이 농후 : Criminal Offense)

- 종류 : 승객 / 승무원의 신체적 상해 행위, 심각한 위협 행위, 항공사 자산 파괴 행위(기내설비 / 시스템), 허가 없이 기내 반입금지 무기류를 휴대한 경우 등
- 성격 : 유형 2의 난동 행위가 지속하는 경우 또는 안전운항 및 승객 / 승무원의 안전을 심각하게 위협하는 경우에 해당하며 범죄적 성격이 강하다.

(3) 기내 업무방해 행위 발생 시 승무원의 대응 절차

각 대응 레벨은 독립적으로 발생할 수 있으며, 업무방해 행위의 정도에 따라 단계

적으로 적용하는 것도 가능하다.

① Level 1 : 설득과 요청

유형 1에 해당하는 업무방해에 적용된다. 승무원은 합리적이며 이성적인 설득과 대화를 통해 승객의 업무방해 행위를 중지하도록 요청한다. 승객이 승무원의 요청에 따르는 경우, 더 이상의 대응절차가 불필요하며 기장이나 관계기관에 보고할 필요가 없다. 승객이 승무원의 설득 및 요청에도 불응하는 경우 Level 2의 대응절차를 밟는다.

② Level 2 : 구두경고 또는 경고장 제시

유형 1의 업무방해 지속(설득 및 요청 이후) 및 유형 2에 해당하는 업무방해 행위에 적용된다. 승무원은 기장에게 보고하고 해당승객에게는 구두경고 또는 '경고장Official Warning' 제시를 통해 행위 중단을 유도하며, 경고 내용에는 다음사항을 포함한다.

- 상황에 따라 선 조치 후 보고도 가능하다.
- 탑승객의 기내 업무방해 행위는 「항공안전 및 보안에 관한 법률」 제23조에서 명시한 위법 행위이다.
- 난동 행위가 지속될 경우, 도착지 공항을 관할하는 경찰관서(또는 해당국가의 관련 당국)에 인계될 수 있으며 처벌을 받을 수 있다.
- 기장과 객실승무원은 상호 협조하여 상황을 진정시키도록 노력해야 한다.
- 기내 업무방해 행위 발생보고서를 작성하여 기장의 서명을 받고, 승객의 난동사실을 입증할 수 있는 목격자의 인적사항 및 진술서를 확보한다.
- 구두경고 또는 경고장 제시에도 불구하고 기내 업무방해가 지속하는 경우, Level 3 대응절차를 밟는다.

③ Level 3 : 강력대응

유형 2의 업무방해가 지속하거나 유형 3에 해당하는 업무방해에 적용된다. Level 2의 구두경고 또는 경고장을 제시했으나, 해당승객이 이를 무시하고 난동 행위를 지속하여 타 승객과 승무원의 안전운항에 직접적이고 심각한 영향을 미칠 것으로 판단되는 경우에는 객실사무장은 기장과 협의, 기내에 비치된 구급장비를 사용하여 구금 조치하며 필요할 경우에는 주변 승객과 격리한다.

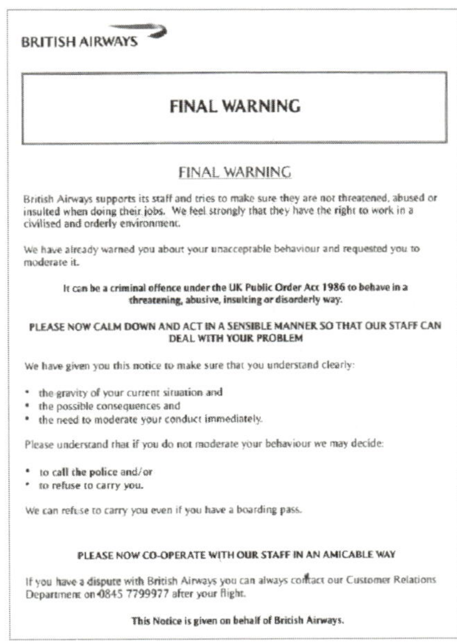

BRITISH AIRWAYS

FINAL WARNING

FINAL WARNING

British Airways supports its staff and tries to make sure they are not threatened, abused or insulted when doing their jobs. We feel strongly that they have the right to work in a civilised and orderly environment.

We have already warned you about your unacceptable behaviour and requested you to moderate it.

It can be a criminal offence under the UK Public Order Act 1986 to behave in a threatening, abusive, insulting or disorderly way.

PLEASE NOW CALM DOWN AND ACT IN A SENSIBLE MANNER SO THAT OUR STAFF CAN DEAL WITH YOUR PROBLEM

We have given you this notice to make sure that you understand clearly:

- the gravity of your current situation and
- the possible consequences and
- the need to moderate your conduct immediately.

Please understand that if you do not moderate your behaviour we may decide:

- to call the police and/or
- to refuse to carry you.

We can refuse to carry you even if you have a boarding pass.

PLEASE NOW CO-OPERATE WITH OUR STAFF IN AN AMICABLE WAY

If you have a dispute with British Airways you can always contact our Customer Relations Department on 0845 7799977 after your flight.

This Notice is given on behalf of British Airways.

자료 : 브리티시항공

기내 경고장의 예

(4) 기내 업무방해 행위 발생보고서

이 보고서는 승객의 업무방해 행위 발생 시 작성해야 하며, 대외기관에 제출하는 보고서로 사용한다. 객실사무장은 '기내 업무방해 행위 발생보고서In-flight Disturbance Report'를 작성하기 전에 기장과 충분한 협의를 해야 한다.

① 보고서 작성법

- 만취된 것으로 보이거나 약물에 중독된 승객의 하기 조치 및 Level 2, Level 3의 객실승무원 대응조치 시 작성한다.
- 보고서 기재란에는 해당승객의 인적사항 등을 빠짐없이 구체적으로 기재해야 한다. 주변승객들의 진술 등 자세한 보고가 필요한 경우, 동 보고서 뒷면의 '기내 업무방해 행위 상세내용'란에 기재한다.
- 객실사무장은 보고서 작성 후 기장에게 내용을 확인받고 서명을 받아야 한다.
- 승객에 관한 보고서가 작성된 후 승객이 규정을 준수하더라도, 보고서에 기재된 내용은 객실승무본부에 제출해야 한다.

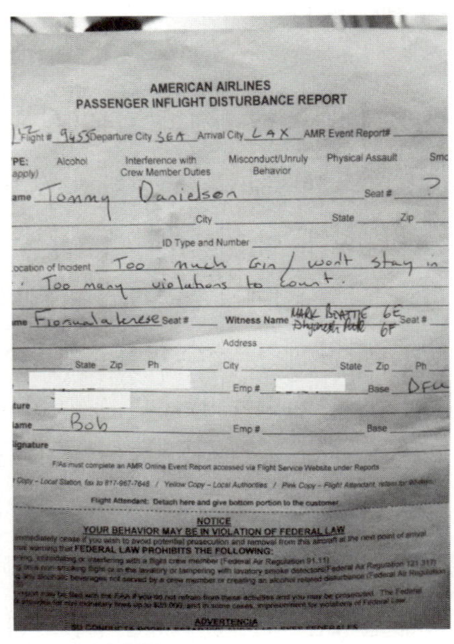

AMERICAN AIRLINES
PASSENGER INFLIGHT DISTURBANCE REPORT

Flight # 9455 Departure City SEA Arrival City LAX AMR Event Report# ____

PE: (apply) Alcohol / Interference with Crew Member Duties / Misconduct/Unruly Behavior / Physical Assault / Smo

ame Tommy Danielson Seat # ?

City ____ State ____ Zip ____

ID Type and Number ____

ocation of Incident Too much Gin / won't stay in . Too many violations to count.

me Fiorunala Keresе Seat # ____ Witness Name MARK BEATTIE 6E 6F Seat # ____

Address ____

State ___ Zip ___ Ph ____ City ____ State ___ Zip ___ Ph ____

Emp # ____ Base DFW

ture ____

ame Bob Emp # ____ Base ____

ignature ____

FAs must complete an AMR Online Event Report accessed via Flight Service Website under Reports

Copy – Local Station, fax to 817-967-7648 / Yellow Copy – Local Authorities / Pink Copy – Flight Attendant, retain for ...

Flight Attendant: Detach here and give bottom portion to the customer

NOTICE
YOUR BEHAVIOR MAY BE IN VIOLATION OF FEDERAL LAW

... FEDERAL LAW PROHIBITS THE FOLLOWING:

... interfering with a flight crew member (Federal Air Regulation 91.11)

ADVERTENCIA

자료 : 아메리칸항공

기내 업무방해행위 발생보고서

- 관계기관에서 보고서를 요청하는 경우 사본을 제출하고, 원본은 객실승무본부에 제출해야 한다.

3) 비행공포증이 있는 승객

(1) 비행공포증의 개념

비행기 공황장애라고도 부르는 '비행공포증'은 말 그대로 탑승하기 전 또는 탑승 후에 느낄 수 있는 단순한 걱정이 아닌, 비행기가 이륙하거나 착륙할 경우 비행 시 발생하는 난기류 현상, 비행기 사고로 인한 사건사고 등으로 인해 불안감과 공포감을 느끼고 호흡곤란이나 가슴통증, 식은땀, 구역질, 현기증 등과 같은 여러 가지 증상을 겪게 되는 것을 말한다.

심한 경우에는 비행기 탑승 전·후로 갑작스러운 공황장애나 발작을 일으키기도 하여 탑승하지 못하는 경우도 있으며, 이러한 비행기 공포증을 극복하는 방법을 알지 못하고 약물이나 알코올에 의지하여 억지로 잠을 청하고 버텨보려고 하는 경우도 이에 해당한다.

(2) 비행공포증 개선프로그램 Flying with Confidence

브리티시항공이나 에어프랑스 등은 비행공포증이 있는 신청자를 대상으로 워크숍을 진행한다. 이 워크숍은 직업상 혹은 개인적인 이유로 비행공포증을 벗어나고자 하는 모든 사람에게 열려 있으며, 에어프랑스의 경우 파리 샤를 드골공항과 파리 오를리공항의 에어프랑스 파일럿 양성소에서 매달 여러 차례 시행한다. 워크숍 참가비용은 680유로(한화 약 89만 원)이며 이메일로 등록도 가능하다.

프로그램은 3부로 나누어 진행하는데, 먼저 심리학자의 면담을 통해 스트레스 종류와 원인을 파악하게 된다. 워크숍은 이론교육과 실천교육으로 구성되며, 조종사 기술양성센터에서 3개의 그룹으로 나누어 7시간 30분 동안 진행된다. 마지막으로 워크숍이 끝나면 개인별 추적관리를 받게 된다. 세부사항은 다음과 같다.

① 심리학자 사전면담

워크숍에 등록하면 비행기를 탄다는 생각을 할 경우 느끼게 되는 불안감의 원인과 성격을 규명하기 위해 설문지를 보내준다. 워크숍에 들어가기 직전에 스트레스 예방센터의 심리학자가 최소 45분간 개별면담을 하게 되는데, 설문지에 응답한 내용을 함께 분석하고 불안감을 극복하기 위한 개인맞춤형 전략을 정한다.

② 비행기를 더욱 잘 이해하기 위한 이론학습

비행공포증 전문가가 스트레스의 생리적 · 심리적 메커니즘을 강의하며 호흡, 근육 및 정신의 긴장을 풀려는 방법을 시연한다. 그리고 남녀 승무원이 자신의 직업을 소개하며 안전한 비행을 위한 승무원 역할의 중요성을 설명한다. 또한 조종사가 공기역학과 항공술의 원리를 강의하면, 에어포켓과 난기류가 무엇이고 비행기가 어떻게 하늘을 나는지 등을 이해하게 된다. 이때 참가자들의 질문에 강사들은 답변한다.

③ 시뮬레이터를 통한 새로운 지식활용

이론수업이 끝나면 파리 샤를 드골공항 혹은 파리 오를리공항의 에어프랑스 양성센터에 설치된, 에어버스 320 기종의 조종석을 그대로 재현한 모형에 탑승하고, 조종석에서는 다음과 같은 작업을 한다.

- 모든 비행조건(난기류, 긴급절차 등)을 체험하고 모든 것이 예견되어 있음을 확인한다.
- 전용 조종 콘솔을 통해 벼락, 비, 난기류 등의 현상을 더 잘 이해하기 위해 시뮬레이션을 시작한다.
- 시뮬레이터에서 내려와 교육담당자 및 이완요법 전문가와 함께 그날 배운 것을 정리하면서 교육은 종료된다.

④ 워크숍 후의 개인별 추적관리

워크숍이 끝나더라도 필요할 경우 교육팀이 고객의 질문에 성실히 답변한다. 그런 다음 에어프랑스가 운항하는 각 항공편에 관해 승무원에게 건의할 사항을 이메일로 요청할 수 있으며, 비행기간 내내 특별한 안내와 세심한 배려를 받게 된다.

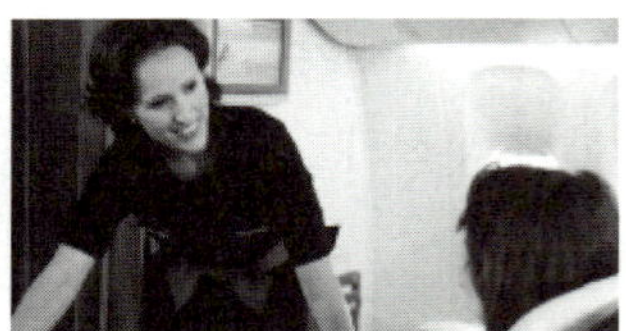

자료 : 에어프랑스

비행공포증 극복 프로그램

4) 중독승객

(1) 승객의 주류 및 약물 남용Passenger Substance Abuse

만취된 것으로 보이거나 약물에 중독된 승객이 승무원의 업무를 방해하며 공격적인 행동을 할 경우 기장에게 신속히 보고하고, 비행 종료 후 보고는 객실승무원의 보고 절차를 따른다.

① 게이트Gate 출발 전

만취된 것으로 보이거나 약물에 중독된 승객은 항공기에 탑승할 수 없다. 이에 해당하는 승객이 승무원의 업무를 방해하거나 신변안전을 위협하는 경우에는 기장과 운송직원에게 즉시 통보한다. 그리고 승무원은 해당승객에게 주류나 약물에 취한 것 같다는 표현을 하지 않도록 하며, 승객을 하기시킬 필요가 있다고 판단되는 경우 기장은 객실사무장 또는 공항지점 책임자와 협의하여 승객 하기를 조치해야 한다. 이를 오프로딩Off-loading이라고 한다. 승객 하기 후 승무원은 기내 보안점검을 재시행한다.

② 게이트Gate 출발 후

출발Push Back 후 만취된 것으로 보이거나 약물에 중독된 승객을 발견한 경우, 기장에게 즉시 통보하여 승객 하기를 위한 게이트로의 복귀 여부를 협의해야 한다. 게이트로 복귀 시, 기장은 항공기 관제소를 통하여 공항지점장에게 사전 통보한다.

③ 비행 중

이륙 후 만취되거나 약물에 중독된 승객을 발견한 경우, 기장에게 즉시 통보하고 알코올성 음료를 제공하지 않는다. 해당승객과 물리적 충돌을 피하고자 정중하지만 단호한 조치를 취해야 하며, 기장은 객실사무장에게 필요한 조치사항을 지시하고 인접공항에 상황을 알린다. 또한 기장과 협의하여 '기내 업무방해 행위 발생보고서'를 작성하고, 기장의 지시에 따라 객실승무원은 기내에 비치된 보안장비를 이용하여 승객을 제압할 수 있다. 필요할 경우에는 탑승 승객 중 의사나 간호사의 도움을 요청할 수 있으며, 사태가 매우 급한 경우 인접공항에 비상착륙을 시도하고, 착륙 후 기장은 객실사무장과 공항 운송책임자와 상의하여 해당승객의 하기 여부를 결정한다.

④ 목적지

공항경찰(또는 보안 관계자)은 항공기 도착 즉시 해당승객과 목격자 심문을 시행하기 위해 항공기 비상구 주변에 대기할 수 있다. 해당승객의 하기에 도움이 필요할 경우, 기장은 공항경찰(또는 보안 관계자)의 기내 출입을 허용할 수도 있다.

08 특수승객의 코드

1) 자주 사용되는 코드

코 드	설 명
BLND	(Blind Passenger) 시각장애인승객, 가이드동물 동반 가능
DEAF	(Deaf Passenger) 청각장애인승객, 가이드동물 동반 가능
DPNA	지적 또는 발달장애가 있어 도움이 필요한 장애인승객

코 드	설 명
WCHR	(Wheelchair-R for Ramp) 자력으로 계단을 오르내릴 수 있고 좌석에 도달할 수 있는 승객, 먼 거리 이동 시 휠체어 필요
WCHS	(Wheelchair-S for Steps) 자력으로 계단을 오르내릴 수 없으나 좌석에 도달할 수 있는 승객
WCHC	(Wheelchair-C for Cabin Seat) 자력으로 이동할 수 없는 승객
WCBD	건전지가 장착된 휠체어를 이용하는 승객
WCBW	습전지가 장착된 휠체어를 이용하는 승객
WCBL	리튬전지가 장착된 휠체어를 이용하는 승객
WCMP	수동 휠체어를 이용하는 승객
WCOB	기내 휠체어의 사용을 요청한 승객
MEDA	(Medical Case) 이동성이 떨어지며 임상적 이유로 인해 진행 중인 의학적 병리학 또는 정신적 장애가 있으며 여행 중에 의사의 허가가 필요한 승객
LEGL	(Leg in Cast) 왼쪽 다리에 깁스한 승객
LEGR	(Leg in Cast) 오른쪽 다리에 깁스한 승객
OXYG	(Oxygen) 들것에 앉아있거나 누워있으며 비행 중 산소가 필요한 승객
STCR	(Stretcher Passenger) 들것에 누워 이동하는 승객이다. 추가 좌석을 예약해야 하며 모든 유형의 항공사가 들것을 실을 수 있는 것은 아니다.
UMNR	(Unaccompanied Minor) 5~12세 미만의 혼자 여행하는 아동승객이다. 모든 항공사에서 보호자 비동반아동을 허가하는 것은 아니다.
MAAS	(Meet and Assist) 공항에서 수하물을 운반하는데 도움이 필요한 승객(노인)
LAND	(Language) 출발하거나 도착하는 항공사 또는 국가의 언어를 말하지 못하는 승객

Tomorrow the sun will rise.
Who knows what the tide will bring in?
내일은 태양이 다시 뜨고,
파도에 또 뭐가 실려 올지 모르잖아?

– Tom Hanks "Cast away" –

CHAPTER 09 항공화물서비스

학습목표

1 항공화물운송의 발달과 특성을 이해하고 설명할 수 있다.
2 화물상품과 특징을 이해하고 설명할 수 있다.
3 항공화물운송의 주요 장비와 ULD 용도를 이해하고 설명할 수 있다.

01 항공화물사업의 현황

1) 항공화물운송 의의

(1) 항공화물운송 정의

항공화물운송은 항공기를 수단으로 하여 재화의 장소를 이동시키는 것이다. 항공화물운송은 운송의 한 방법으로서 생산행위이며, 그 생산물은 운송용역이라고 하는 즉시재로서 무형재이다. 항공화물운송은 생산설비인 항공기의 이동에 따라 생산되고, 그 운송 용역을 소비함에 따라 재화의 장소적 이동이 이루어져 새로운 장소적 효용이 창출된다.

(2) 항공화물운송과 무역

항공화물운송은 무역에서 발생한 파생수요이나, 무역의 발달에 이바지하고 있으므로 상호의존적이다. 국제교역물품의 이동 시 항공화물의 수송 분담률은 1% 미만이나 비용 분담률은 20% 이상이다.

2) 물류와 항공화물운송

(1) 물류의 개념과 특성

경제재를 생산자로부터 최종 소비자에게 물리적으로 이전시키는데 필요한 제반 활동으로서 시간적 · 장소적 효용을 창조하는 경제활동이다. 물류에는 포장, 보관, 하역, 운송 및 이를 지원하는 정보통신의 활동이 포함된다.

물류의 중추적 역할은 운송이 담당하며, 물류비의 절감이 기업의 제3이윤원이다. 제조원가 중 물류비가 차지하는 비율은 15~20%이며, 성공적인 물류를 위한 필수요건 사항3S1L은 신속하고Speedy, 안전하게Safety, 확실하고Surety, 저렴하게Low Cost 거래선 혹은 소비자에게 배송함으로써 물품 수요처의 니즈를 충족시켜야 한다.

(2) 물류서비스의 시대적 변화

구 분	내 용
1차 산업혁명(18세기)	• 1784년 최초의 기계식 방직기 • 수력 및 증기기관 발명 • 기계식 생산설비 • 노동집약적 물류
2차 산업혁명(20세기 초)	• 1870년 최초의 컨베이어벨트 • 컨베이어벨트 • 전기동력에 의한 대량생산체계 • 대량운송을 통한 규모의 경제실현
3차 산업혁명(1970년대 이후)	• 1969년 최초의 자동제어 장비 • 전자기술과 IT를 통한 자동화 • 기술접목으로 물류자동화 노력
4차 산업혁명(2020년 이후)	• IoT 기반으로 기계가 능동적으로 판단하여 작업함으로써 유연하고 효율적인 생산체계로 전환 • 인공지능 기반 기술집약적 물류산업으로의 진화

02 항공화물운송의 발달과 특성

1) 초기

최초의 화물비행은 미국에서 1910년 11월 7일, 오하이오 주 데이턴과 콜럼버스 사이에서 이루어졌다. 필립 오린 파멜리Philip Orin Parmelee는 매장 개설을 위해 200파운드의 실크 패키지를 운반하는 105km(65마일)의 라이트 모델 B 비행기를 조종했다. 비행기는 공식적으로 57분인 세계최고 기록을 세웠으며, 화물운송만을 위한 최초의 '화물 전용' 비행이었다. 실크조각은 콜럼버스 비행장에서 상점까지 차량으로 운송되었기 때문에, 고객이 의뢰한 첫 번째 비행과 다중 항공운송의 첫 번째 예이다.

세계 최초의 공식 항공비행은 1911년 2월 18일 영국령 인도 아그라Agra 주와 오흐드Ohdh 주의 대규모 전시회에서 열렸다. 이 첫 번째 항공비행은 앙리 페케Henri Pequet에 의해 조종되었으며, 사용된 항공기는 약 50마력(37kW)의 험버 - 소머Humber - Sommer

복엽 비행기였다. 세계최초의 예정된 항공우편서비스는 영국 런던에서 헨돈Hendon 교외와 1911년 9월 9일 버크셔Berkshire의 윈저Windsor 우체국장 사이에서 이루어졌다. 그것은 조지5세 왕의 대관식과 인도에서 감독한 성공적인 실험에 관한 제안을 바탕으로 하였는데, 이 서비스는 한 달도 안 되어 16편의 비행으로 35개의 우편물을 운송하였다.

1920년대 초, 많은 기업가는 항공기가 철도 및 해운회사보다 훨씬 빠르게 높은 가치의 화물을 운송할 수 있다는 것을 깨달았고, 이때부터 항공화물이 빠르게 발전하였다. 1919년 런던에서 파리까지의 첫 정기항공편에는 승객이 한 명뿐이었지만, 신발 제조업체용 가죽과 식당용 그라우즈(꿩)를 가지고 다녔다. 시네마영화 또한 자주 위탁되었는데, 최초 필름이 먼저 중앙연구소로 옮겨져 사본을 만든 다음 유럽 전역에 배포되었다.

2) 제2차 세계대전 전후

자료 : Wikiwand

1930년대 항공우편서비스, 디트로이트

군사적 필요 때문에 항공기와 항공수송이 급속도로 발전한 시기이며, 이후 군용항공기는 민수로 전환되면서 항공기 발달 및 수요가 증가하였다. 이로써 운항 네트워크Network가 확장되고 경제적 운항이 개시된 시기이다.

1920년대부터 항공화물 항공사를 편성하려는 시도가 몇 차례 있었지만, 모든 화물을 보유한 최초의 상업용 항공사는 제2차 세계대전이 끝날 때까지 등장하지 않았다.

1948년 베를린은 서부 동맹국과 러시아인에 의해 공동으로 통제되었지만, 러시아인들은 도시주변 지역을 보유하고 있었기 때문에 토지 접근이 가능했다. 소위 베를린 봉쇄에서 이러한 접근이 폐쇄되면서 공수는 서베를린에 식량, 석탄 및 기타 공급품을 긴급하게 공급할 수 있는 유일한 옵션으로 남아 있었다.

1949년 5월 12일부터 330일에 걸쳐 총 2,260만 톤의 화물이 베를린으로 공수되었고, 하루 평균 6,800톤으로 미국은 80%, 영국은 20%였다. 1950년대 이전에는 프로펠러기 시대로 추진력도 작았고, 화물의 탑재량도 1~2톤 정도로 운송되는 품목도 우편물, 긴급물자, 서류, 귀중품 등에 한정되었다.

자료 : Wikiwand
베를린 장벽시대의 더글라스 C-54

1960년대 들어 프로펠러기와 비교하면 2배의 속도와 탑재능력을 갖춘 DC-8, B707 등 제트엔진의 항공기가 출현했지만, 화물은 여객수송의 부수적 영역이었다. 비록 1950년대 중반까지 화물운송량이 완만하게 발전하여 전 세계적으로 80만 톤에 도달했지만, 세계경제는 전후 단계에 도달했다.

독일과 일본은 점점 항공사업을 준비하고 있었으며, 미국은 경제지배력의 절정에 다다랐고, 서유럽은 전쟁에서 회복되었다. 더불어 1968년 보잉은 최초의 대형 항공기로 4대의 엔진 747을 출시했다. 747은 화물창에 전체 팔레트를 운반할 수 있는 최초의 항공기로 항공화물 산업에 혁명을 일으켰다.

3) 현대 항공화물

광범위한 희망에도 불구하고 수십 년 동안 항공화물 부문은 예상대로 성장하지 않았으며, 전체 항공 교통량의 작은 부분만을 유지하였다. 제2차 세계대전 전후 5년 동안 대부분의 운송업체는 항상 특수화물 항공사가 있었음에도 2차 활동으로 간주하였다. 1980년대 초반까지 연평균 8%씩 성장을 지속했지만, 1980년대 중반에 들어서는 수익률이 둔화하였다. 그러나 1990년대 항공수요의 고성장과 각 항공사가 화물 전용기를 확보하고, 동맹Alliance을 적극적으로 추진하였다.

이후 1990년대 항공화물은 산업의 견고한 기둥으로 부상했다. 이 부문의 새로운 성장을 위한 촉매제는 FedEx, DHL, TNT 및 UPS로 대표되는 특급 소포운송 업체와 제조부문의 변화였다. 1992년 FedEx는 컴퓨터디스크에 있는 소프트웨어를 수천 명의 고객에게 보냈으며, 자신의 워크스테이션에서 발송물을 추적할 수 있었다.

자료 : Wikiwand

주기되어 있는 화물항공기

그 후 인터넷의 부상은 항공화물 산업에 관한 신뢰성과 접근성을 높이는데 기여했다. 대부분의 항공사는 이제 고객에게 비행 상태 및 예약 및 추적 옵션을 제공하고 있다. 또한 업계에서는 전자화물운송장과 같은 전자 절차를 채택하여 각 선적에 수반되는 종이문서의 양을 줄이고, 운송의 보안 및 안전을 향상하고 있다. 많은 소매업체들은 증가하는 소비자 압력에 대응하기 위해 항공화물운송 프로세스를 고객서비스 제공과 통합하기 위해 노력하고 있다. 한 산업전문가는 15~20톤의 항공화물이 30~40개의 이코노미 승객좌석의 가치가 있다고 추정한다.

2017년 IATA는 화물 톤km가 9% 증가한 것으로 발표하였다. 전자상거래 확대에 따른 산업생산 및 글로벌 무역성장으로 항공화물 수요가 강하며, 보잉사는 2016년 이후 2020년까지 B767F 생산량을 두 배로 늘리려고 한다.

4) 항공화물운송의 특성

(1) 항공화물운송의 특성

항공화물운송은 신속 · 정시성, 안정성, 고운임성, 야행성을 갖는 특징을 가지고 있다. 즉 수송기간이 짧고 정시정이 높으며 수송 중 진동 및 충격이 작아 화물의 멸실, 훼손이 적다. 또한 높은 운임으로 고가품 화물이 주종을 이루며 오후까지 화물을 집하하여 밤에 운송하고, 다음 날 아침부터 인도하는 형식이 관례화되어 있다. 따라서 항공화물은 수송시간을 단축함으로써 경제적 이익을 얻을 수 있고 운임 부담력이 있는 화물을 주로 운송한다.

(2) 항공화물운송의 장 · 단점

항공화물운송은 긴급을 요하는 화물운송 수요를 충족시켜 주고 고유의 성질상 변질하기 쉬운 상품의 신속한 수송을 돕는다. 그러나 중량과 용적에 관한 제한이 있으며 운임이 해상운송과 비교하면 고가이다. 또한 공항시설이 있는 대도시만 운송할 수 있으며 에너지 소비량이 많아 운송 원가가 높다.

5) 국내 항공화물운송사업

(1) 인천국제공항의 화물 · 물류터미널

인천국제공항은 화물 분야에서 21개 항공사를 통해 36개국 83개 도시를 연결하고 있으며(2018년 5월 기준), 항공화물운송에 있어 2017년 기준 2.92(mm ton)으로 세계 3위의 실적을 보였다.

자료 : 인천국제공항공사 홈페이지

인천국제공항의 레이아웃

인천국제공항의 레이아웃은 그림과 같다. 1, 2번은 여객터미널, 3번은 화물터미널, 4번은 골프장, 5번은 물류터미널, 6번은 BMW 드라이빙센터, 7번은 파라다이스시티이며, 8번과 9번은 건설 중이다.

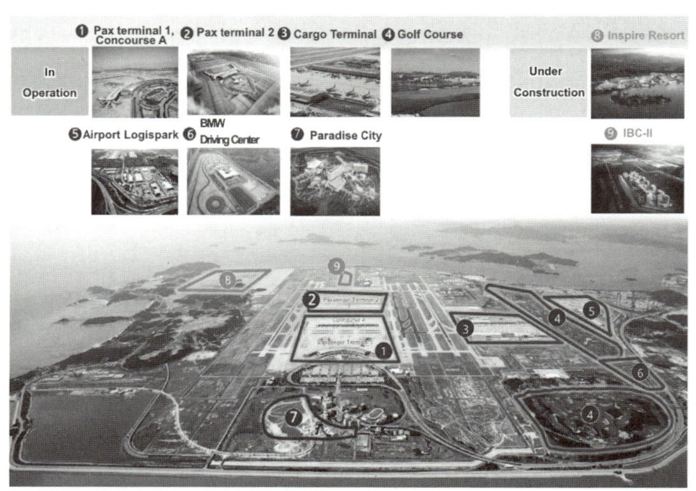

자료 : 인천국제공항공사

인천국제공항의 국제화물 네트워크

(2) 빠르고 간편한 통관시스템

인천국제공항 화물터미널에는 UNI-PASS시스템을 갖추고 있는데, 이것은 세계 최초 100% 온라인 통관처리시스템이다.

- 100% 온라인화를 통한 빠른 통관업무 처리속도로 물류비용 절감
- 세계관세기구WCO 169개 회원국 중 가장 빠른 서비스 제공
- 24시간 통관가능시스템으로 막힘없는 물류환경 제공

Before UNI-PASS				After UNI-PASS
1일 이상		수출통관		2분
2일 이상	>	수입통관	>	2.5분
3일 이상		관세환급		5.2시간
4일 이상		관세납부		10시간

자료 : 인천국제공항공사 홈페이지

인천국제공항의 UNI-PASS시스템

(3) 조업항공사

2019년 10월 기준으로 KE/KAS 조업항공사, OZ/AAP 조업항공사, AACT 조업항공사, SwissPort Korea 조업항공사가 사업을 운영하고 있다.

① KE/KAS 조업항공사(총 30개 항공사)

항공사코드	항공사명	항공사코드	항공사명	항공사코드	항공사명
AC	에어캐나다	EK	에미레이트항공	LJ	진에어
AE	만다린항공	GA	가루다항공	MF	중국하문항공
AF	에어프랑스	GS	천진항공	MH	말레이시아항공
AM	아에로멕시코	HA	하와이안항공	OK	체코항공
CA	중국국제항공	HY	우즈백항공	OM	몽골항공
CF	중국우정항공	JL	일본항공	OV	라오항공
CI	중화항공	KC	에어아스티나	TG	타이항공
CK	중국화물항공	KE	대한항공	UA	유나이티드항공
CZ	남방항공	KL	네덜란드항공	VN	베트남항공
DL	델타항공	KZ	일본화물항공	ZH	심천항공

② OZ/AAP 조업항공사(총 27개 항공사)

항공사코드	항공사명	항공사코드	항공사명	항공사코드	항공사명
3U	사천항공	HX	홍콩항공	S7	시베리아항공
5X	유피에스항공	HZ	오로라항공	SQ	싱가포르항공
7L	실크웨이웨스트	LO	폴란드항공	SU	에어로플로트
9C	춘추항공	MU	동방항공	TK	터키항공
B7	유니항공	NH	ANA	TZ	스쿠트항공
BO	로얄브루나이항공	NX	에어마카오	UO	홍콩익스프레스
BR	에바항공	OZ	아시아나항공	VJ	비엣젯항공
CV	카고룩스항공	QR	카타르항공	Y8	양쯔강항공
FM	중국상해항공	SC	산동항공	Z2	에어아시아필리핀

③ AACT 조업항공사(총 16개 항공사)

항공사코드	항공사명	항공사코드	항공사명
3S	에어로로직	K4	칼리타에어
5J	세부퍼시픽항공	PO	폴라에어카고
5Y	아틀라스항공	RU	에어브릿지카고
9S	서던에어	TW	티웨이항공
AA	아메리칸항공	VI	볼가드네프르항공
AI	에어인디아	YG	YTO Cargo Airlines
AY	핀에어	ZA	스카이앙코르
ET	에티오피아항공	ZE	이스타항공

④ SwissPort Korea 조업항공사(총 8개 항공사)

항공사코드	항공사명
AZ	알이탈리아항공
BA	영국항공
CX	케세이퍼시픽
D7	에어아시아엑스
EY	에티하드
LH	루프트한자
PR	필리핀항공
XJ	타이에어아시아엑스

자료 : 인천국제공항공사 홈페이지

조업항공사의 위치

(4) 대한항공 카고

① 개요

대한항공 화물사업은 1971년 우리나라 최초의 태평양 횡단노선인 서울-LA 노선으로 시작되었다. 이후 뉴욕/도쿄 등 주요 해외공항에 관한 항공전용터미널 개장, B747-400F 화물기 도입 등을 통해 사업을 확장해 왔고, 2004~2009년에는 IATA 발표 국제선 화물수송 부문 1위에 오르기도 했다.

현재는 최신 화물기인 B747-8F, B777F를 포함하여 총 23대의 화물기를 운영하고 있으며, 고객에게 보다 나은 운송서비스를 제공하고자 2019년 4월에 신화물시스템 iCargo을 도입했다.

② 연혁

- 2019년 10월: 우체국 물류지원단과 한국발 미국행 특송상품 운영 MOU 체결
- 2019년 6월: IATA CEIV Pharma 의약품서비스 품질인증 획득
- 2019년 4월: 신화물시스템iCargo서비스 개시
- 2018년 5월: 대한항공-델타항공 조인트벤처 공식 출범
- 2018년 3월: 스카이팀 Cargo 상품 리브랜딩(General, Express, Specialized, Customized)
- 2015년 8월: 멕시코 과달라하라GDL 신규 취항
- 2013년 4월: 화물 모바일 애플리케이션 출시
- 2012년 7월: '항공사', '수출업체', '수입업체' 등 3개 분야에서 종합인증 우수업체AEO 인증 취득
- 2012년 2월: 친환경 화물기 도입(B747-8F, B777F)
- 2011년 7월: 사라고사 화물노선 취항
- 2010년 12월: e-AWB 도입(항공화물 무서류화 프로젝트 e-freight 활성화 일환)
- 2010년 6월: Korean Air Cargo 2009 국제선 화물수송 6년 연속 세계 1위 발표(IATA 기준)

03 항공화물상품

1) 항공화물상품의 개요

항공화물서비스를 이용하는 고객요구의 세분화에 따라 다양한 형태의 항공화물운송상품이 개발되었다. 항공사는 이러한 다양한 상품의 개발로 부가가치를 증대시켜 수익성 개선과 고객만족을 통한 시장경쟁력을 제고시킬 수 있다.

대한항공의 경우, 아래와 같이 Skyteam Cargo Alliance 회원이 공동으로 개발한 상품과 시장 환경 변동과 상황에 맞게 자체적으로 개발한 상품을 사용하고 있으며, 일반적으로 항공화물을 운송하는 항공사에도 비슷한 상품을 다루고 있다.

구 분	내 용
EXPRESS	긴급 소형화물을 위한 익스프레스서비스
EXPRESS HEAVY	긴급 중 · 대형화물을 위한 익스프레스서비스
CUSTOMIZED	당신만을 위한 항공화물 맞춤서비스
SPECIALIZED	특수화물을 위한 맞춤 솔루션 제공
GENERAL	일반화물

2) 주요 상품의 분류

(1) 긴급 소형화물을 위한 익스프레스서비스

긴급 소형화물을 대상으로 목적지 공항까지 가장 빠르고 안전하게 수송하여 드리는 익스프레스Express상품이다. 긴급한 서류, 상품샘플 등 긴급 소형화물에 적합하다.

① 대상화물

- 긴급한 수송이 필요한 소형화물
- 개당 32kg 이하, 운송장 당 100kg 이하 일반화물 대상
- 포장단위 당 가로 + 세로 + 높이가 228cm(90inch) 이하

② 서비스 특징

- 예약자동 확약
  - 예약자동 확약 및 가장 빠른 비행편으로 수송
- 운임보상
  - 예약편 또는 접수 시 지정한 항공편에 탑재 실패 시 최고 100% 운임 환불(유류할증료 등 기타 요금은 환불대상 아님)
  - 1차 탑재 실패 시 50% 환불 및 2회 이상 탑재 실패 시 100% 환불
  - 보상금액은 최대 USD 5,000 또는 그에 상응하는 현지화 환산 금액을 넘지 않는 것으로 함
- 신속하고 정확한 서비스
  - 서류와 화물 모두 별도의 전용 절차를 통해 수송함으로써 차별화된 서비스 제공
  - 화물의 일부 분실 및 일부 파손에 따른 배상은 '국제화물운송 약관'에 따라 이루어지며, 운임보상에서는 제외
- 화물 추적
  - Master AWB 건별 화물의 운송현황을 시행 간으로 제공
  - 화물의 출발에서부터 최종 인도까지 시행 간으로 e-Tracking서비스를 통해 운송정보 확인 가능

(2) 긴급 중 · 대형화물을 위한 익스프레스서비스

중 · 대형화물을 대상으로 목적지 공항까지 빠르고 안전하게 수송하는 익스프레스Express상품이다. 화물의 크기와 중량에 제한이 없으며, 고객이 원하는 가장 빠른 비행편으로 확실한 수송을 보장한다.

- 예약 우선권
  - 고객이 원하는 First Available Flight로의 예약에 우선권을 부여한다.
  - 단, 협동체 항공편Narrow Body Flight는 제외된다.
- 탑재 보장
  - 약속한 비행편에 반드시 탑재하며 최상의 서비스가 보장된다.
  - 익스프레스 전용 공간 내에서 여객기 500kg, 화물기 1,000kg까지 공간을 보장 받을 수 있다.
- 운임 보상
  - 예약편 또는 접수 시 지정한 항공편에 탑재 실패 시 최고 100% 운임 환불
  - 1차 탑재 실패 시 50% 환불 및 2회 이상 탑재 실패 시 100% 환불
  - 보상금액은 최대 USD 5,000 또는 그에 상응하는 현지화 환산금액을 넘을 수 없다.
- 신속하고 정확한 서비스
  - 서류와 화물 모두 별도의 전용 절차를 통해 수송함으로써 차별화된 서비스가 제공된다.
  - 화물의 일부 분실 및 일부 파손에 따른 배상은 '국제화물운송 약관'에 따라 이루어지며, 운임 보상에서는 제외된다.
- 화물 추적
  - Master AWB 건별 화물의 운송현황을 시행 간으로 제공한다.
  - 화물의 출발에서부터 최종 인도까지 시행 간으로 e-Tracking서비스를 통하여 운송정보를 확인할 수 있다.

(3) 당신만을 위한 항공화물 맞춤서비스

화주, 포워더, 대한항공 3자 간 협력을 통해 고객이 원하는 최상의 항공물류 솔루션을 제공한다.

① 서비스 소개

- 고객의 물류패턴에 따라 맞춤서비스를 제공하기 위한 상품

- 고객의 생산, 보관 및 유통주기 특성에 따른 관리 및 지원사항을 사전에 파악하여 서비스 절차에 반영하고 있으며, 전담조직Special Care Service Desk을 운영하여 차별화된 서비스품질을 보장

② 서비스 절차

- 계약(서비스 절차 협의 및 반영)
  - 스케줄(노선 / 편명 / 물량 / 상품출하 패턴)
  - 상품 특징(취급 시 주의사항 및 고유 특성)
  - 기타 추가 요청사항 등을 포함한 계약체결
- 예약
  - 예약 시 전용 예약번호 이용
  - 'VIP' 상품코드 부여
  - Customized 화물인식을 위한 VIP 코드 부여
  - 전 수송구간 별도관리
- 화물 접수, 탑재, 관리
  - VIP 고객확인 및 화물 취급사항 확인
  - VIP 레벨 및 택Tag 부착(서류 / 실화물)
  - VIP 고객별 표준절차에 따른 화물 취급
  - 계약서상 지정 비행편에 탑재
  - Customized Monitoring System을 통한 수송관리
- 도착지 서비스관리
  - 화물 도착 즉시 통보
  - 화물 선별작업 및 신속인도 준비

③ 서비스 품질관리Quality Control

- SCSSpecial Care Service 데스크 통한 전담관리
- 최종 배송지까지 지속적 품질관리 시행

- 시행 간 Track & Tracing서비스 제공
- 발생 가능한 위험요소 사전관리
- 고객별 제공서비스에 관한 결과분석

④ 모니터링 시스템

- 목적지까지 전 수송과정 모니터링 제공
- 계약고객과 기간별 서비스평가 및 커뮤니케이션 시행
- 고객요구에 의한 수송서비스 절차변경 수시 반영
- 대한항공 홈페이지에서 사용 가능

(4) 특수화물을 위한 맞춤 솔루션 제공

대한항공은 다양한 품목과 형태의 화물운송 노하우와 풍부한 경험을 바탕으로, 특수화물 대상 맞춤Specialized 상품을 운영하고 있다. 운송과정에서 특별한 취급Special Care이 필요한 화물을 신속하고 안전하게 목적지까지 운송하기 위해 7가지 항목으로 세분화하여 보다 정교한 서비스를 제공한다.

① Specialized BIG

- 대상화물

시추장비, 항공기 엔진, 발전소 터빈 등 부피가 큰 대형화물 또는 무게가 많이 나가는 중량화물이나 개당 25,000LBS(11,337kg) 이상 또는 개당 7m 이상이며, 중량 1.5톤 이상인 화물이 해당된다.

○ 서비스 특징

대형 / 중량 화물운송 전문가를 통해 화물 팔레트 적재, 항공기 탑재 / 하기 등 최적의 운송방법을 제시하여 신속하고 안전한 화물운송을 보장한다. 대형 / 중량 화물운송에 필요한 시설과 장비를 갖추고 있다(20피트 팔레트용 Elevating Transfer Vehicle, Wire Strap 등).

자료 : 이투데이
GS건설, 사상 최대 186톤 발전기를 항공기로 운송

② Specialized DGR

○ 대상화물

페인트, 배터리, 드라이아이스 등 IATA Dangerous Goods RegulationsDGR에 규정된 모든 위험물(Class 1~9)이다.

상품코드별 분류

○ 서비스 특징

항공운송 중 발생할 수 있는 기압, 온도, 진동의 변화로 항공기, 인명 및 기타 타 화물에 손상을 줄 우려가 있는 모든 위험품은 IATA의 위험품 규정에 따라서 그 운송

방법, 포장방법, 마킹Marking 및 서류 등이 엄격히 제한받고 있다.

○ 위험물이란?

항공화물에서의 위험물이란, 항공운송 중 발생하는 기압 및 온도의 변화, 운항 중의 진동과 공간의 제한에 따라 항공기, 인명, 인접화물 등에 피해를 줄 우려가 있는 화물로서, IATA 발행 Dangerous Goods Regulations이하 D.G.R에 수송 여부 및 제한 사항이 규정되어 있다. 예를 들어 페인트, 드라이아이스, 배터리, 자동차 등도 항공운송에서는 위험물로 규정하고 있다.

○ 위험물의 항공운송 위탁 절차

항공으로 운송될 위험물은 항공기의 안전을 위해 위험물의 성질을 가장 잘 알고 있는 화주에 의해 D.G.R 규정에 의거 포장 마킹, 라벨링Labelling 등을 시행토록 하고 있으며, 항공사에 위탁 시 일반화물과 구분되어 취급될 수 있도록 화주 신고서를 작성하여 제출하게 되어 있다.

○ 위험물 마킹Marking

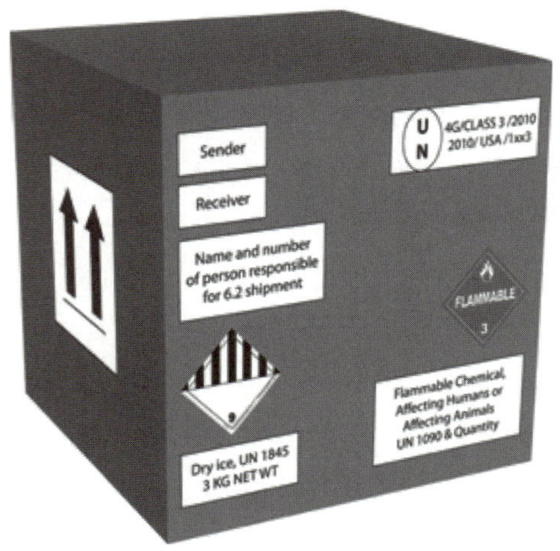

위험물 마킹(Marking Sample)

모든 위험물은 안전한 수송과 위험 발생 시 긴급처리를 위해 포장 외부에 운송하고자 하는 위험물의 내용을 명시해야 한다. 필수 마킹 항목은 Proper Shipping Name(해당위험물의 UN/ICAO 정식명칭), UN or ID Number(해당위험물의 고유번호), 송하인과 수하인의 이름 및 주소 등이다.

o 위험물 라벨링

모든 위험물은 운송 과정에서의 적절한 취급을 위해 위험물의 종류와 위험 정도에 따른 적합한 라벨을 부착해야 한다.

o 위험물 서류(위험물 화주신고서)

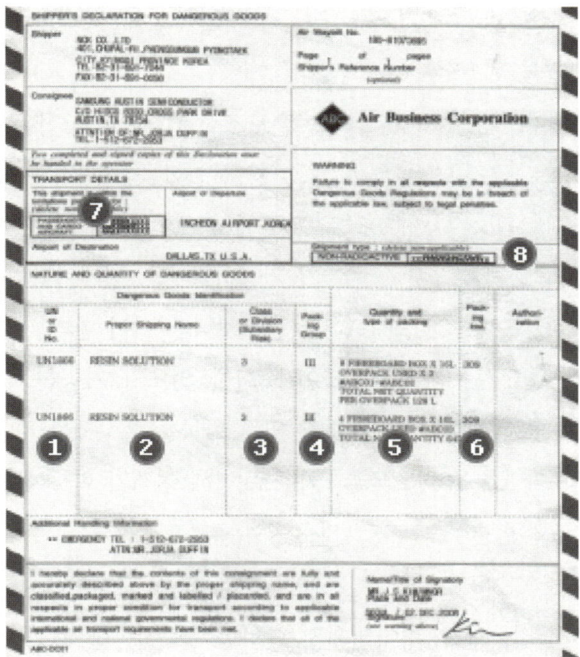

SHIPPER'S DECLARATION FOR DANGEROUS GOODS

Shipper

Consignee
SAMSUNG AUSTIN SEMICONDUCTOR

Air Business Corporation

TRANSPORT DETAILS

Airport of Departure: INCHEON AIRPORT KOREA

Airport of Destination: DALLAS.TX U.S.A.

WARNING
Failure to comply in all respects with the applicable Dangerous Goods Regulations may be in breach of the applicable law, subject to legal penalties.

Shipment type: NON-RADIOACTIVE

NATURE AND QUANTITY OF DANGEROUS GOODS

UN or ID No.	Proper Shipping Name	Class or Division (Subsidiary Risk)	Packing Group	Quantity and type of packing	Packing Inst.	Authorization
UN1866	RESIN SOLUTION	3	III	[illegible]	309	
UN1866	RESIN SOLUTION	3	III	[illegible]	309	

Additional Handling Information
** EMERGENCY TEL : [illegible]

I hereby declare that the contents of this consignment are fully and accurately described above by the proper shipping name, and are classified, packaged, marked and labelled / placarded, and are in all respects in proper condition for transport according to applicable international and national governmental regulations. I declare that all of the applicable air transport requirements have been met.

Name/Title of Signatory

Place and Date

Signature

❶ UN or ID No.
해당위험물의 고유번호

❷ Proper Shipping Name
UN/ICAO에 등록된 위험물의 정식명칭

❸ Class or Division
어떤 위험성을 가지고 있나?

❹ Packing Group
위험성의 정도

❺ Quantity and Type of Packaging
포장, 재질, 개수, 양

❻ Packing Instruction
해당위험물 포장에 관한 지침

❼ Cargo Air Craft Only or Not?

❽ Radio Active Material or Not?

③ Specialized FRESH

꽃, 과일, 수산물, 육류식품 등 적정온도 유지가 필요한 신선화물을 접수, 보관, 수송, 인도전 과정 동안 신선도를 유지, 관리하며 신속히 운송한다. 부패성 화물은 운송 중 부패변질 등으로 가치가 손상되기 쉬운 화물이므로, 전 구간 예약 확인 및 관련 지점의 시설 여부를 확인하는 것이 중요하다.

o 서비스 특징

자료 : Aircargo week
밸런타인데이에 9,000톤의 꽃을 운송하는 모습

온도조절 컨테이너를 사용하여 출발부터 도착까지 신선화물을 최적의 상태로 유지한다. -20℃에서 +20℃까지 최대 72시간 온도 유지가 가능하다. 단, 컨테이너의 온도 설정은 외부 온도보다 낮아야 한다. 비행편 도착 3시간 이내 화물 인도가 가능하고, 물기를 발생할 수 있는 화물은 흡수제를 사용하며, 두리안은 악취로 인해 여객기 화물에 탑재가 금지된다.

④ Specialized LIVE

애완용 동물부터 말, 돼지, 병아리까지 다양한 생(生)동물에 관하여 최적의 운송 서비스를 제공한다. 특히 온도조절과 공기순환 장치를 갖춘 신형 항공기를 이용하여 생(生)동물을 안전하고 건강하게 세계 각지로 수송하고 있다.

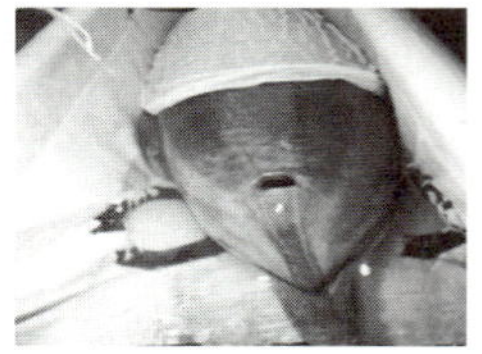

자료 : Sports world

생(生)동물 운송 사례(돌고래 / 일본 - 제주)

그러나 일부 생(生)동물은 안전과 동물보호 등의 이유로 운송이 금지되고 있다.

○ 설치류

- 항공기 안전을 위해 설치류 동물 운송을 금지하고 있다.
- 설치류 종류 : 쥐, 햄스터, 두더지, 다람쥐, 비버, 친칠라, 기니피그, 토끼 등
- 고슴도치, 족제비는 운송 가능

○ 영장류

- 멸종위기에 처한 동물보호를 위해 실험용 목적으로 운송되는 영장류 동물 운송을 금지하고 있다.
- 영장류 종류 : 원숭이, 오랑우탄, 침팬지 등
- 단, 동물원, 애완용 등 특수목적의 원숭이 수송은 가능

○ 상어 부산물

- 동물보호를 위해 상어지느러미 운송을 금지하고 있다.

○ 여객기 수송금지 생(生)동물

- 돼지, 염소, 양 : 악취 및 소음으로 인해 여객기로 운송될 수 없다.
- 뱀 : 승객들에게 혐오감을 줄 수 있으므로 여객기로 운송될 수 없다.

자료 : Air cargo news

말을 항공운송으로 이동하는 모습

⑤ Specialized SAFE

고가의 귀중화물이나 충격 · 진동에 민감한 화물을 접수에서부터 인도까지 안전하게 책임진다.

- 대상화물
  - 금, 보석류, 고가예술품 등 IATA TACT에 규정된 귀중화물
- 서비스 특징
  - 철저하게 봉인된 컨테이너를 사용하여 도난방지
  - 소형 귀중화물의 경우 운항승무원의 관리감독 아래 직접 조종실에 탑재되어 수송
  - 항공기 출발 전과 도착 후 화물인도 전까지, 화물창고의 별도 귀중품 보관소에서 안전하게 보관
  - 비행편 도착 3시간 이내 화물 인도 가능

⑥ Specialized WHEELS

고급 자동차, 테스트용 자동차와 같은 차량운송에 특화된 서비스를 제공한다.

자료 : The national
에미레이트항공이 자동차를 싣는 모습

- 대상화물
  - 자동차, 오토바이 등을 포함한 운송수단
- 서비스 특징
  - 전문가가 작성한 Car Check List를 기준으로 운송과정 중 화물상태를 수시로 확인

⑦ Specialized PHARMA

의약품 수송에 필요한 최적의 서비스를 제공한다. 운송 중 특정온도 유지를 위해 온도조절 특수컨테이너를 이용하며, 항공운송 전 · 후 지상 보관 시에도 저온유지 창고 보관 및 주기적 온도 확인 등 제품의 특성에 맞는 서비스를 제공한다. PHARMA

1~3으로 분류하며, PHARMA1의 대상화물과 서비스 특징은 다음과 같다.

- 대상화물
  - 백신, 실험실용 시약, 혈청, 혈장 등 온도변화에 민감하여 운송 전구간에서 특정온도가 지속 유지되어야 하는 의약품에 적합한 상품
- 서비스 특징
  - 온도설정 및 조절 기능이 있는 컨테이너E Type를 이용하여 운송 전구간 최적의 온도 유지
  - 0~20℃까지 최대 100시간 동안 온도유지 가능
  - 특히, 냉장상태(2~8℃)를 유지해야 하는 의약품 운송을 위한 최적의 솔루션
  - 터미널 내 보관 시 5시간마다 컨테이너 내부온도, 전원상태를 확인하며, 홈페이지를 통해 보관상태를 직접 확인

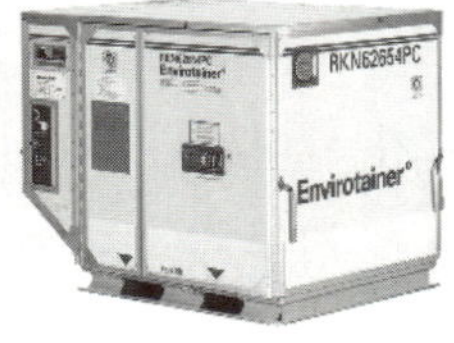

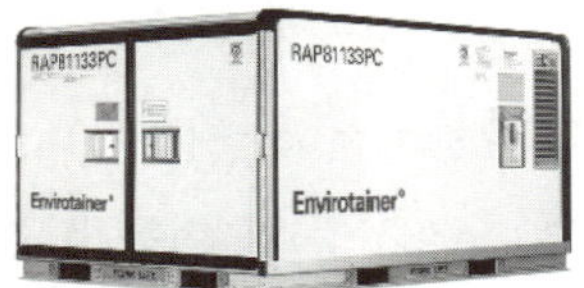

자료 : 대한항공 Cargo

온도조절 컨테이너

⑧ 일반화물General

- 일반화물을 대상으로 출발지 공항에서 도착지 공항까지 안정적인 수송을 보장하는 대한항공의 표준 운송서비스
- 숙련된 대한항공 화물 전문가를 통해 출발지 공항에서 도착지 공항까지 최적화된 운송서비스 제공
- Express, Customized, Specialized 제외한 모든 일반화물 대상으로 이용 가능
- e-Tracking서비스를 통해 화물의 출발에서부터 최종 인도까지 시행 간으로 운송정보 확인 가능

04 항공화물운송의 주요 장비와 단위탑재용기

1) 화물기

화물기Cargo Aircraft는 화물운송을 하는 항공기로, 화물기를 운항과 동시에 화물운송 업무를 수행하는 기업이 화물 항공사를 운영하고 있다. 수송기로 칭하지만, 이 호칭은 군용과 민간용 모두 사용된다. 화물기의 호칭은 민간항공만 이용되고 있다.

화물기에는 노즈 도어Nose Door, 측면 도어Side Door, 앞쪽 도어FWD Door, 뒷쪽 도어AFT Door, 벌크 도어Bulk Door를 통해 화물을 탑재하고 있으며, B747-400의 ULD 탑재 능력은 본실Main Deck에 30개, 하실Lower Deck에 32개이다. 화물탑재가 가능한 항공기는 화물실의 구조에 따라, 객실 구조Cabin Configuration에 따라 구분할 수 있다.

(1) 화물실의 구조에 따른 분류

항공기 하실Lower Deck에 ULD 탑재 가능 여부에 따라 광동체Wide Body(B747, B777, A300, A330, A380 등)와 협동체Narrow Body 항공기로 구분한다. 또한 객실Cabin 내의 통로 개수에 따라 구분할 수 있으며, 광동체 항공기의 경우 두 개의 통로가, 협동체 항공기에는 한 개의 통로가 있다.

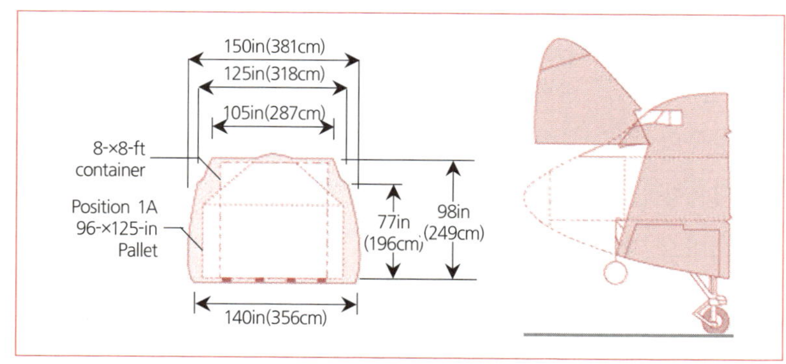

자료 : Cargolux

B747F Nose도어

(2) Cabin Configuration에 의한 분류

- 화물전용기All Cargo Aircraft : 승객 이외에 화물만이 탑재되는 항공기
- 여객기Passenger Aircraft : 승객 및 이에 동반되는 수하물과 화물이 탑재되는 항공기
- 화물혼용기Combination Aircraft : 승객이 탑승하는 Main Deck 일정 부분에 화물이 탑재되는 항공기

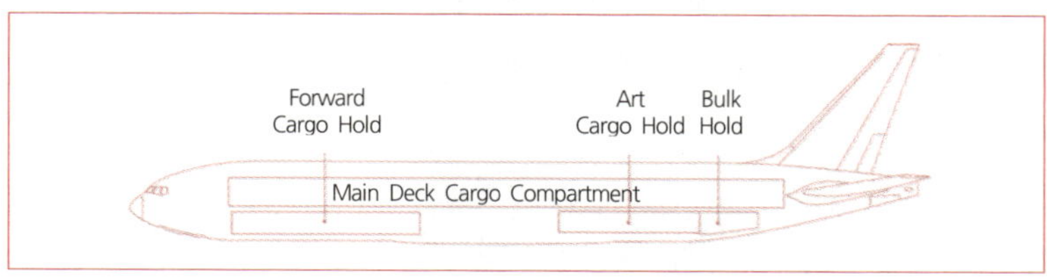

자료 : 대한항공 카고

B777F Cargo Compartment

2) 주요 장비

항공화물운송을 위한 주요 장비는 물류창고와 화물터미널에서 다루는 창고장비와 램프에서 조업을 위한 지상장비로 나눌 수 있으며, 세부 내용은 다음과 같다.

(1) 창고장비

명 칭	장 비	내 용
Scissors Lift		Truck Dock Motor Roller Deck : ULD 단위 접수된 화물의 반입 및 반출 설비
Truck Dock Leveler		Skid & Loose PCS Truck 상 · 하차 지원 설비

명 칭	장 비	내 용
By-pass		ULD 단위로 접수된 화물을 Land Side에서 Ramp Side로 반출하는 설비
Work Station		화물의 Build-up 및 Break-down 작업을 하는 설비
E.T.V Rack		ULD CTNR 및 Pallet를 보관하는 설비
T.V (Transfer Vehicle)		ULD 단위화물을 수평 이동시키는 설비
E.T.V (Elevating Transfer Vehicle)		ULD 화물을 수평/수직 이동시키는 설비

(2) 지상장비

명 칭	장 비	내 용
Nose Tethering		항공기 Tipping 방지를 위해 Nose Gear에 설치하는 장비
Tail Stanchion		항공기 Tipping 방지를 위해 항공기 후미에 설치하는 장비
Step Car		항공기 Remote 주기 시 승객 승 · 하기에 사용
Tug Car		수화물 또는 화물을 Dolly 등을 이용하여 견인하는데 사용
Lavatory Truck		항공기 기내 오물처리 시 사용하는 장비

명 칭	장 비	내 용
Potable Water Truck		항공기 기내에 식수를 넣어주는 장비
Air Conditioning Unit		항공기 기내에 온기나 냉기를 넣어주는 장비
De-Icing Truck		항공기 제빙 및 방빙(Anti-Icing)을 하는 장비
Refueler		램프의 급유 피트로부터 A/C에 항공유를 공급

명 칭	장 비	내 용
G.P.U (Ground Power Unit)		항공기 지상주기 시 전원공급 장치
A.S.U (Air Start Unit)		항공기 엔진에 공기를 주입하여 시동을 원활하게 하는 장비
Cargo Conveyor		항공기 Bulk에 탑재된 수화물의 상 · 하역 시 사용
L.D.L (Lower Deck Loader)		항공기의 Low Deck 화물의 상 · 하역 시 사용
M.D.L (Main Deck Loader)		항공기의 Main Deck 화물의 상 · 하역 시 사용

명 칭	장 비	내 용
Towing Bar		항공기 Push Back 및 견인 시 Towing Tractor와 항공기를 연결
Towing Tractor		항공기 Push Back 및 견인 시 사용하는 장비

자료 : 대한항공 Cargo 홈페이지

항공화물을 운송하는데 있어 이러한 장비는 매우 중요하다. 특히 항공기 무게 균형의 불일치로 항공기가 앞바퀴를 공중에 들고 후미가 땅바닥에 붙이게 되는 항공기 테일 팁핑Tail Tipping은 상당히 위험하다.

자료 : iasa-intl.com

후미가 주저앉은 항공기

3) 단위탑재용기

ULDUnit Lad Device : 단위탑재용기란, 항공화물을 단위화하기 위해 제작된 용기를 말한다. 영화나 TV 등에서 공항 내 항공기 계류장을 보면, 항공기 주위에 수하물이나 화물을 적재한 사각형 모양의 탑재용기들을 보게 된다. 소형기를 제외한 모든 항공기는 항공안전과 내용물의 보호, 그리고 작업의 용이함과 신속함을 위해 이러한 단위탑재용기ULD에 화물을 실어 이를 탑재한다.

ULD는 대부분 알루미늄 합금으로 제작되며 그 재질과 규격, 제작기술 등은 항공기의 안전에 직결되기 때문에 국제민간항공기구 및 국제항공운송협회에서 엄격하게 기준을 정하여 검증을 거쳐 제작 및 운영되고 있다. 이러한 ULD는 그 모양에 따라 팔레트류와 컨테이너류로 나누어지는데, 팔레트는 일정한 바닥 면적을 가진 사각형의 판으로써 그 위에 일정 높이의 화물을 작업한 후 그물을 쳐서 마무리하는 형식이다. 컨테이너는 아예 일정한 바닥 면적에 일정한 높이와 각도를 가진 사각형의 집 모양으로 내부에 화물을 작업한 후 문짝을 닫는 형식이다.

ULD는 항공기 기종에 따라 탑재되는 종류와 수량이 각기 다르며, 그날그날 화물의 성격과 물량 등에 따라 탑재관리사가 사용 종류와 개수를 결정해 운영한다. 팔레트의 대당 수입가격은 120여만 원이며, 컨테이너는 160여만 원이다. 아시아나항공의 경우 현재 9,000여 개의 ULD를 보유하고 있다.

대량의 낱개화물 운동에 ULD를 사용함으로써 화물의 멸실 또는 훼손을 방지하는

ULD 사용에 따른 장 · 단점

장 점	단 점
지상조업시간 단축에 따른 항공기 가동률 제고	고가의 투자비용
악천후 도난, 파손으로부터 화물 보호	ULD 자체중량으로 인해 Payload 탑재량 제한(대형 항공기의 경우 약 100톤의 화물중량 탑재 / 이중 30여 개의 ULD 무게가 5톤)
대형 및 특수화물 수송 가능	사용 후 회수상의 문제(타 항공사에 빌려주기도 하고, 대리점에 빌리기도 하여 관리에 어려움)
신속한 화물작업 가능(시간이 생명인 화물 : Fresh 상품, 신문)	불완전한 기종 간 호환성(모든 Wide Body에 탑재되는 것이 아님)

효율성 외에, 화물의 조업시간을 현저히 단축할 수 있어 항공기의 가동률을 높이는 기능을 한다. 이러한 ULD 사용에 따른 장·단점은 위의 표와 같다.

화물의 종류가 다양하므로 여러 종류의 ULD가 활용된다. ULD는 IATA 기준으로 영문과 숫자를 혼용하여 9Digit Code를 부여한다(예 : AKE20072KE).

(1) 컨테이너Container : CTNR

항공기 화물실 Contour에 맞게 제작되어 화물실 공간을 최대한 활용할 수 있도록 제작된 단위탑재용기이다. 주로 알루미늄이나 유리섬유로 만들어지며, 용도에 따라 Main Deck CTNR와 Lower Deck CTNR로 나눌 수 있다.

(2) 팔레트Pallet : PLT

금속으로 된 평판으로서 그 위에 화물을 작업한 후 망Net 또는 이글루Igloo(밑바닥이 없는 형태로 알루미늄과 유리섬유로 만들어진 항공화물 특수 덮개)를 사용하여 작업된 화물을 고정한다. 이렇게 작업된 팔레트를 항공기에 탑재하여 화물실 바닥에 장치된 안전장치Restraint 시스템을 사용하여 항공기에 고정한다.

자료 : www.ctisystems.com

팔레트에 화물을 적재하는 모습

(3) 특수단위탑재수송용기ULD

화물의 특성에 따라 특별히 취급해야 할 필요가 있는 경우에 사용되는 ULD이다.

• Car Transporter

• Horse Stall
• 말 수송 전문 컨테이너, 최대 3마리

• Kooltainer
• 온도조절 가능 ULD(섭씨 -20℃부터 +15℃까지 조정 가능)

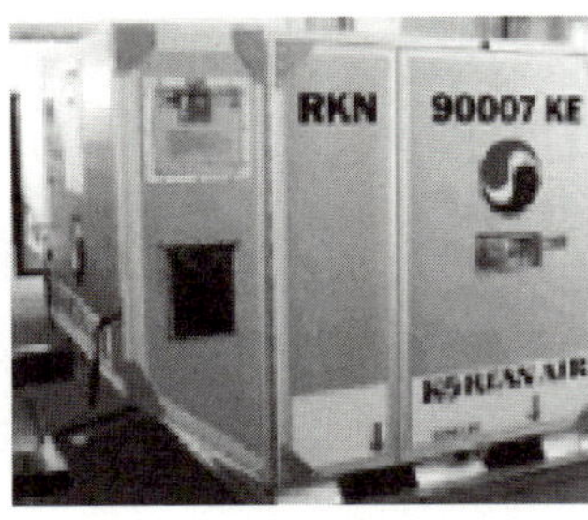

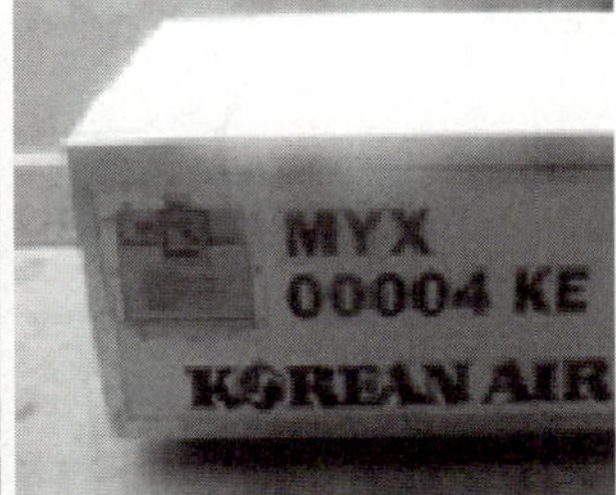

• GOH(Garment On Hanger)

특수단위탑재수송용기(ULD)

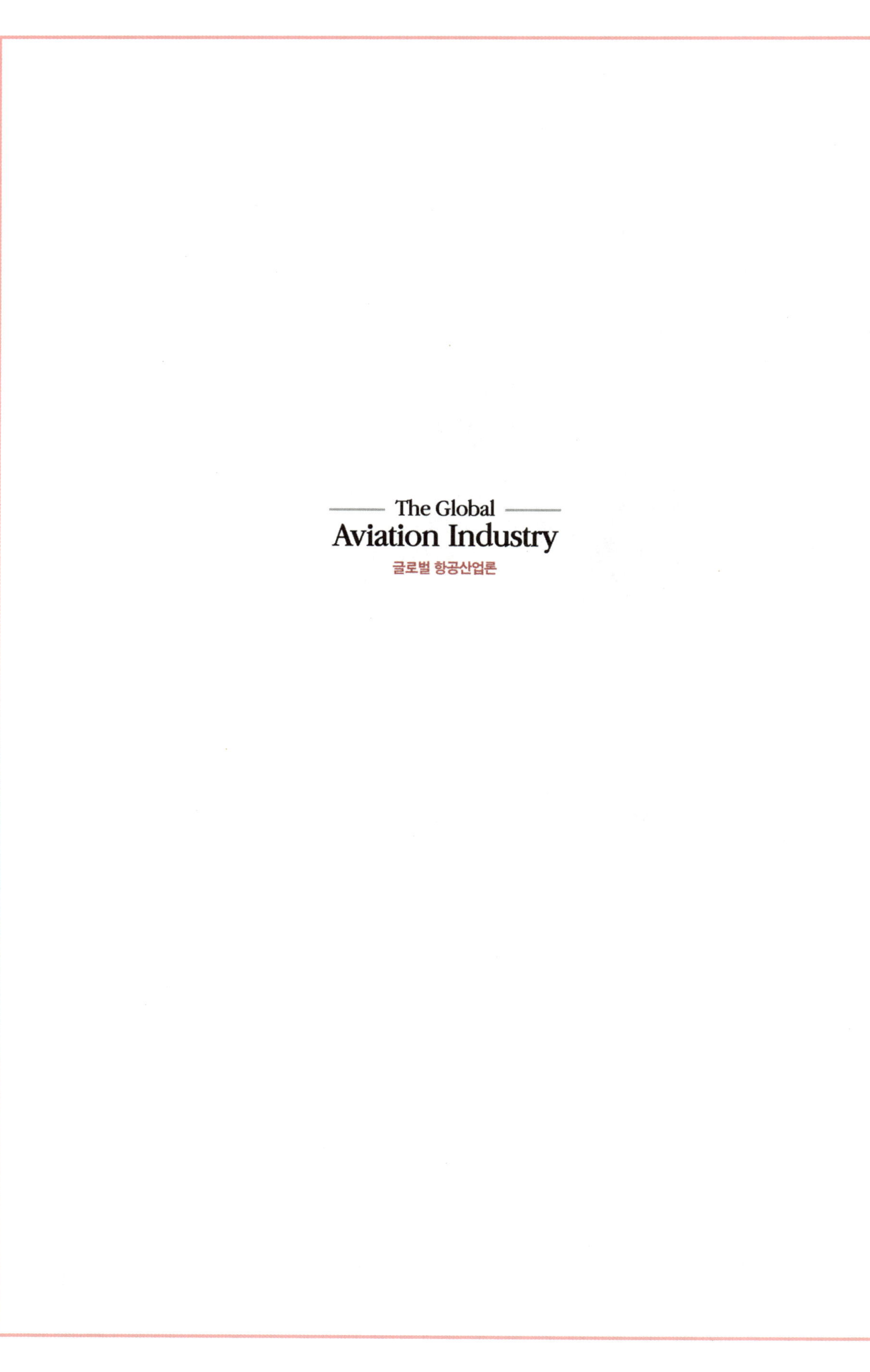
The Global
Aviation Industry
글로벌 항공산업론

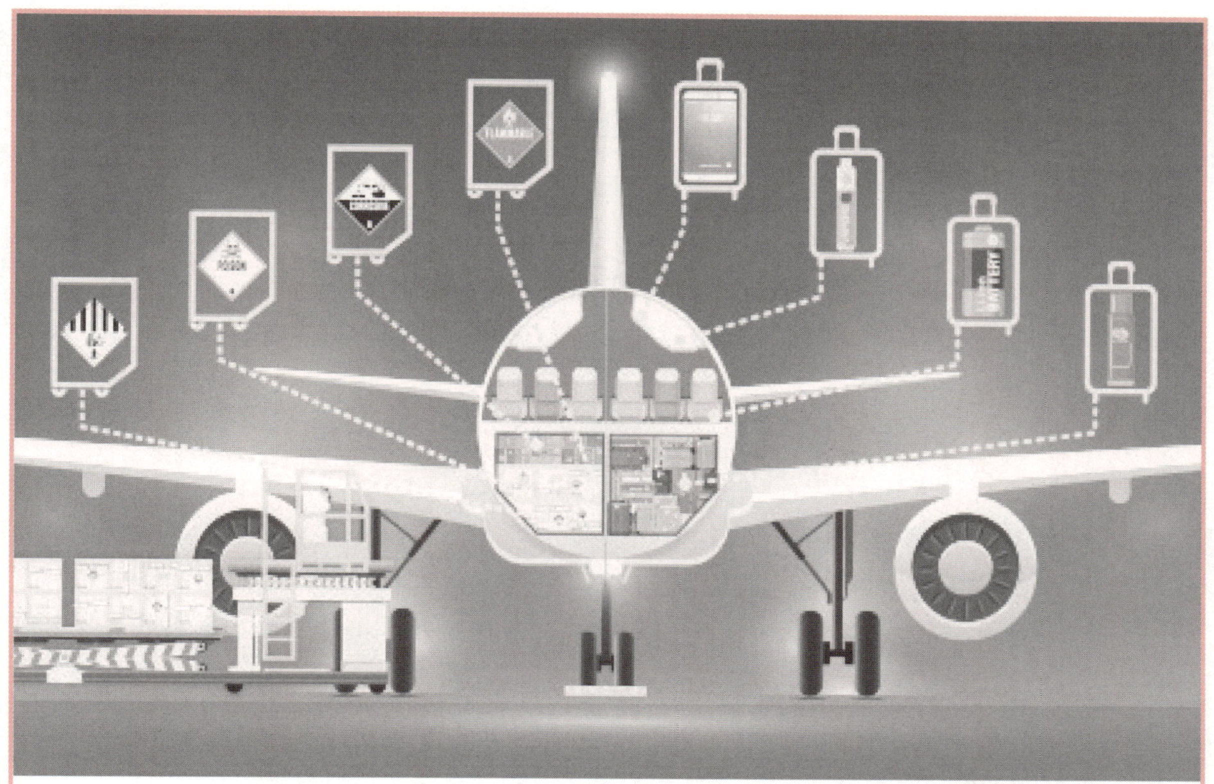

STOP. THINK. CHECK.
멈추고, 생각하고, 체크하라.

– IATA 국제항공운송협회 –

CHAPTER 10 항공위험화물서비스

학습목표

1 위험물의 정의와 위험물 관련된 사고발생 시 처리 절차에 관하여 이해하고 설명할 수 있다.
2 위험물 Class 1부터 Class 9까지 분류할 수 있으며, 세부내용을 설명할 수 있다.
3 화학물질 등에 관한 라벨링과 취급방법에 관하여 이해하고 설명할 수 있다.
4 승객과 승무원에 관한 위험물 규정과 예외 규정에 관하여 이해하고 설명할 수 있다.

01 항공위험물과 사고처리 절차

1) 항공위험물

(1) 항공위험물의 정의

항공위험물Dangerous Goods, 이하 위험물이란, 국제민간항공기구 부속서 18 및 「항공법」에 따르면 폭발성, 독성, 부식성, 인화성 가스 혹은 증기를 방출할 가능성이 있어 사람이나 항공기에 해를 입힐 수 있는 물질 또는 물품을 의미한다. 또한 위험물은 「항공법」에서 정한대로 위험물임을 신고하고 포장, 표기 및 그 밖에 엄격한 절차에 따라 운송이 되어야 하며, 위반 시 2천만 원 이하의 벌금 또는 과태료에 처할 수 있다.

위험물은 일반화물로 수속 시 제한된 양으로 탑재될 수 있으나, 객실 내 탑재는 운항기술 기준에 의해 엄격히 규제되고 있다. 위험물 취급 정책은 위험물 취급 업무의 효율적 수행을 위한 제반 기준을 제공하는데 있으며, 항공기 탑재 및 관리 업무에 종사하는 직원들은 본 위험물 취급 절차 기준을 준수하여 업무를 수행해야 한다.

(2) 항공위험물의 확인 및 보고

위험물에는 식별 가능한 분류 표시(위험물 표식 참조)를 부착해야 한다. 이들 각각의 분류 표시는 위험물의 내용을 나타내며, 분류 표시가 부착된 위험물은 객실 내 반입이 금지된다.

객실승무원은 승객이 위험물 표식이 부착되지 않은 위험물을 반입할 가능성이 있으므로, 승객 탑승 시 다음과 같은 기준에 의해 의심스러운 물질을 발견했을 경우나 위험물 표식이 부착된 짐을 발견했을 경우 승객에게 내용물 확인을 요청하고 위험물일 경우 즉시 기장에게 연락해야 한다.

- 한쪽으로 무게 중심이 쏠리거나 적절하게 봉합되지 않아 내용물이 흘러나올 가

능성이 있는 물건
- 무엇인가 누출된 것 같은 현상이 관찰되는 물건
- 이상스럽고 의심스러운 냄새가 나는 물건
- 의심스러운 손상 혹은 누출

객실이 아니라 화물칸에 탑재된 위험물이 손상 혹은 누출되었을 경우, 객실 바닥에서 고열, 연기, 증기 현상이 나타날 수 있다. 비행 중 객실 바닥에 이상징후가 나타나면 즉시 기장에게 연락해야 한다.

(3) 숨겨진 위험물

항공사의 접수 직원은 일반화물처럼 보이는 위험물을 확인하고 찾아낼 수 있는 적절한 교육을 반드시 받아야 한다. 일반화물 이름으로 선언된 화물이라도 위험물을 포함할 수 있다(예 : 예비 구명정의 실린더, 배터리, 리튬베터리, 다이빙장비, 캠핑장비)

(4) 기내 위험물

항공기의 안전과 서비스를 위해서 위험물 중 일부 품목은 항공기에 탑재된다. 이는 예외항목으로 두고 있지만, 객실승무원은 이러한 물품의 목록과 위치, 위험성에 관해 알고 있어야 한다.

구 분	목 록	위험성
안전용품	소화기	압축가스를 포함하고 있다.
	휴대용 산소통	압축산소가 포함되어 있다.
	산소발생기	감압 시 산소를 제공하는 산소발생기에는 열생성 화학물질이 포함되어 있다.
	PBE	소방용으로 사용되는 PBE는 화학물질을 포함하고 열을 발생시킨다.
	컴퓨터 및 기내 엔터테인먼트 장치	리튬배터리가 종종 포함된다.
서비스용품	알코올음료	인화성 액체이다.
	향수	
	드라이아이스	단단한 이산화탄소이며, 예열될 경우 산소를 이산화탄소로 바꾼다.

2) 항공위험물 관련 사고처리 절차

객실 내에서 위험물이 누출되는 사고가 발생하면 기장에게 보고하고, 위험물을 식별하여 조치한다.

(1) 화재 시

표준 화재진압 절차를 적용하며 진압 시 물사용 가능 여부를 확인한다.

(2) 위험물이 손상 또는 누출되었을 경우

UPK 내에 있는 외과처치용 장갑, 끈, 생물학적 위험물을 담는 백Bio-hazard Bag 등을 준비하고 외과처치용 장갑과 산소공급이 가능한 호흡보호장비 또는 마스크를 착용한다. 이후 사고 위치로부터 안전한 장소로 승객을 대피시키고, 승객들에게 젖은 수건이나 헝겊을 배포하여 호흡기를 보호하게 한다. 또한 생물학적 위험물을 담는 백에 담고 안전한 곳에 격리한 후 전 승무원에게 전파한다. 그리고 위험물에 의해 오염된 좌석이나 바닥은 위험물과 동등하게 고려하여 대처해야 하며, 위험물에 의해 오염된 좌석이나 바닥을 담요 등으로 덮는다.

비행하는 동안 정기적으로 격리해 놓은 위험물과 오염 지역을 점검하고, 착륙한 이후 운송직원에게 사고 및 대처사항을 구체적으로 통보한다. 사용된 비상장비의 교체를 위해 객실이상 상황목록 & 메모CDLM에 기록한다.

02 항공위험물의 분류

위험물은 항공운송 중 위험을 초래할 수 있으므로, 승객 및 항공기의 안전을 위해서 기내반입 또는 위탁수하물로 탁송이 금지되어 있으며, IATA Dangerous Goods

Regulations(DGR) 및 ICAO Technical Instructions(TI)에 의해서 제한적으로 화물로 운송할 수 있다. 위험물은 「항공법」에서 정한 대로 위험물임을 신고하고 포장, 표기 및 그 밖에 엄격한 절차에 따라 운송되어야 하며, 위반 시 2천만 원 이하의 벌금 또는 과태료에 처할 수 있다.

위험물은 그 특성 및 종류에 따라 아래의 9가지 클래스Class로 구분한다.

1) Class 1 : 폭발성 물질

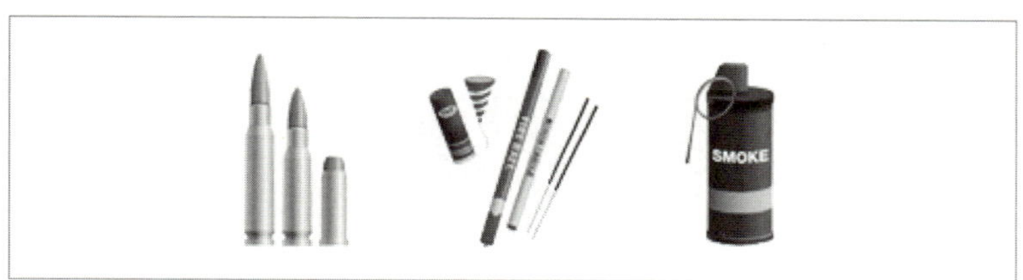

폭발물(Explosives) : 탄약, 폭죽, 연막탄

6개의 Division으로 구분하며 Division 1.4는 제한적으로 운송할 수 있으나, 대부분 운송이 금지되어 있다. 법령에 의거 별도로 허가된 이외의 자가 소지 또는 휴대하는 무기 또는 화약, 폭죽, 탄약이며 스포츠용 및 경호용 총기류는 실탄을 분리하여 승인된 경우 위탁수하물 처리가 가능하다.

Division & IMP Code	위험 라벨	설 명
Explosive Division 1.1 REX	1.1	대폭발 위험성이 있는 물질 및 제품
Explosive Division 1.2 REX	1.2	사출 위험성은 있으나, 대폭발 위험성이 없는 물질 및 제품

Division & IMP Code	위험 라벨	설 명
Explosives Division 1.3 REX RCX RGX	1.3	화재 위험성, 미약한 사출 및 폭발 위험성은 있으나, 대폭발 위험성은 없는 물질 및 제품
Explosive Division 1.4 REX	1.4 Explosive F	중대한 위험성이 없는 물질 및 제품
Explosive Division 1.5 REX	1.5 D	대폭발 위험성을 가지고 있으나, 매우 둔감한 물질 및 제품
Explosive Division 1.6 REX	1.6 N	대폭발 위험성이 없는 극도로 둔감한 물질
Explosives Division 1.4 RXB RXC RXD RXE RXG	1.4 Explosive B C D E G	DGR 3.1A 상의 Compatibility Group에 의해 구분되는 물질
Explosives Division 1.4 RXS	1.4 Explosive S	심각한 위험성이 표출되지 않으며, 사고 발생 시에도 그 효과의 범위가 포장 내부로 한정되는 물질

2) Class 2 : 액화, 고체, 압축, 냉동가스 등 가스류

폭발가스류(Gases) : 가스라이터(휴대만 가능), 에어로졸, 캠핑가스, 부탄가스, 소화기, LPG

3개의 Division으로 구분하며 독성가스 대부분은 운송이 금지된다. 내용물이 충전된 휴대용 부탄가스 캔, 각종 스프레이 캔, 수중스쿠버 공기통, 산소 캔 등이다. 수중스쿠버 공기통은 공기를 완전히 빼낸 빈 실린더임이 확인되면 위탁수하물 처리가 가능하다.

Division & IMP Code	위험 라벨	설 명
Flammable Gas Division 2.1 RFG	2	특정비율로 공기와 혼합되었을 경우 인화성 혼합물을 생성하는 압축가스
Non Flammable Non Toxic Gas Division 2.2 RNG RCL	2	비인화성 & 비독성 가스
Toxic Gas Division 2.3 RPG	2	사람에게 독성과 부식성을 가지고 건강을 위협할 수 있는 가스

3) Class 3 : 인화성 액체

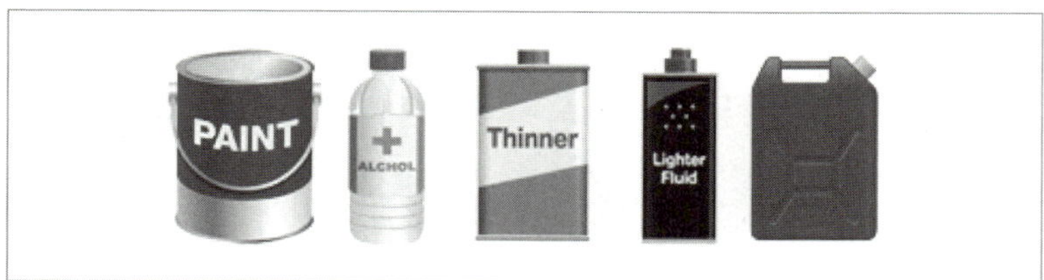

인화성 액체(Flammable Liquids)

Division 구별은 없으며 Packing Group으로 구분한다. 항공기로 운송되는 위험물의 약 70%를 차지한다. 다량의 라이터 또는 성냥, 라이터용 연료, 딱성냥, 페인트, 시너, 석유버너, 램프 등 캠핑장비 등이 있다. 캠핑용 장비는 내용물(연료)을 완전히 제거시키고 충분히 건조시킨 후 위탁수하물 처리가 가능하다.

Division & IMP Code	위험 라벨	설 명
Flammable Liquid Class 3 RFL	3	인화성 액체(Closed-cup 조건에서 발화점이 섭씨 60℃ 이하인 액체물)

4) Class 4 : 인화성 고체

인화성 고체(Flammable Solids)

자연발화성 물질로 물과 접촉 시 인화성 가스를 방출하는 물질로 3개의 Division으로 구분한다.

Division & IMP Code	위험 라벨	설 명
Flammable Solid Division 4.1 RFS		인화성 고체 (Self-reactive Substance, Polymerizing Substances, Solid Desensitized Explosives)
Spontaneously Combustible Division 4.2 RSC		자연발화성 물질 (Substances Liable to Spontaneous Combustion)
Dangerous When Wet Division 4.3 RFW		물과 접촉 시 자연적으로 발화하거나 인화성 가스를 위험할 정도로 배출하기 쉬운 물질 (Substances Which, in Contact with Water, Emit Flammable Gases)

5) Class 5 : 산화제(표백제 등)

산화성 물질(Oxidizing Material) : 표백제, 락스, 파마약

산화물질, 유기과산화물로 2개의 Division으로 구분한다.

Division & IMP Code	위험 라벨	설 명
Oxidizer Division 5.1 ROX		산화물질 : 물질 자체가 연소하지 않을 수 있지만, 산소를 발생시킴으로써 다른 물질의 연소를 돕는 물질
Organic Peroxide Division 5.2 ROP		유기과산화물 : 열적으로 불안정하여 발열성의 자기가속분해가 진행될 수 있는 물질

6) Class 6 : 독성 및 전염성 물질(독극물, 최루가스 등)

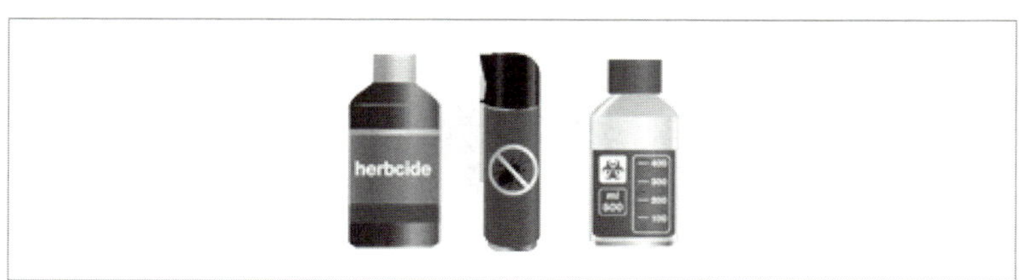

독성 및 전염성 물질(Toxic and Infectious Items) : 제초제, 살충제, 전염성 물질

독성 물질, 전염성 물질로 2개의 Division으로 구분한다.

Division & IMP Code	위험 라벨	설 명
Toxic Substance Division 6.1 RPB		독성 물질로 사망 또는 상해를 입힐 수 있으며 복용, 흡입, 피부접촉으로 건강에 해를 줄 수 있는 물질
Infectious Substance Division 6.2 RIS		감염성 물질로써 사람이나 동물에게 질병을 일으킬 수 있는 병원체를 가지고 있을 것으로 추정되는 물질

7) Class 7 : 방사능 물질(방사성 동위원소가 포함된 기구 등)

방사성 물질(Radioactive Materials) : 방사성 동위원소, 방사선 투과검사장비

Division은 없으며 3개의 Category로 구분한다.

Division & IMP Code	위험 라벨	설 명
Radioactive Class 7 Category Ⅰ RRW		최대 표면 방사선량 = 0.005mSv/h 이하 / TI = 0
Radioactive Class 7 Category Ⅱ RRY		최대 표면 방사선량 = 0.005mSv/h 초과 0.5mSv/h 이하 / TI = 0 초과 1 이하
Radioactive Class 7 Category Ⅲ RRY		최대 표면 방사선량 = 0.5mSv/h 초과 2mSv/h 이하 / TI = 1 초과 10 이하

8) Class 8 : 부식성 물질

부식성 물질(Corrosive Materials) : 빙초산, 습식 배터리, 수은온도계

부식성 물질로서 Division은 없다. 접촉 시 피부조직을 파괴하거나 다른 물질에 부식을 야기하는 물질이다. 산성·알칼리성 물질, 수은, 수은을 포함한 온도계, 자동차 및 오토바이 배터리 등의 습식 배터리 등이 있다.

Division & IMP code	위험 라벨	설 명
Corrosive Material Class 8 RCM	8	인간의 피부조직을 완전히 파괴하거나 다른 물질에 심각한 부식을 일으키는 액체나 고체 물질

9) Class 9 : 기타

기타 위험성 물품 및 물질(Miscellaneous Dangerous Substance & Articlecle) : 일회용 리튬전지, 전자기기용 여분의 충전식 리튬이온전지, 드라이아이스, 전자담배, 연료전지

자기성 물질, 석면, 포르말린 등 유해 / 자극적 물질, 기타 탑승객 및 승무원, 항공기와 탑재물에 위험을 줄 가능성이 있는 품목, 기타 IATA DGR과 ICAO TI에 따라 항공운송이 금지되는 물품이다.

DGR 분류상 다른 클래스에 분류되지 않으나 위험성을 가지고 있는 물질이다. 리튬배터리는 많은 전자장치에 설치되어 있고 쉽게 분리할 수 없는 경우도 잦다. 작은 노트북의 배터리가 객실이나 화물칸에서 화재를 일으킬 수도 있으며, 승객의 전동휠체어의 경우 충전시간이 오래 걸려 적은 무게로 오래 사용 가능한 리튬배터리로 바꾸는 경향이 증가하고 있다.

최근 IATA는 항공사, 공항 및 규제 당국과 협력하여 리튬배터리를 안전하게 항공기에 적재할 수 있는지와 각 항공사가 안전하게 처리할 수 있도록 확인하고 있다.

Division & IMP Code	위험 라벨	설 명
Miscellaneous Dangerous Goods Class 9 RMD		분류상 다른 클래스로 분류되지 않으며, 항공 운항 중에 위험성이 표출될 수 있는 물질로써, 승무원들의 업무를 저해할 수 있는 액체나 고체 물질
Polymeric Beads Class 9 RSB	9	공정과정에서 인화성 액체나 기체가 산출될 수 있는 과정이 진행 중인 중합체 물질, 적은 양의 인화성 기체를 발생시키는 물질
Carbon Dioxide Solid(Dry Ice) Class 9		ICE Carbon Dioxide, Solid(Dry Ice)는 섭씨 -78.5℃에 승화하며 그 가스가 혈중 이산화탄소를 비정상적으로 높일 수 있는 위험성을 가지고 있는 물질
Lithum Batteries Class 9 RLI, RLM	9	리튬배터리 물질

10) 위험물 핸들링 라벨

위험물에는 적절한 취급 라벨이 붙는다. IATA는 위험물을 취급하는 모든 직원이 위험물 취급 자격증DG Diploma을 이수하도록 권고하고 있다.

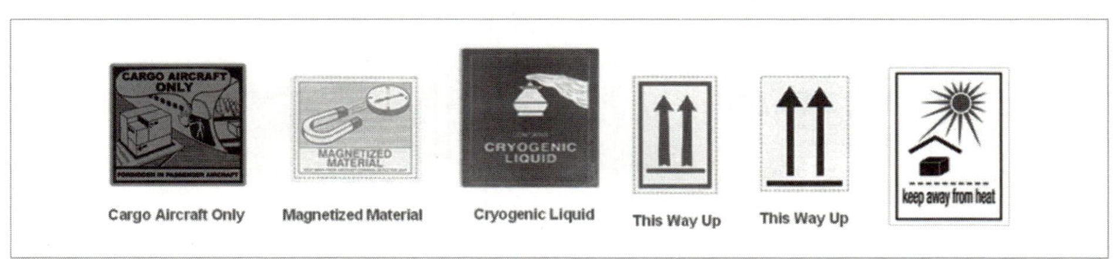

위험물 핸들링 라벨

03 GHS 라벨

1) GHS 라벨

GHSGlobally Harmonized System of Classification and Labeling of Chemicals는 화학물질의 분류 및 표지에 관한 세계조화시스템을 말하며, GHS 라벨이 붙어있는 화물은 위험물일 수 있다. GHS는 경고표지와 신호어, 유해 위험문구로 구성된다. GHS 라벨이 정확하게 선언되었다면, 위험물 여부 확인이 가능하다.

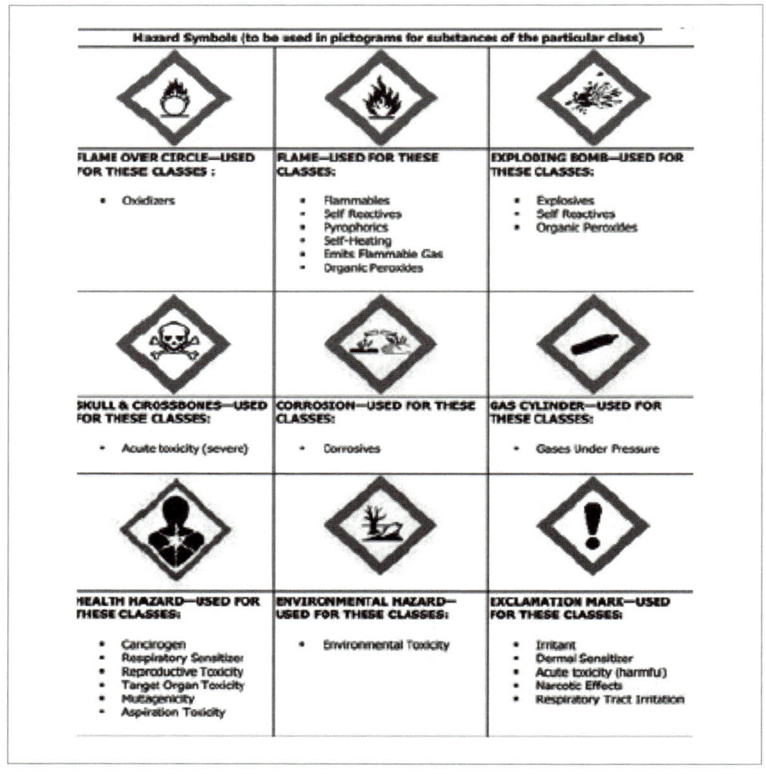

GHS의 예

GHS시스템의 구성은 다음과 같다.

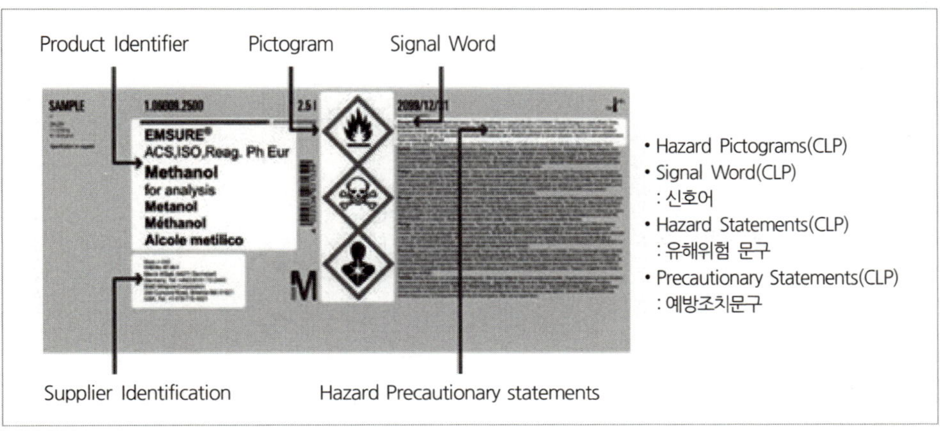

GHS시스템 구성

2) 마킹과 라벨링

위험물 운송에서 정확한 마킹Marking, 표시과 라벨링Labelling, 표찰은 매우 중요하다. 정확한 마킹과 라벨링은 각 포장용기가 어떤 위험물을 얼마나 많은 양을 담고 있는지 표시해 주고, 운송과정에 있어 위험물을 취급하는 모든 사람에게 관련 정보를 전달해 준다. 마킹과 라벨링의 정보에 따라 위험물 운송에 관계된 모든 사람은 적절한 해당 위험물에 관하여 적절한 취급을 할 수 있다.

(1) 마킹Marking과 라벨링Labelling

- 위험물 포장의 내용물이 어떤 것인지를 알려줌
- 위험물 포장기준에 일치한다는 것을 나타냄
- 위험물 포장의 안전한 취급과 저장을 위한 정보를 제공
- 위험물의 성질을 알려줌

(2) 마킹Marking

각각의 위험물 포장물과 보호재Overpark에는 반드시 아래의 사항은 명확히 표시한다.

① 기본 마킹사항

- 배송명Proper Shipping Name(S)
- 적합한 UN or ID Number
- 화주와 수취인의 이름과 주소

② 부가적인 마킹사항의 예

Class 2	냉동액화가스	"KEEP UPRIGHT", "DO NOT DROP-HANDLE WITH CARE" "THIS WAY UP" Label
Division 6.2	전염성 물질	책임자의 이름과 전화번호
UN3373	생물학적 물질 부류 B	Biological Substance Category B

(3) UN 마킹 – 규격 포장용기

UN 마킹은 반드시 UN 규격 포장이 사용될 때마다 마킹되어야 한다.

(4) 소량 위험물이 들어있는 포장물

'Y' 포장 지침을 사용하는 소량 위험물이 들어있는 포장물은 반드시 아래와 같은 'Limited Quantity Mark'를 해야 한다.

(5) 회수용 포장용기Salvage Packaging의 마킹

위험물을 담고 있는 포장용기가 손상, 결함 또는 누출 등이 생겼을 경우, 그 포장물을 회수 또는 처리할 목적으로 사용되는 횟수용기에는 'SALVAGE'라는 마킹Marking이 있어야 한다.

(6) 빈용기Empty Packaging의 마킹

Class 7. 방사능을 제외하고 이전에 위험물을 수납했던 포장용기에는 그 위험물에 요구되는 것과 같은 마킹Marking이 있어야 한다. 단, 다음의 경우에는 그러하지 아니 한다.

- 모든 위험성이 없어지도록 위험물의 잔류물을 충분하게 씻고 증기를 배출시킨 경우
- 비위험물질이 주입된 경우

(7) 추가 마킹사항

포장 화물의 취급 또는 저장시의 주의사항을 나타내는 추가의 표시 또는 기호(예를 들면, 포장화물이 건조 유지되어야 함을 나타내는 우산 모양의 그림)도 포장 화물상에 아래와 같이 마킹Marking할 수 있다.

04 승객과 승무원에 관한 항공위험물 규정

61st Edition(Effective 1 January 2020)

1) 규정

IATA 위험물 규정 설명서에는 승무원과 승객의 위험물 운송에 관한 제한사항이 나와 있다. 위험물은 별도 예외 규정을 제외하고 승객 또는 승무원은 수하물로 가져가거나 운반하지 않아야 한다. 즉 이 제한(IATA 2.3A)은 화물칸, 기내 혹은 두 곳 모두에서 운반할 수 있는 위험물의 양을 줄임으로써 위험을 낮추는 데에 목적이 있다. 승무원이나 승객의 위험물 운송에 있어 물품을 모두 나열하기는 어렵지만, 일반적인

항목이 있다.

다음의 IATA 위험물 제한표는 승무원과 승객이 가장 많이 휴대하는 위험물 항목과 그 제한사항에 관한 것이며, 객실승무원은 〈표〉에 있는 모든 항목을 알아야 하며 바뀌는 규정을 수시로 업데이트하여 반입이 금지된 품목이 운반되는 것을 막거나 그 양을 조절할 수 있어야 한다.

(1) 소비재

가능 : ◎　불가능 : ⊗

물품 또는 물건	부치는 짐 (위탁 수하물)	기내휴대 (휴대 수하물)	몸에 소지
• 리튬배터리가 장착된 전자장비(카메라, 휴대전화, 노트북 등) • 리튬 금속배터리 : 리튬함량 2g 이하 • 리튬이온 배터리 : 100와트시(Wh) 이하	◎	◎	◎
• 여분(보조) 리튬배터리 • 리튬 금속배터리 : 리튬함량 2g 이하 • 리튬이온 배터리 : 100와트시(Wh) 이하 – 1인당 5개까지(외국 항공사인 경우 반입 가능 수량이 다를 수 있음) – 단락방지 조치(단자 부위 테이프 처리 또는 배터리를 각각 비닐 봉투에 넣음)	⊗	◎	◎
• 리튬이온 배터리가 장착된 전자장비 • 리튬이온 배터리 : 100와트시(Wh) 초과~160와트시(Wh) 이하 – 항공사 승인 필요	◎	◎	◎
• 여분(보조) 리튬배터리 • 리튬이온 배터리 : 100와트시(Wh) 초과~160와트시(Wh) 이하 – 항공사 승인 필요 – 1인당 2개까지 – 단락방지 조치(단자 부위 테이프 처리 또는 배터리를 각각 비닐 봉투에 넣음)	⊗	◎	◎
• 전자담배 • 리튬 금속배터리 : 리튬 함량 2g 이하 • 리튬이온 배터리 : 100와트시(Wh) 이하 – 여분 배터리 단락방지 조치(단자 부위 테이프 처리 또는 배터리를 각각 비닐봉투에 넣음)	⊗	◎	◎
• 연료전지가 장착된 전자장비(카메라, 휴대전화, 노트북 등) – 액체연료는 200㎖까지 – 고체연료는 200g까지 – 액화가스 비금속 120㎖까지, 금속 200㎖까지 – 1인당 2개까지	⊗	◎	◎

물품 또는 물건	부치는 짐 (위탁 수하물)	기내휴대 (휴대 수하물)	몸에 소지
• 여분(보조) 연료전지 카트리지 – 액체연료는 200㎖까지 – 고체연료는 200g까지 – 액화가스 비금속 120㎖까지, 금속 200㎖까지 – 1인당 2개까지	◎	◎	◎
• 드라이아이스 – 항공사 승인 필요 – 1인당 2.5kg까지 – 상하기 쉬운 물품을 포장, 운송하기 위해서 사용되는 것에 한함	◎	◎	⊗
• 스포츠용 또는 가정용 에어로졸(독성 등이 없어야 함) – 개당 0.5리터 이하(총 4캔까지 허용)	◎	⊗	⊗
• 안전성냥 : 1인당 1개만 허용(소형)	⊗	⊗	◎
• 딱성냥 : 1인당 1개만 허용(소형)	⊗	⊗	⊗
• 소형 라이터 : 1인당 1개 * 중국 : 휴대 · 위탁 모두 금지	⊗	⊗	◎
• 라이터 연료	⊗	⊗	⊗
• 자동팽창형 구명재킷 – 항공사 승인 필요 – 1인당 1개만 허용	◎	◎	◎

(2) 의료용품

가능 : ◎ 불가능 : ⊗

물품 또는 물건	부치는 짐 (위탁 수하물)	기내휴대 (휴대 수하물)	몸에 소지
• 의료용 산소 실린더 또는 공기 실린더 – 항공사 승인 필요 – 실린더 당 총 질량이 5kg 이하	◎	◎	◎
• 액체산소가 들어있는 장치	⊗	⊗	⊗
• 전동휠체어 등 이동 보조장비(습식 배터리) – 항공사 승인 필요	◎	⊗	⊗
• 전동휠체어 등 이동 보조장비(리튬이온 배터리) • 배터리 : 300와트시(Wh)를 이하 – 항공사 승인 필요 – 탈거된 리튬이온 배터리는 객실에 실어 운반 – 배터리 단자는 단락방지 조치를 할 것 – 배터리는 손상방지 조치 – 보조배터리가 1개인 경우 300와트시(Wh)를 초과 불가 – 보조배터리가 2개인 경우 각각 160와트시(Wh)를 초과 불과	◎	* 항공사별 제한사항 참고	⊗

물품 또는 물건	부치는 짐 (위탁 수하물)	기내휴대 (휴대 수하물)	몸에 소지
• 리튬 배터리가 장착된 휴대용 의료 전자장비 • 리튬금속 배터리 : 리튬함량 2g 이하 • 리튬이온 배터리 : 100와트시(Wh) 이하	◎	◎	◎
• 휴대용 의료전자장비용 여분(보조) 배터리 • 리튬금속 배터리 : 리튬함량 2g 이하 • 리튬이온 배터리 : 100와트시(Wh) 이하	⊗	◎	◎
• 리튬 배터리가 장착된 휴대용 의료 전자장비 • 리튬금속 배터리 : 리튬함량 2~8g • 리튬이온 배터리 : 100와트시(Wh) 초과~160와트시(Wh) 이하 – 항공사 승인 필요	◎	◎	◎
• 휴대용 의료전자 장비용 여분(보조) 배터리 • 리튬금속 배터리 : 리튬함량 2~8g • 리튬이온 배터리 : 100와트시(Wh) 초과~160와트시(Wh) 이하 – 항공사 승인 필요	⊗	◎	◎

(3) 이 · 미용품

가능 : ◎ 불가능 : ⊗

물품 또는 물건	부치는 짐 (위탁 수하물)	기내휴대 (휴대 수하물)	몸에 소지
• 에어로졸을 포함한 세면용품 – 개당 0.5리터 이하(총 4캔까지 허용)	◎	◎	◎
• 탄화수소가스가 들어있는 헤어롤기 – 1인당 1개 허용(리필용 가스는 불가)	⊗	◎	◎

(4) 기타 항공사의 운송제한 강화 내용

리튬이온 배터리를 사용하는 전동보드의 화재 사례 발생에 따라 국적 항공사도 기내반입(휴대, 부치는 짐)을 2015년 12월부터 금지하였다.

호버보드

전동휠

세그웨이

2) 예외 규정Exceptions

아래의 조건에서는 위험물임에도 불구하고 예외로 탑재를 허용한다.

- 항공사가 사전 승인한 항공운송 중 환자에게 사용되는 의료용 보조기구
- 소화기와 같은 운항 규정에 따라서 항공기에 탑재하도록 규정된 장비 또는 냉장 장비와 같은 항공운송용으로 특별히 제작된 장비

The Global
Aviation Industry
글로벌 항공산업론

This is the Captain. Brace for impact. Heads down! Stay down!
기장입니다. 충돌에 대비하십시오. 머리 숙이고! 자세 낮춰!

– 영화 '설리' 허드슨강의 기적 –

CHAPTER 11 항공비상상황

1 항공기가 운항하는데 있어 안전한 이유에 관하여 이해하고 설명할 수 있다.
2 난기류, 감압, 연기와 화재와 같은 비상상황을 이해하고 취해야 할 행동을 알고 설명할 수 있다.
3 항공기 사고로 인해 비상착륙(착수)과 탈출을 해야 할 경우, 비상대응 절차와 충격으로부터의 생존, 항공기로부터의 탈출, 환경으로부터의 생존방법을 이해하고 설명할 수 있다.
4 의료 응급상황 시 상황을 판단하고, 의사소통과 협의를 통해 적절한 응급처치를 이해하고 필요한 의료장비를 설명할 수 있다.
5 감염성 질환 승객과 감염병 의심 증상에 관한 처리 절차를 이해하고 설명할 수 있다.
6 기내에서 질병과 사망승객이 발생했을 경우 절차에 관하여 이해하고 설명할 수 있다.
7 기내 환경의 특징을 이해하고, 이로 인해 발생할 수 있는 신체증상과 건강관리 방법에 관하여 이해하고 설명할 수 있다.

01 항공운항의 안전

1) 비행기 안전도

한해에 약 50만 명의 사람이 세계 전역의 도로 위에서 사망한다. 반면 1996년에 비행기 사고로 사망한 사람의 수는 1,945명이고, 1997년에는 총사망자 수가 1,226명으로 줄어들었다. 보잉사(社)에서 작성한 통계에 따르면, 상업용 제트기의 추락사고가 일어나는 비율은 비행 100만 번 당 두 번도 되질 않는다. 그러나 비행기 추락사고는 일어나기만 하면 대서특필되는 반면, 도로상에서 매일 일어나는 참사는 예삿일로 여겨진다. 일반 사람들은 버스를 타고 다니는 것이 비행기 여행보다 더 안전한 것으로 생각하고 있다.

일반적으로 비행기가 자동차보다 더 안전한 이유는 무엇일까? 한 가지 분명한 이유는, 비행기는 도로 위의 차량과는 달리 바싹 붙어서 날지 않는다는 것이다. 또 다른 이유는, 비행기 승무원들은 대부분 고도의 훈련을 받으며 자신이 맡은 책임에 매우 전문적인 자세로 임한다는 것이다. 한 예로, B747기의 기장은 나이가 보통 50대이며 비행 경험이 30년 정도가 된다.

승무원들이 가장 필요로 생각하는 요소는 안전이다. 결국 자신들의 생명도 함께 달려 있는 문제이기 때문이다.

2) 조종실의 안전

여객기 조종실의 내부를 보면, 주요 계기와 조종 장치가 모두 두 개씩으로 기장을 위해서 왼쪽에 한 세트가 있고, 부기장을 위해서 오른쪽에 또 한 세트가 있다. 만에 하나 한 조종사가 기절하더라도 다른 한 조종사가 안전운항에 필요한 모든 조종 장치를 사용할 수 있는 것이다. 조종사는 비행하면서 다른 조종사의 계기를 살펴보고, 양쪽 계기판에 같은 표시가 되어있는지를 확인할 수 있다.

조종실에서 안전과 관련이 있는 또 다른 요소는, 예방조치로서 기장과 부기장이 대개 다른 식사를 한다는 것이다. 만약에 식중독을 일으키더라도 그들 중 한 사람만이 영향을 받게 될 것이기 때문이다. 또한 보조날개, 착륙장치, 제동장치와 같이 움직일 수 있는 부분을 조종하지 못하게 되는 상황이 벌어지지 않도록 항공 여객기에는 대개 유압장치를 2개 이상 설치하여 하나가 고장이 날 경우를 대비하고 있다.

자료 : 타이항공 항공기 시뮬레이션

조종실의 내부 모습

대부분 현대 비행기에서 안전을 위해 표준이 되다시피 한 요구조건 한 가지는, 여러 가지 장치를 두 개씩, 심지어 세 개씩 갖추어 놓는다는 것이다.

3) 안전점검

항공기가 착륙할 때마다 안전운항을 위한 전담팀이 통과 점검이란 것을 하기 위해 비행기로 몰려들어 두 시간 내에 점보기 한 대를 완전히 점검할 수 있다. 그러나 턴어라운드 타임이 네 시간을 넘을 경우는 더 광범위한 정비를 하는 기지로 항공기를 옮겨Toeing 간다.

자료 : Air pacific

항공기 X-ray Inspection 모습

어떤 항공기는 좀 낡아보일지 모르지만, 항공기의 수명 전 기간에 걸쳐 3, 4개월마다 또는 1,400 비행시간마다 각 제트기는 주요 정비점검을 받기 위해 입원한다. 그리고 5년마다, 또는 약 20,000 비행시간마다 기체와 엔진을 완전히 수리한다. 그 결과 항공기의 내부는 사실상 완전히 새롭게 된다.

23,000kg의 추력(推力)으로 작동하는 제트엔진을 점검하기 위해 전문가들은 시계 제작자가 정밀한 시계에 쏟는 것보다 훨씬 더 섬세한 주의를 기울인다. 먼저 엔진을

매우 세세히 청소한 다음, 육안으로 보이지 않을 정도로 미세한 흠과 균열을 발견하기 위해 현미경, 엑스레이 장비, 형광투시 장비, 자기미립자 검사기들을 동원하여 철저히 검사한다.

4) 항공장치

항공기를 유도하는 장치들은 매우 정밀한 검사를 받기 때문에 항로 이탈률은 시간당 0.1 미만이다. 만약에 항공기가 인천에서 LA까지 열 시간 정도를 비행하는 동안 점검도 하지 않고, 외부에 있는 여타 유도장치의 도움도 없다고 가정했을 경우 목표에서 단지 11km 벗어나는 것을 의미한다. 그런데 유도장치는 단지 하나만 작동하는 것이 아니라, 고장이 날 경우를 대비하여 두 개나 더 있다.

민감한 항공장치에 요구되는 고도의 성능은 점검받을 경우 아주 경미한 먼지 불순물에 의해 손상을 입을 수 있다. 그러한 불순물을 막는데 대한 보증으로, 작업장은 청결실Clean Room이라고 불려왔다.

직원들은 깨끗이 씻은 다음, 머리와 발까지 감싸는 특수복을 입고 들어간다. 입구의 도어가 열려있을 경우 불순물이 들어갈 가능성은 직원에게 시간당 약 2km의 속도로 움직이는 공기의 잔잔한 흐름을 역행하여 그 방으로 들어가게 하여 최소한도로 줄어든다.

전자장비가 구석구석에 있는 전체 공기를 여과하여, 공기 1리터에 공기 중 불순물 미립자 3.5개 이상을 허용하지 않으며 0.5미크론의 크기까지 걸러낸다(우리 머리카락의 굵기는 100미크론). 최고 감도기계가 청결실의 공기 중 불순물의 양을 감시하고 문자 표지기에 영(0)으로 나타날 경우가 이상적인 상태이다.

5) 컴퓨터의 기여

우주시대의 과학기술이 낳은 컴퓨터가 항공의 안전과 서비스에 도입되었다. 바야흐로 4차 산업혁명인 AI의 영향에 모든 산업이 직면해 있다. 컴퓨터 기억장치는 항공기 기지의 직원들이 기지에 들어갈 허락을 받는데 요구되는 모든 신분증을 목록에 올린다. 분실된 것으로 보고된 신분증을 사용하려고 하는 사람은 누구나 들어가는 것이 허락되지 않는다.

항공사 승무원들의 근무표 역시 조종사의 경험 여부를 확인하기 위해 컴퓨터로 관리하며, 이 컴퓨터는 특히 조종사들을 면밀히 살핀다. 그들은 요구된 항로로 최근에 비행했어야 하고, 90일마다 야간 착륙을, 45일마다 계기 착륙을 해왔어야 하며, 그들은 항공기 조종을 허락받기 전에 여러 가지 다른 요구조건들에 부합되어야만 한다.

탑승자의 안전도는 자동비행 계획 때문에 상당히 높아졌으며, 이것 역시 컴퓨터로 처리한다. 항공기는 가능한 최단거리 항로로 비행하게 되며(악천후인 경우는 우회) 최소한도의 연료를 사용한다. 한 예로, 자동컴퓨터 비행 계획으로는 시드니에서 싱가포르까지 가는 단 한 번의 비행에서 연료를 약 3톤까지도 절약할 수 있다.

6) 승무원 훈련

"손님여러분, 저는 기장입니다."라는 기장의 자신 있는 목소리 이면에는 대부분 승객이 알고 있는 것 이상의 것들이 있다. 비행기 조종사들과 기관사들이 그들에게 요구되는 완벽한 비행 실적을 가지고 있고, 그들의 기술, 건강상태, 능숙도를 그들의 비행경력을 통하여 계속 검사하기 때문이다.

비행기 승무원들을 훈련하는 일은 모의비행 장치의 도입으로 큰 발전을 이루었다. 이 모의 장치들은 모든 항공전자공학 및 전자조종 장치들을 갖춘 진짜 항공기 조종실과 똑같다. 비행 중인 항공기의 모든 순간순간을, 그리고 어떤 때에는 모든 움직임 하나하나를, 결코 지상에서 이륙하는 일이 없이 그러한 모의 장치에 재생시킬 수 있다.

조종사는 엔진소리와 소음을 들으며 앞으로 서서히 비행기를 몰고 갈 경우 활주로에 있는 요철을 느끼며, 나무들과 뒤에서 번쩍이는 공항 건물들을 점점 멀리함에 따라 자기 밑에서 사라지는 활주로를 보며, 그가 보통 직면하게 되는 것보다 훨씬 더 다양한 기상 상태를 모의비행 장치 안에서 겪으며 비행한다. 그는 또한 모의비행 장치를 통해 밤에 공항과 공항 주변을 식별하여 야간착륙 하는 방법을 훈련받는다. 장치 내부에는 컴퓨터를 갖춘 교관이 있어, 350가지 비상사태 중 어느 하나(장치의 고장으로부터 극단적인 기상상태에 이르기까지)를 일으킬 수 있으며, 심지어 비행기 승무원들이 여러 가지 비상사태를 당하게 할 수 있다. 그렇게 하여 항공기 승무원들은 실제 업무에 들어가기 전에 일반적으로 발생하는 비상사태보다 더 심한 상황에서 훈련을 받는다.

객실승무원들도 마찬가지로, 항공편의 모든 일과에서 직면하게 되는 모든 것들을 다루기 위한 훈련을 받으며, 비상사태 하에서 엄격한 훈련과 심사를 받는다. 전혀 이륙하는 일이 없는 B747 점보여객기 모형 안에서, 객실승무원들은 칵테일을 만드는 일부터 조산술에 이르는 문제들에 관하여, 그리고 열 개의 기내 비상구 중 단지 반만을 사용하여 90초 이내에 400명이 넘는 승객들을 피난시키는 방법과, 바다에 불시착시키는 방법에 관하여 집중적으로 교육받는다.

객실승무원 안전훈련을 위한 모형항공기와 훈련

7) 항공안전 자율보고

항공안전 자율보고란, 「항공안전법」 제61조에 따라 항공안전을 저해하거나, 저해할 우려가 있는 사건이나 상태 또는 상황을 자율신고를 통해 보고하여 개선방안을 마련함으로써 항공안전 사고를 예방하기 위한 제도이다.

안전자율보고(비밀보고제도)의 원칙은 첫째, 보고자의 신원정보 기밀유지 및 보호, 둘째, 면책가능(행정처분 면제), 셋째, 보고된 정보 전파 및 공유이다.

자료 : 한국교통안전공단 항공안전자율보고

국내 항공안전보고제도 운영체계

보고자의 범위로는 조종, 관제, 정비, 객실, 지상조업, 기타 항공종사자 및 경량 항공기 운영자를 포함하여 제한이 없다. 보고 내용은 항공안전을 해치거나 해칠 우려가 있는 모든 위험한 상태 · 상황 · 사건 등으로 항공안전 관련 내용은 무엇이든지 가능하다. 보고내용의 구체적 예시는 다음과 같다.

- 항공기 운항과 관련한 안전사건 및 위험요소에 관한 정보
- 항공교통관제와 관련한 안전사건 및 위험요소에 관한 정보
- 항공기 정비 및 기술과 관련한 안전사건 및 위험요소에 관한 정보
- 객실 운영과 관련한 안전사건 및 위험요소에 관한 정보
- 항공기 운항관리와 관련한 안전사건 및 위험요소에 관한 정보
- 공항 운영과 관련한 안전사건 및 위험요소에 관한 정보
- 위험물 운송과 관련한 안전사건 및 위험요소에 관한 정보
- 지상조업과 관련한 안전사건 및 위험요소에 관한 정보
- 기타 항공안전에 도움이 될 수 있는 안전정보

「항공안전법」 제61조 제4항에 따라 보고자는 고의 또는 중대한 과실로 발생시킨 경우를 제외하고 '경미한 항공안전장애'의 경우 발생일로부터 10일 이내에 자율보고

제도를 통해 그 사실을 보고하면 「항공법」이 정하는 바에 따라 행정처분이 면제될 수 있다. 또한 「항공안전법」 제61조 제2항에 따라 보고자 및 관련자의 신분이 철저히 보호되므로 불이익은 없다.

서식은 다음과 같다.

항공안전 자율보고서 (Aviation Safety Voluntary Report)			보고 분야 구분 □ 조 종 □ 관 제 □ 정 비 □ 객 실 □ 조업 및 기타
1. 발생유형			
2. 호출부호		3. 등록기호	
4. 항공기 기종(또는 공항・항행시설 명칭)			
5. 발생일시(L)	년 월 일	6. 발생장소	
7. 발생단계	□ 지상 □ 이륙 □ 출발 □ 순항 □ 접근 □ 착륙		
8. 비행구간		9. 비행고도	
10. 당시기상			
11. 승객수	명 / 12. 승무원수	운항승무원 명, 객실승무원 명	
13. 직책		14. 소지자격	
15. 근무년수			
16. 상황기술 (뒷면 및 다른 종이를 추가로 이용하셔도 좋습니다)			
년 월 일 한국교통안전공단이사장 귀하 TS			
접수번호는	번입니다. 보고서 제출 증빙자료로 활용하시기 바랍니다.		
17. 보고자의 주소 (제출 증빙서 반송용)			
18. 보고자의 성명		19. 보고자 연락처	

자료 : 한국교통안전공단

항공안전 자율보고서

8) 승객들의 안전행동

이러한 여러 노력과 더불어 모든 승객이 취할 수 있는 간단한 예방조치를 몇 가지 알아보면 다음과 같다.

긴급 사태에 관한 지시사항이 적혀 있는 글을 읽고, 매번 비행이 시작될 경우 승무원들이 안전을 위한 조치들에 관하여 설명하면, 그들의 말에 귀를 기울이는 것이다. 좌석에 앉을 경우는 가장 가까운 비상구가 어디에 있는지 확인해 두고, 비상사태가 발생하면 승무원들의 지시에 따른다. 그들은 모두 곤란한 상황이 발생할 경우 어떻게 대처해야 하는지 고도로 훈련받은 사람들이기 때문이다. 지시가 내려지면 승객들은 재빨리 움직이되 소지품에 관해서는 잊어버리는 것이 매우 중요하며, 소지품보다 생명이 더 중요하다.

현대의 비행기들은 보통 날씨 변화가 일어나는 곳보다 더 높은 곳이나 그러한 곳 부근에서 비행하므로, 장거리 비행의 경우 비행기들은 대부분 매우 부드럽게 날아가며, 그 결과 비행기 멀미를 하는 사람은 극소수이다. 난기류가 있을 것으로 예상되면, 기장은 대개 예방조치로서 승객들에게 안전벨트를 반드시 착용하도록 권하고 있다. 이런 지시사항은 잘 따르는 것이 필요하다.

02 비상상황

비상사태 또는 비상상황이란, 승객이나 승무원에게 잠재적 위험을 유발하는 상황이다. 모든 비정상 상황에 대하여 절차를 전부 설정할 수는 없다. 비상상황에서 승객, 승무원과 항공기의 안전을 위해 가장 안전한 대안을 결정하기 위해 운항승무원과 객실승무원 간의 협조와 훌륭한 판단은 절대적으로 필요하다.

일반적으로 항공기내에서 발생할 수 있는 비상상황은 이 · 착륙 중 발생할 수 있는 비상착륙 등으로 비상탈출 해야 하는 경우와, 감압으로 인해 승객과 승무원이 위험한 상황에 놓여있을 경우 항공기가 화재나 연기에 의해 위험한 상태에 놓여 있을 경우, 운항승무원의 임무 불능으로 인해 승객과 승무원이 위험한 상황에 놓일 경우, 응급환자 발생으로 승객의 생명이 위험에 처해 있을 경우 등이 있다.

1) 난기류

비행 전 운항승무원과 객실승무원은 합동브리핑 시 해당비행편에서 예상되는 난기류와 시간, 정도에 관한 내용을 공유한다.

난기류란, 여러 원인에 의해 발생한다. 예를 들어, 공기는 지면온도의 상승함에 따라 지표면의 공기도 따듯해지며 상승하고, 이 따듯한 공기가 높은 고도에 도달하면서 다시 냉각되어 가라앉는다. 이렇게 끊임없이 일어나는 온난화와 냉각의 기류를 반복적으로 오르내리게 하여 생기는 경우에 난기류가 발생하기도 한다. 혹은 산 위를 비행할 경우에는 산을 행해 강한 바람이 불어서 공기가 대기로 상승하므로 산간 지역에 착륙할 경우에 발생하기도 한다.

맑은 공기의 난기류CAT : Clear Air는 습기나 구름이 없어서 레이더로 감지하기가 어려워 항공기에 급작스러운 위험을 주기도 한다. 이는 다른 방향이나 속도로 움직이는 바람의 영역과 관련이 있어, 때때로 제트스트림의 가장자리에서 발견되기도 한다.

(1) 지침 준수

난기류 발생 시 기장과 객실승무원의 효과적인 커뮤니케이션을 위해서 객실승무원은 아래의 지침사항을 준수해야 한다.

- 모든 승객은 Fasten Seatbelt Sign의 점등 여부와 관계없이 좌석에 앉아 있는 동안에는 항상 좌석벨트를 착용해야 한다.
- 비행 중 Fasten Seatbelt Sign이 꺼져 있는 경우에도 승객이 좌석벨트를 매지 않고 있는 것이 확인되는 경우에는, 좌석벨트를 매도록 권유한다.
- 하계 또는 기류가 불안정한 지역을 통과할 경우에는, 승객이 수면Rest을 취하기

전 상시 좌석벨트를 매고 있도록 권유하는 것이 바람직하다.

- 객실승무원은 객실 및 합동브리핑 시 난기류 대응절차를 논의해야 한다.
- 난기류에 대비하여 객실 준비(필요할 경우 서비스 중단, 카트 원위치 등)를 위해서 어느 정도의 시간이 소요되므로, 운항 승무원은 난기류를 만나기 전에 예상시간 및 알려진 난기류 고도, 주기 등을 객실사무장에게 통보해야 한다.
- Fasten Seatbelt Sign의 점등 직전 또는 직후 기장과 객실사무장은 상황이 허락하는 한 빨리 의사소통을 해야 한다.
- 항공기의 흔들림이 약해진 후에도 10분 이상 Fasten Seatbelt Sign이 켜진 채 운항이 계속되어 승객의 이동요구가 많아지게 되면, 객실사무장은 기장에게 객실상황을 보고하고 난기류 관련 정보(예상 지속시간 및 강도 / SVC 재개 및 화장실 사용 가능 여부 등)를 요청하여 기장의 지시에 따라 후속조치를 취한다.
- 객실승무원은 운항승무원이 Moderate / Severe 난기류 시 Fasten Seatbelt Sign을 2회 'On / Off'하거나, 객실에 직접 PA로 "승무원, 착석하십시오."라고 지시할 경우에는 즉시 점프시트에 착석해서 Seatbelt / Shoulder 장비를 착용한다. 이때 운항승무원이 별도로 지시할 경우까지 착석상태를 유지한다.
- Fasten Seatbelt Sign이 이미 'ON'되어 있는 상태라도 '보통 / 심한Moderate / Severe' 난기류가 예상되는 경우, 운항승무원은 적절한 신호 또는 PA로 착석 지시를 시행하여 난기류로 인한 안전사고를 방지하도록 해야 한다.

(2) 좌석벨트 상시착용 안내방송

- 객실승무원은 안전을 위해 비행 중 '좌석벨트 상시착용 안내방송'을 시행한다.
- Fasten Seatbelt Sign이 점등되면 즉시 난기류 안내방송을 시행한다.
- Fasten Seatbelt Sign이 장시간 점등됨에 따라 승객들이 좌석벨트 착용상태를 유지하지 않을 경우, 주기적으로 반복하여 방송을 시행한다.
- 영화상영 시나 승객 수면Light Off 시 Fasten Seatbelt Sign이 점등되면 객실 조명을 조절하고 갤리 커튼을 열어두어 승객의 좌석벨트 착용 확인을 쉽게 한다.
- 조명 조절 및 커튼 개방은 시야 확보를 위해 필요할 경우 시행한다.

- 방송이 시행되는 동안 승무원은 담당구역 승객의 좌석벨트 착용을 확인한다.
- 사용하지 않는 서비스용품이나 기물은 정위치에 안전하게 보관한다.

(3) 난기류 발생 시 안내방송

객실사무장은 심한 난기류, 번개 만남, 고르지 못한 착륙 등의 상황이 발생하면, 승객 불편을 최소화하기 위해 관련 방송문에 따라 추가 안내방송 시행을 적극적으로 고려해야 하며, 필요할 경우 운항승무원과 협의한다.

(4) 난기류 구분 및 행동지침

일반적으로 난기류는 기내현상에 따라 3가지 정도로 구분한다.

구분	가벼운 난기류 (Light Turbulence)	보통 난기류 (Moderate Turbulence)	심한 난기류 (Severe Turbulence)
기내 현상	• 음료수가 컵 안에서 찰랑거림 • 승객의 복부가 좌석벨트에 약간의 압박을 느낌 • 카트를 움직이기가 약간 어려움	• 음료수가 컵 밖으로 넘침 • 승객의 복부가 좌석벨트에 의해 압박을 느낌 • 기내 보행이 곤란함 • 기내 시설을 잡지 않고 서 있기가 곤란함 • 카트를 움직이기 힘듦	• 물건들이 바닥으로 떨어지거나 고정하여 놓지 않은 물건이 튀어 오름 • 승객의 복부가 좌석벨트에 의해 강하게 조여짐 • 기내 보행 및 서비스가 불가능함
기장 신호	Fasten Seatbelt Sign 1회	Fasten Seatbelt Sign 2회	
기내 서비스	• 조심스럽게 서비스를 계속한다. • 뜨거운 음료를 서비스할 경우 주변에 흐르지 않도록 주의를 기울인다.	• 서비스를 중단한다. • 카트 상단의 물건들을 고정한다. • 카트를 Compartment에 보관한다(오래가는 경우).	• 서비스를 즉시 중단한다. • 카트의 브레이크를 신속히 밟는다. • 뜨거운 커피, 물, 포트 등은 통로 바닥에 내려놓는다.
좌석 벨트	• 승객의 좌석벨트 착용 여부를 확인하고 착용을 안내한다. • 화장실 내 승객 유 · 무를 확인한다.	• 즉시 점프시트에 착석한다. • 점프시트로 가는 동안 승객의 좌석벨트를 육안으로 확인한다. • 가능한 경우 화장실 내 승객 유 · 무를 확인한다.	• 가장 가까운 빈자리에 앉는다(카트는 잡고 있어야 한다). • 승객의 좌석벨트 착용 여부를 무리하여 확인하지 않는다.
기내 방송	• 객실사무장(또는 객실승무원)이 난기류 방송을 시행한다. • 필요할 경우 기장이 추가방송을 시행한다.		
기내 조명	• 객실 조명이 Off되어 있을 경우, 좌석벨트 착용 확인을 쉽게 하는데 필요할 경우 Dim으로 조명을 조절한다. • 영화 상영 시나 승객 수면 시 갤리 커튼을 열어둔다.		

2) 감압

(1) 개념

항공기는 더욱 멀리 운항하기 위해 일반적으로 고도 35,000~40,000피트에서 순항한다. 이러한 높이에서는 공기밀도가 너무 낮아서 사람은 몇 초 이상 숨을 쉴 수 없는 고도이다. 따라서 항공기 제조업체는 추가 공기를 기내에 펌프하고 유출 밸브를 통해 기내 공기압력을 제어하는 방법을 개발하였다. 이러한 과정을 '가압'이라고 하는데, 항공기는 이 가압 과정을 통해 기내 고도를 약 7,000~8,000피트(한라산 정도의 높이)로 유지하고 있다.

그러나 어떠한 이유로 기내 압력을 유지할 수 없을 경우, 이 현상을 '감압'이라고 한다. 감압시스템의 오작동이나 도어가 미세하게 완전히 닫히지 않았을 경우, 폭발물 등에 의해 기체손상이 있었을 경우 등에서 발생할 수 있다. 감압의 손실이 얼마나 일찍 발생하는지에 따라 세 가지로 구분한다.

(2) 감압의 종류

① 완만한 감압

비행 중 기내 압력이 서서히 빠져나가는 현상이다. 도어나 창문 주위의 이음새를 통해 기압이 빠져나감으로써 발생하거나 기내 여압장치의 고장으로도 발생할 수 있다. 첫 번째 징조는 승객의 머리 위Ceiling에서 산소마스크가 떨어지는 것이다.

② 급격한 감압

비행 중 기내 압력이 빨리 빠져나가는 현상이다. 그러나 기내 압력 변화가 느리고 폐가 기내보다 빨리 조절할 수 있어 심각한 상황이지만 폐손상 가능성은 적다.

③ 폭발적 감압

항공기 외벽의 손상, 폭발물의 폭발, 화기의 발사 등으로 인해 발생한다. 이러한 폭발이나 파열로 인해 기내 압력이 폭발적으로 손실되며, 폐가 감당할 수 있는 것보다 기내 압력 변화가 일찍 발생하므로 폐손상이 발생할 수 있다.

(3) 감압 발생 시 현상

구 분	완만한 감압	급격한 감압 / 폭발적 감압
공통현상	• 산소마스크 Drop • 자동 감압방송 "비상 강하 중! Attention, Emergency Descent!" "벨트를 매고 마스크를 코와 입에 대십시오!" "Fasten Your Seatbelt and Put the Mask Over Your Nose and Mouth!" • No Smoking Sign 및 Fasten Seatbelt Sign 'ON'	
추가현상	• 귀가 멍멍함 • 휘~익 하는 소리가 남	• 굉음이 들림 • 객실 온도가 하강함 • 객실 내에 차가운 바람이 유입됨 • 객실 내에 안개현상이 나타남 • 객실 내에 먼지가 일어남 • 파편조각이 날아다님 • 귀가 막혔다 뚫림

(4) 감압 발생 시의 조치사항

근처의 빈 좌석에 즉시 착석한다. 빈 좌석이 없는 경우, 팔걸이에 앉거나 잡아서 몸을 고정한다. 근처의 산소마스크를 즉시 착용한다. 산소마스크를 착용한 후 승객들에게 Shouting("마스크를 당겨쓰세요! 벨트 매세요!" "Put on the Mask! Fasten Your Seat Belt!")한다. 몸을 고정한 채 승객들의 산소마스크 착용상태를 확인한다. 마스크 착용에 방해될 수 있는 안경은 벗도록 지시한다.

산소마스크를 착용한 성인승객 옆에 어린이가 있을 경우, 어린이의 산소마스크 착용을 도와주도록 지시한다. 어린이를 동반하고 있는 보호자에게는, 자신들이 먼저 산소마스크를 착용한 후 어린이의 산소마스크 착용을 도와주도록 지시한다.

(5) 감압 발생 후 객실승무원들의 객실점검

운항승무원으로부터 '움직여도 좋다'는 신호가 오면 객실과 승객을 점검한다. 동체 균열이 있는 경우, 바람이 불거나 위험한 지역으로부터 승객들을 이동시킨다. 부상

승객이 있을 경우, 응급처치를 시행한다. 객실을 순회하며 승객들을 안심시킨다. 기내 화재나 기타 위험요소를 파악하고 객실의 화장실을 점검한다.

승객의 머리 위Ceiling에서 내려온 산소마스크는 좌석 앞주머니 속에 넣도록 한다. 산소마스크를 원위치시키거나(가열된 산소발생기와 접촉하여 화재 발생 가능성) 분리하지 않도록 한다.

(6) 후유증 및 응급처치

① 저산소증Hypoxia

산소의 부족현상으로서 Po2(산소분압)를 제공한다.

② 감압증Decompression Sickness

갑작스러운 여압의 감소로 인해 체내에 있는 가스가 변하면서 신진대사가 원활하지 못하여 발생하는 현상으로 안정을 취하도록 한다.

(7) 의식 가능시간TUC : Time of Useful Consciousness

감압이 시작된 시점부터 신체의 산소 부족으로 인해 적절하고 효과적인 행동을 할 수 없게 되기까지의 일반적 소요시간을 의미한다. 의식 가능시간에 가장 크게 영향을 미치는 요소는 고도이며 고도별 의식 가능시간은 다음과 같다.

항공기 고도	의식 가능시간	
	급격한 감압 시	완만한 감압 시
15,000피트	15~20분	30분
25,000피트	2분 30초	5분
30,000피트	30초~1분	1~2분
40,000피트 이상	18초	18초

일반적으로 급격한 기내 기압 감소는 의식 가능시간TUC을 50% 정도 떨어뜨리며, TUC는 일반적으로 18초 미만으로 떨어지지 않는다. 이것은 산소가 결핍된 혈액이 허

파에서 뇌까지 가서 기능을 압박시키는데 필요한 최소시간으로, 산소를 공급받고 회복되는 시간도 거의 같다.

만약 40,000피트 정도의 고도에서 비행하고 있는 항공기에 감압이 발생했을 경우, 어떠한 감압의 유형일지라도 18초 이내에 숨을 쉴 수 있는 안전고도로 내려와야 한다. 따라서 기장은 이때 항공기를 급하강시켜야 하므로, 승객과 승무원은 안전벨트를 반드시 단단히 고정해야 한다.

3) 연기와 화재

(1) 항공기가 지상에 있을 경우

화재나 연기를 발견한 경우, 상황을 판단하여 필요한 도움을 요청하고 기장의 지시에 따라 탈출한다. 수차에 걸친 연락 시도에도 불구하고 기장의 응답이 없는 경우, 탈출한다. 필요할 경우 도어 모드를 Armed 상태로 변경하고 상황을 판단한 후 탈출한다. 탈출 후 항공기의 화염이나 폭발로부터 피해를 보지 않을 만한 안전한 지역으로 대피한다.

(2) 비행 중

① 의사소통 및 협의

화재나 연기를 발견한 승무원은 즉시 다른 객실승무원들이 적절한 도움을 줄 수 있도록 상황을 알린다. 한 명의 객실승무원은 조종실과의 연락을 유지하며, 아래와 같이 화재 및 연기의 상황을 알린다.

구 분	내 용
정확한 위치	Overhead Bin, Wall, Oven, 화장실, 환풍구 등
특성	연기의 농도, 연기의 모양 : 파도 모양, 휘말려 솟구침 등
색깔	회색, 검은색, 흰색, 푸른색, 갈색 등
냄새	악취, 전기/고무/기름 타는 냄새 등
승무원의 조치사항 및 승객의 반응	

② 행동 절차

- 연기 및 화재의 진원지를 찾는다.
- 객실, 갤리, 화장실 등을 철저하게 조사한다.
- 화재 진원지를 정확하게 찾아내지 못하거나 접근할 수 없는 곳(Wall 안쪽 또는 Ceiling Panel 안쪽 등)이 화재의 근원이라는 판단이 서면 기장에게 알린다.
- 화재 진원지 주변에 있는 Po2 Bottle을 치운다.
- 화재의 성격을 파악하고 이에 맞는 소화기를 결정한다.
- 소화기를 결정하기 어려운 경우, 지체하지 말고 우선 Halon Type을 사용한 후 H_2O Type(가능한 경우)을 사용한다.
- 해당장비의 전원을 차단한다.
- 해당장비의 서킷 브레이커Circuit Breaker를 뽑는다.
- 갤리 내 비상 전원차단 스위치Emergency Power Off Switch를 이용하여 전원을 차단한다(장착기종).
- 화재를 진압한다.
- 연기가 아니라, 화재의 근원을 찾아 진화한다.
- 필요할 경우 다른 승무원이 가져온 PBE를 착용한다.
- 필요할 경우 석면장갑을 착용한다.
- 화재의 크기와 정도에 의해서 연기가 심한 경우 PBE를 착용하고, 뜨거운 물건을 잡을 수 있을 경우 석면장갑을 착용한다. 그러나 석면장갑을 조종실로부터 가져오는 것을 기다려서는 안 된다.
- 화재가 재발화되지 않도록 진화된 화재의 근원을 재점검한다.
- 재발화를 막기 위해 뜨거운 표면 위에 소화액을 충분히 분사한다.
- 객실 내 화재진압 장비를 가져온다.
- 기장과 커뮤니케이션을 하거나 직접 화재 진압에 참여하지 않은 승무원은, 객실 내 설치된 PBE, 소화기 등을 가지고 온다.
- 필요한 경우 PBE를 착용하고 소화기를 소지한 후 화재를 진압하고 있는 승무원과 역할을 바꿀 수도 있다.

- 승객을 진정시킨다.
- 승객을 연기 및 화재로부터 대피시킨다.
- 가능하면 육성보다는 PA시스템이나 메가폰을 이용하여 승객과 커뮤니케이션 한다.
- 육성 이용 시 객실 내 연기 및 산소부족으로 승무원 신체에 무리가 발생할 수 있음에 주의한다.
- 객실에 연기가 많은 경우는 승객들에게 머리를 팔걸이Armrest 높이로 숙이도록 지시한다. 승객이 코와 입을 가릴 수 있도록 젖은 타월을 승객들에게 나누어 주거나 승객들 스스로 옷, 모포, 손수건 등을 적셔서 코와 입에 대도록 얼음통Ice Bucket에 물을 채워 승객에게 제공할 수도 있다.
- 호흡을 목적으로 Po2나 기내 산소시스템을 이용해서는 안 된다. 이것은 주변의 공기가 맑을 경우 사용하는 것으로, 근본적으로 주변 연기나 냄새를 차단할 수 없다.
- 화재 진압 후 기종별 연기소개 절차를 시행한다.

(3) 화장실의 화재

화장실의 연기감지기Smoke Detector의 경보음이 울리거나 연기 또는 기타 화장실 화재의 징후를 감지한 경우, 아래의 지침을 따른다.

① 화장실 내 사람이 있을 경우

안에 있는 사람과 대화를 시도하여 흡연이 원인일 경우, 승객에게 담배를 끄도록 지시하고 연기를 제거하기 위해 화장실의 문을 열어 놓는다. 또한 승객이 버린 담배꽁초가 완전히 꺼졌는지 육안으로 확인해야 한다. 그리고 승객에게 기내흡연은 관련 법에 의거 처벌 대상임을 경고한 후 승객의 흡연 사실을 기장에게 보고하고, 다른 승무원에게도 알려 예의 주시한다.

② 화장실 내 사람이 없을 경우

화장실에 사람이 없는 경우, 화장실 도어에 손등을 대고 열을 감지한다. 도어를 닫아 둔 상태에서 화재진압 장비를 신속히 준비하고 화장실 도어를 조심스럽게 연다.

도어를 여는 순간, 산소가 유입되면서 불꽃이 번져 나오는 것을 방지하기 위해 젖은 담요를 사용할 수도 있다. 그리고 도어의 틈 위아래로 Halon Type 소화기를 이용하여 분사한다.

만약 쓰레기통에서 화재가 났다면, 쓰레기통Waste Disposal 뚜껑을 열고 내부에 Halon을 직접 분사한다. 화재가 진압된 후 H_2O 소화기를 사용하여 불씨를 완전히 소화시켜 다시 화재가 일어나지 않도록 한다. 화재 진압 중 또는 종료 시 기장에게 통보하고 화장실을 폐쇄한다.

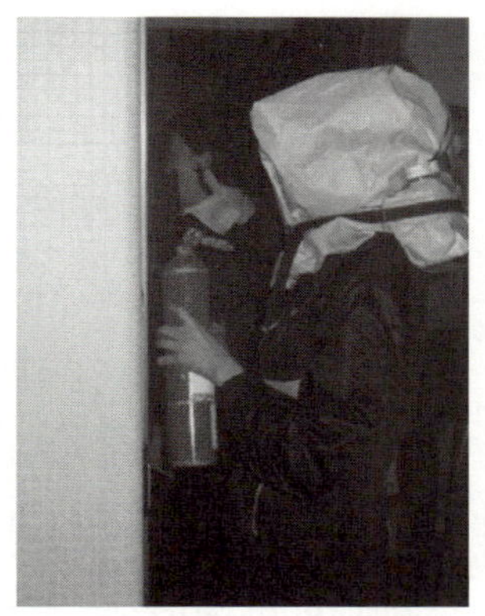

PBE 착용 후 화장실 화재대비 훈련 중인 승무원

(4) 오븐 화재

오븐 화재의 경우, '연기 및 화재에 관한 객실승무원의 조치' 편에서 언급한 기본 절차 외에 아래의 지침을 따른다. 산소를 차단하여 화재를 약화하기 위해 오븐 도어를 닫아놓는다. 오븐 화재는 오븐 도어를 닫아놓음으로써 화재가 저절로 진압될 수도 있다. 해당오븐의 서킷 브레이커Circuit Breaker를 잡아당겨 전원을 차단한다. 비상 전원차단 스위치Emergency Power Off Switch를 이용하여 갤리 전원을 차단한다(장착기종에 한함).

(5) 형광등 안정기의 화재

객실의 형광등 안정기가 과열되어 화재가 발생하거나, 연기 또는 냄새가 발생할 수 있다. 이때 기장에게 즉시 통보하고 전원 차단을 위해 조명을 끈다.

(6) 기타 화재

이밖에도 주방Galley 내의 쓰레기나 객실의 기내장식 및 재떨이 등에 화재가 일어날 수 있으며, 이러한 화재를 진압한 후에도 H_2O 소화기를 사용하여 화재의 열기 및 불씨를 완전히 제거하여 다시 화재가 일어나지 않도록 한다. 화재가 발생한 곳은 모든 승무원이 지속해서 관찰하여 화재 재발에 주의를 기울여야 한다.

(7) 화재예방 활동

객실승무원은 상시로 객실을 점검하여 화재 위험성이 있는 물건을 수시로 확인하고 화장실 내 쓰레기통 및 스프링 뚜껑, 연기감지기Smoke Detector 등이 정상 상태인지 확인한다. 또한 주방Galley 내 쓰레기통 및 스프링 뚜껑, 오븐 등 전기장비를 확인하고 오븐 내에 가열이 허용된 식사나 서비스용품을 제외한 어떠한 물건도 보관하지 않는다.

주방 내 서킷 브레이커Circuit Breaker가 튀어나올 경우, 1회에 한하여 기장에게 보고한 후 리셋Reset하여 사용이 가능하다. 이후에 다시 튀어나올 경우 해당장비의 사용을 금지하고, 마지막으로 승객의 금연 규정 준수 여부를 점검하며 금연을 유지한다.

03 비상착륙과 탈출

1) 비상대응 절차

비상착륙에는 준비된 비상착륙과 준비되지 않은 비상착륙의 두 종류가 있다. 이러한 두 종류의 비상상황 시 승무원과 승객을 위한 다음과 같은 기본원칙에 의해 비상상황 대응절차가 수립된다.

- 충격으로부터의 생존Survive the Impact
- 항공기로부터의 탈출Escape the Aircraft
- 환경으로부터의 생존Survive the Elements

이러한 준비된 또는 준비되지 않은 비상착륙은 육지 또는 물 위에서 발생할 수 있다. 기본적인 비상상황 처리 절차는 비상착륙 시와 비상착수 시가 동일하다. 그러나 비상착수의 경우, 안전성이 취약한 수면 위에서 탈출한 승객과 승무원이 생존해야 하는 추가적인 문제가 발생한다.

2) 충격으로부터의 생존

(1) 비상착륙

① 준비된 비상착륙

준비된 비상착륙은 항공기, 승무원, 승객 및 공항이 비상착륙에 관한 준비를 시행할 시간이 있는 경우로, 준비시간이 '충분한 경우'와 '부족한 경우'로 나눌 수 있다. 비상착륙 전 시간이 있다는 것은 승무원이 비상사태에 대비하여 객실을 준비하고 승객에게 비상사태에 관한 안내방송으로 브리핑할 수 있다는 것이다.

객실사무장은 준비된 비상사태 시 잔여시간, 탑승객수, 비상사태의 유형, 항공기의 특성 등을 고려하여 '준비된 비상사태 시 안내방송문'에 의해 비상사태를 준비한다. 안내방송과 승객브리핑을 시행할 때에는 모든 객실의 조명은 Full Bright로 조절하며, 커튼은 모두 묶고 기내 오락시스템은 모두 끈다.

객실승무원은 비상처리 절차 업무수행 중이라도 비상착륙 약 1분 전(고도 1,000피트)에는 각자의 점프시트에 착석한다. 안내방송은 'Cross Check!'으로 마감하며, 승무원은 담당 구역의 업무수행 완료를 수신호Thumb-up Signal로 전달한다. 수신호 전달 순서는 R Side Station에서 맞은편 L Side Station으로, L Side Station에서는 최후방에서 전방으로 전달한다. 비상착륙 절차에 관하여 시연이 필요한 안내방송일 경우에는 객실승무원은 장비(좌석벨트, Safety Information Card, 승무원용 구명복)를 준비한다.

② 준비되지 않은 비상착륙

준비되지 않은 비상착륙의 경우, 승무원에게 비상사태에 대비할 시간이 전혀 주어지지 않는다. 주로 이·착륙 시에 발생하며 사전예고가 거의 없거나 전혀 없는 경우가 일반적이다.

(2) 비상착륙 시 객실준비 절차

① 객실사무장과 기장의 브리핑 시행

- 비상사태 유형(착륙 / 착수, 항공기상의 문제, 기상조건 포함)

- 비상사태 준비 가능시간
- 충격 방지자세 신호내용 및 신호자
- 비상탈출 신호내용 및 신호자
- 기타 특기사항

기장은 만일 객실사무장과 긴급통화가 필요할 경우에는 'Purser, Contact Cockpit Immediately'라고 PA하고, 객실사무장은 즉시 Cockpit으로 연락을 취한다.

② 객실사무장과 객실승무원의 브리핑 시행

기장과 브리핑한 정보를 객실승무원에게 전달하고, 비상사태 유형 및 준비 가능시간을 고려하여 객실준비 절차를 수립한다. 비상사태 준비가 신속히 이루어질 수 있도록 승무원 간 상호 협의토록 하며, 객실사무장은 객실승무원들이 각 기종 '객실승무원 업무 배정표'를 참조하도록 지시한다.

승객 브리핑 시 승객 브리핑 장비를 준비하고, 객실 조명은 Full Bright를 유지한다. 객실사무장은 잔여시간, 승객수, 승객 구성, 항공기 구조 등을 고려하여 준비시간의 충분 여부를 결정하며, 준비시간이 충분한 경우 아래 '가~라'에 이르기까지 브리핑을 시행한다.

가. 의사소통 및 협의

객실사무장은 기장과 브리핑을 시행한다. 객실사무장은 다른 객실승무원에게 브리핑 내용을 전파한다.

- 기내 서비스용품Catering Item을 정리 보관한다(해당할 경우).
- 좌석 등받이, 트레이테이블, 개인 모니터, 발판을 원위치시킨다.
- 탈출차림을 준비한다.
- 신발을 벗는다(비상착수 시).
- 휴대수하물을 정리하여 보관한다.

- 구명복을 착용한다(비상착수 시).
- 좌석벨트를 착용한다.
- 승객에게 충격방지 자세를 설명한다.
- 승객에게 비상탈출구 위치를 확인시킨다.
- 기내 안전카드Safety Information Card 내용을 숙지시킨다.
- 금연을 유지한다.

나. 협조자 선정 및 임무설명

비상탈출구에 배치할 협조자를 선정하고 임무를 부여한다. 다른 승객들을 도와줄 협조자를 선정하여 임무를 부여하고, B737-800 기종에 구명정Raft이 탑재될 경우 장비 이동을 도와줄 협조자를 2명씩 선정하고 임무를 설명한다.

다. 객실 및 갤리(주방) 안전조치

객실과 갤리를 점검하고 안전조치를 취한다.

라. 최종점검

객실 및 갤리를 재점검하고 기장에게 객실 준비상태를 보고한다. 탈출 시 담당임무를 한 번 더 숙지하고 점프시트에 착석한다. 비상유도등을 켠 후 충격방지 자세를 취한다.

준비시간이 '매우 부족한 경우' 다음사항만을 점검한다.

- 객실 및 갤리Galley 시설물 고정
- 좌석 등받이, 좌석벨트, 트레이테이블 원위치
- 금연 유지
- 탈출미끄럼대Slide / 구명정Raft 및 구명복 안내

준비시간이 '다소 있는 경우' 다음사항을 추가한다.

- 충격방지 자세 설명
- 탈출구 지정

③ 승객 브리핑Brief Passengers

비상착륙 절차에 관하여 승객들에게 브리핑할 경우, 객실사무장은 기내방송을 하고, 승무원이 담당승객들에게 시연 또는 안내한다.

- 기내 서비스용품Catering Item 보관
- 식사 쟁반, 컵, 글라스 등 기내 서비스용품을 거두어 보관
- 좌석 등받이, 식사 테이블, 개인용 모니터, 발판을 원위치
- 승객의 탈출차림 준비 및 설명
  - 승객의 귀걸이, 머리핀, 필기구 등과 같이 날카롭거나 느슨한 물건들은 가방이나 구토대에 넣어 좌석 밑이나 오버헤드 빈 안에 보관하도록 안내한다.
  - 징이 박힌 운동화나 구두 등은 벗어서 좌석 밑 또는 오버헤드 빈에 보관하도록 안내한다.
  - 셔츠 목 부분과 같이 승객의 몸에 꼭 끼는 의류는 느슨하게 하고, 넥타이나 스카프는 풀어서 가방에 넣도록 한다.
  - 안경은 벗어서 착륙 후 승객이 쉽게 꺼낼 수 있는 곳, 즉 상의 주머니나 양말 등에 보관하도록 안내한다.
  - 좌석의 좌석주머니Seat Pocket에는 아무것도 넣지 않도록 한다.
  - 모든 신발을 벗어 좌석 밑이나 오버헤드 빈에 넣는다.
  - 모든 승객의 휴대품이 안전한 장소에 보관되었는지 확인한다(좌석 밑, 오버헤드 빈, 코트룸 등).
  - 될 수 있으면 이면통로 측 좌석에 착석한 승객에게 휴대수하물을 오버헤드 빈에 넣는 일에 관해 협조를 구한다.
  - 승무원용 구명복으로 승객브리핑을 시행하여 성인 승객의 구명복 착용 절차를 설명한다.

- 유 · 소아 동반 승객에게는 유 · 소아가 사용할 구명복을 제공한 후 개별 브리핑을 추가로 시행한다.
- 모든 승객이 구명복을 정확하게 착용했는지 확인한다.
- 구명복은 비행기로부터의 탈출과 동시에 팽창시키도록 승객들에게 강조하여 안내한다.
- 모든 승객이 좌석벨트를 복부가 아닌 골반쪽으로 단단하게 착용했는지 확인한다.
- 충격방지 자세Brace의 시범을 보이고, 승객의 충격방지 자세를 점검한다.
- 임산부가 벌크헤드 좌석에 착석해 있을 경우 다른 곳으로 옮긴다.
- 승객들에게 착륙 약 1분 전(고도 약 1,000피트)에 발신될 충격방지 자세 시행 신호를 알려준다(Fasten Seatbelt Sign 4회, 'Brace for Impact'라는 방송과 Shouting).
- 착륙 후 비행기가 여러 번의 충격을 겪을 수 있으므로, 완전히 정지할 때까지 충격방지 자세를 계속 유지해야 함을 안내한다.
- 탈출구로 사용할 비상구의 위치 및 비상유도등을 가리킨다.
- 승객 탑승 시에 사용했던 비상구만을 이용하여 탈출하는 것이 아니고, 객실 구역별로 가장 가까운 비상구가 별도로 준비되어 있음을 승객에게 충분히 알린다.
- 가장 가까운 비상구 사용이 불가능한 상황을 대비하여 대체 비상구를 지정하여 안내한다. A380 항공기의 경우, Deck(층)을 변경하여 착석한 승객이 있을 경우 추가로 브리핑을 시행한다.
- 기내 안전카드Safety Information Card 내용을 안내하고, 담당 구역에서 승객들의 질문에 답한다.

④ 최종점검

- 객실 및 갤리의 조명 조절
  - 항공기 외부보다 객실 내부의 조명을 어둡게 한다.
- 기장에게 보고
  - 객실, 갤리 안전조치, 승객 브리핑이 종료되면 기장에게 보고한다.
- 비상탈출 시 임무 재숙지

- 객실승무원 업무교범 내의 기종별 '객실승무원 업무배정표'를 참조한다.

- 서바이벌 키트Survival Kit 분리 및 보관(비상착수 시 : A380 U/D Doors Only)
  - 2층 도어(U/D Door)에 부착된 서바이벌 키트 커버를 분리한다.
  - 벨크로 끈을 풀어 서바이벌 키트를 꺼낸다.
  - 분리한 서바이벌 키트 커버를 원위치한다.
  - 서바이벌 키트는 도어 근처 오버헤드 빈 또는 코트룸에 보관한다.
- 점프시트 착석
  - 지정된 점프시트에 착석하여 좌석벨트를 골반쪽에 안전하게 착용한다.
  - 좌석 등받이에 단단히 기댈 수 있도록 숄더 장비를 조절한다.
- 비상등을 켠다.
- 충격방지 자세를 취한다.

객실승무원	충격방지 자세
전향 점프시트	• 발을 어깨너비로 벌려 약간 앞으로 내밀어 바닥을 디딘다. • 손바닥을 위로 하여 깔고 앉는다. • 머리를 앞으로 숙여 턱을 아래로 당긴다.
후향 점프시트	• 발을 어깨너비로 벌려 약간 앞으로 내밀어 바닥을 디딘다. • 손바닥을 위로 하여 깔고 앉는다. • 머리를 좌석 등받이에 힘껏 기댄다.

3) 항공기로부터의 탈출

비상사태의 종류에 따라 탈출을 결정하기 위한 객실, 운항 간 커뮤니케이션 방법이 달라질 수 있으나, 일단 비상탈출이 결정되면 객실승무원은 샤우팅Shouting을 시행함으로써 승객에게 탈출명령을 내려야 한다.

(1) 상황판단

객실승무원은 항공기가 완전히 정지한 후 비상탈출 여부에 관한 올바른 상황판단을 내려야 하며, 기장의 방송을 가장 중요한 상황판단의 근거로 한다. 만약 적절한 기장의 방송이나 조치가 취해지지 않으면, 객실승무원은 기장에게 비상신호로 연락한다.

항공기가 이륙하기 위해 활주로상에서 활주를 시작한 후 이륙을 중단하는 '이륙중단Rejected Takeoff'의 경우에도 객실승무원이나 승객에 의한 필요치 않은 비상탈출을 피하려면, 객실승무원은 기장의 방송에 따른 상황판단을 하고 적절히 대응해야 한다.

(2) 비상탈출

① 준비된 비상사태

기장과 객실승무원 간 사전에 약속된 기장의 탈출지시 방송 또는 탈출신호음Evacuation Horn을 듣는 즉시 탈출을 시작한다.

② 준비되지 않은 비상사태

객실승무원은 비상탈출 여부를 결정하기 위해 비상신호를 이용하여 연락하거나 도어를 두드림으로써 조종실에 연락을 시도한다(객실구조의 손상 및 화재 상태에 관한 보고). 기장의 탈출지시 방송 또는 탈출신호음Evacuation Horn이 있을 경우, 조종실로의 연락시도를 중지하고 즉시 탈출하며 비상등을 켠다.

가. 객실승무원의 비상탈출 결정

객실승무원은 비정상적인 상황에서 운항승무원에게 먼저 연락을 시도해 보고 난 후 조종실로부터 응답이 없다면, 객실상황이 아래와 같은 경우에 한하여 항공기가 완전히 정지했을 경우에는 비상탈출을 스스로 결정할 수 있다.

- 항공기의 심각한 구조적 손상
- 위험한 화재나 연기 발생
- 승객들이 위험상태에 직면하였을 경우

상황이 허락하는 한 조종실에 연락을 수차례 시도해야 한다. 왜냐하면, 운항 승무원들이 비상체크리스트Emergency Checklist에 의해 업무를 수행할 경우 객실의 연락에 즉각적인 응답을 할 수 없는 경우가 있기 때문이다.

나. 승객에 의한(승무원의 지시에 의하지 않은) 탈출

승객에 의한 비상탈출은 주로 지상대기나 지상주행Taxiing 중 승객 스스로가 위험한 상황을 발견하여 비상구를 열고 탈출을 시도하는 것을 말한다. 이러한 경우 객실승무원은 정확한 상황인식, 기장 및 다른 객실승무원과의 커뮤니케이션 등을 통하여 즉각적이고 적절한 조치(비상탈출을 명령 또는 제지)를 취하는 것이 요구된다.

다. 비상탈출이 필요하지 않은 경우

운항과 객실승무원 간 원활한 의사소통과 효율적 협조체제를 수립하여 승무원의 지시에 의하지 않은 승객탈출Unwarranted Passenger Evacuation을 예방하려는 조치는 다음과 같다. 객실을 통제하고 승객들을 진정시키고, 필요할 경우 PA를 사용하여 샤우팅("진정하세요! 자리에 앉으세요! Everything Is Under Control! Stay Seated!") 한다. 또한 최대한 빨리 기장 및 다른 객실승무원과 연락을 취해야 한다.

라. 비상탈출이 예상되는 경우

비상탈출이 예상될 경우 탈출 과정에 필요한 절차를 다시 한 번 알려주며, 승무원이 탈출을 지시하기 전에 승객 자력으로 탈출을 시도하려는 경우에는 객실을 통제("기다리세요! Wait!")한다.

마. 비상탈출이 요구되는 경우

비상탈출을 시도하기 전 기장 및 다른 객실승무원과 연락을 취하여 결정된 사항에 따라 비상탈출을 지휘한다. 비상탈출은 긴급한 위험상황에서만 시행되어야 하며, 비상탈출 과정에서 많은 부상이 수반되는 관계로 일단 비상탈출이 결정되었더라도 비상탈출의 원인이 제거되었다면 기장 등과 협의하여 중간에 중단할 수도 있다.

(3) 탈출지시

① 좌석이탈 명령 샤우팅Shouting 시행

B737-800(73HP) 기종에서 구명정Raft이 탑재되었을 경우 구명정을 보관소에서 떼

어내서 팽창시킬 때까지 승객들이 자리에 앉아있도록 지시한다. 승무원은 승무원 좌석Jump Seat에서 일어나 손전등을 들고 지정된 또는 가장 가까운 탈출구로 간다. 필요할 경우, 협조자에게 외부상황을 확인하고 탈출구를 개방하도록 지시한다.

구 분	샤우팅(한글)	샤우팅(영어)
비상착륙	벨트 풀어! 일어나! 나와! 짐 버려!	Release Seatbelts! Get Up! Get Out! Leave Everything!
비상착수	벨트 풀어! 구명복 입어(준비되지 않은 비상사태) 일어나! 나와! 짐 버려!	Release Seatbelts! Get Your Life Vest(준비되지 않은 비상사태) Get Up! Get Out! Leave Everything!

② 탈출상황 판단

구조적인 손상, 객실화재 및 탈출구의 사용 가능성 여부를 확인한다. 비상사태의 유형(착륙 / 착수), 외부상황 및 항공기 특성 등의 상황을 판단한다.

일부 소형기의 동체착륙Belly Landing 시에는 탈출구를 개방하기 전에 외부상황을 파악하여 탈출미끄럼대Slide가 필요 없을 정도로 탈출구가 지면에 가까울 경우, 도어모드Door Mode를 해제 위치에 놓고 탈출구를 개방해야 한다.

B737-800(73HP) 기종에 구명정Raft이 탑재되는 경우, 우선 구명정을 사용하기 위해서 앞쪽 두 개의 비상구에 장착된 슬라이드를 팽창시키지 않고 열은 후 구명정을 사용한다. 구명정을 사용하고 난 후, 필요하다면 도어를 닫은 후 다시 열어 탈출미끄럼대Slide를 팽창시켜 부유물로 사용할 수 있다.

(4) 탈출구 작동 및 탈출

① 탈출구

탈출구Door Exit의 도어모드가 Armed 상태인지를 신속히 확인한 후 탈출구를 연다. 승무원이 한 개 이상의 탈출구를 책임지고 있을 경우, 협조자들에게 지시하여 사용 가능한 모든 탈출구를 열도록 한다. 탈출미끄럼대Slide / 구명정Raft 겸용의 팽창 절차는 비상착륙 시와 비상착수 시 동일하다.

탈출구가 작동되지 않을 경우 재차 개방을 시도하고, 탈출구가 사용불가로 판단되거나 탈출미끄럼대Slide / 구명정Raft 겸용 사용이 불가능할 경우 '탈출구 불량' 명령어를 샤우팅Shouting하여 승객들을 다른 탈출구로 유도한다. 승무원은 탈출이 이루어지는 동안 승객의 탈출로를 막지 않기 위해 도어 안쪽의 어시스트 핸들Assist Handle을 잡고 몸을 벽면에 고정한다.

승객들이 신속히 탈출하는 경우 승객의 몸에 손을 대지 않는다. 승객이 움직이지 않고 있을 경우 뒤에 있는 승객에게 앞 승객의 허리(벨트 부분)를 밀도록 하거나, 승무원이 한쪽 손은 어시스트 핸들을 잡고 한쪽 손은 승객의 허리(벨트 부분)에 대고 강하게 탈출미끄럼대Slide쪽으로 밀어낸다.

② 날개 위 창문 탈출구

날개 위 창문 탈출구Overwing Window Exit는 승객이 개방하도록 지시한다. B737 날개 위 창문 탈출구 상단의 안쪽으로 손을 넣어 손잡이를 잡아당겨 놓으면 비상구 상단 부위를 축으로 하여 날개 위 창문 탈출구가 바깥쪽 위로 자동으로 올라가 열리면서 동체에 고정된다.

(5) 승무원 탈출

모든 승객이 탈출했는지를 확인한다. 비상사태 발생 상황을 고려해서 자신이 담당하고 있는 구역의 FAK, 메가폰, 손전등, 객실승무원 업무교범Cabin Operations Manual, ELT 등 필요하다고 판단되는 물품을 소지하고 탈출한다. 일단 항공기 외부로 나오면 될 수 있으면 항공기 내부로 다시 들어가지 않도록 한다.

4) 탈출 후

(1) 항공기 탈출 후

① 비상착륙 / 비상착수 시

항공기의 화염이나 폭발로부터 피해를 보지 않을 만한 안전거리(항공기 앞이나 뒷부분으로부터 약 100m 정도)를 유지한 후 탈출한 승객을 모은 후 부상승객에 관한 응급처치를 시행하고 모든 승객 및 승무원의 수를 확인한다. 흡연을 금하며 가능하다면 경비를 세워 수하물이나 항공기 잔해가 손상되지 않도록 하고, 필요한 경우 구조신호를 보낸다.

② 비상착수 시 추가사항

2명의 승무원이 탈출미끄럼대Slide / 구명정Raft 겸용 혹은 구명정에 탑승하는 경우 1명은 전방에서 주위의 상황을 살피고, 다른 1명은 후방에서 승객들을 지휘하여 안전거리까지 이동한다. 탈출미끄럼대 / 구명정 겸용 혹은 구명정을 안전거리까지 이동시키기 위해서 승객들에게 다음과 같이 지시한다.

- "저는 승무원입니다! 전방을 보세요!"
  "I Am A Crew! Look At The Front!"
- "손으로 저으세요! 하나! 둘! 하나! 둘!"
  "Row The Raft! One! Two! One! Two!"

안전거리까지 이동한 후 닻Sea Anchor을 설치하고, 탈출미끄럼대Slide / 구명정Raft 겸용 혹은 구명정이 없는 경우 수영으로 안전거리까지 이동한 후 도움Help요청 자세나 모여있는Huddle 자세를 취한다.

5) 환경으로부터의 생존

생존에 있어서 가장 중요한 요소는 생존하고자 하는 의지력이다. 생존하고자 하는 의지력 고난을 극복하는 능력과 효율적인 대응활동으로 나타난다. 승무원과 승객은 구조될 때까지 최소한의 물품만으로 환경을 극복하고 생존해야 하는 경우도 있다. 모든 승객이 항공기 외부로 탈출했을 경우, 아래에 서술한 생존 일반지침을 준수해야 한다.

(1) 생존 일반지침

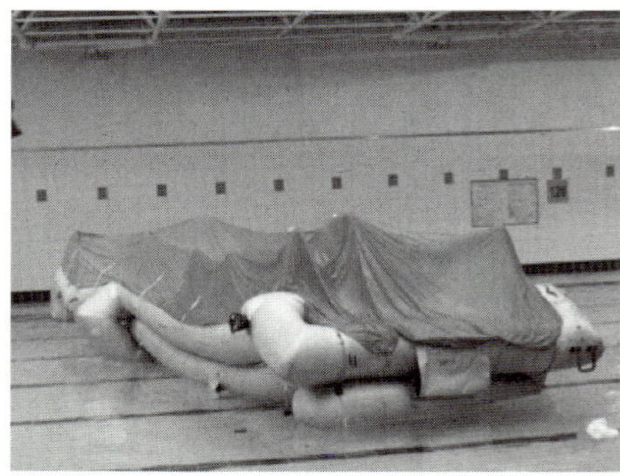
덮개가 설치된 모습

- 항공기 주변에 있어야 한다.
- 부상승객에게 응급처치를 시행한다.
- 임무별 그룹을 조직한다.
- 음식 및 연료(나무 등) 수집, 식수 찾기, 화장실로 사용할 구역 지정 및 준비 등의 특정한 임무별로 그룹을 조직하여 임무를 부여한다.
- 피난처를 찾는다.
- 비상착륙 시 가능한 경우 동체의 잔해, 탈출미끄럼대Slide / 구명정Raft 겸용 혹은 구명정 등을 사용할 수 있다.
- 비상착수 시는 덮개Canopy를 설치한다.
- 사용 가능한 모든 비상장비의 재고를 확인한다.
- 탈출미끄럼대Slide / 구명정Raft 겸용 혹은 구명정에 있는 서바이벌 키트Survival Kit 및 모든 비상장비를 파악한다.
- 구조신호를 보낼 그룹을 조직한다.
- 비상위치 송신기ELT : Emergency Locator Transmitters를 포함한 신호장비Signaling Devices를 이용해서 비상신호를 발신할 그룹(또는 개인)을 지정한다.
- 음식과 물을 수집하는 절차를 수립한다.
- H_2O 소화기에 든 물은 부동액이 들어있으므로 마셔서는 안 된다.
- 동물의 이동 흔적을 추적하면 물을 찾을 수 있으며, 항공기에서 흘러내리는 이슬을 모아서 사용할 수도 있다.
- 탈수증을 예방한다.
- 정수되지 않은 물은 마시지 않도록 한다.
- 5분간 물을 끓이거나 물정제약Water Purification Tablet을 사용하여 물을 정수한다.

04 의료 응급상황

1) 상황판단

최초 발견한 승무원은 본인이 승무원임을 밝히고 환자의 상태를 신속히 파악한다. 먼저 환자의 의식 및 호흡을 확인하고, 환자가 도움이 필요한지를 확인하며 동의를 얻는다. 또한 환자에 관한 의학정보를 얻고 의사소견서가 있는지도 확인한다.

2) 의사소통 및 협의

최초환자를 발견한 승무원은 비상신호 또는 구두로 도움을 요청한다. 생명위협 비상사태인 경우 기장에게 통보하고, 도움을 요청받은 승무원은 응급처치 장비를 준비한다. 필요한 경우 기장과 협의하여 의학적인 도움을 지상으로 요청한다.

객실사무장은 기장과 의사소통 및 협의를 하고, 또한 객실승무원들을 지휘하여 환자에게 적절한 도움을 제공토록 한다. 필요한 경우 의사 호출Doctor Paging을 시행하거나 위임한다.

3) 응급처치

(1) 순서

환자의 의식을 확인하고 필요한 경우 승객을 바닥Floor에 눕힌 후 환자의 상태에 따라 심폐소생술CPR을 시행한다. 객실사무장은 응급처치가 최소 2인 이상의 승무원이 시행되도록 하고, 인공호흡 및 CPR을 시행하는 경우 교대 승무원을 준비토록 한다. 생명 위협 비상사태인 경우에는 AED가 준비되면 가능한 한 빨리 전기패드를 환자의 가슴에 부착한다.

(2) 기내의 주요 발생의료 응급상황

① 심장마비 · 협심증

증상은 가슴이 답답하며 무거운 통증을 느끼고 팔, 목, 손과 등 부위에 통증이 나타나며 근심 및 초조함이 증가하고 집중력이 저하된다. 계속 땀을 흘리고 속이 메스꺼워지며 호흡이 곤란하고 기침이 나온다. 응급처치는 승객이 소지한 약이 있을 경우 복용할 것을 권유한다. 조이는 옷은 느슨하게 풀어주며 움직임을 최소로 하고, 필요한 경우 산소를 제공한다. 그리고 승객을 진정시킨 후 과거의 병력을 물어본다. 이후 활력 징후를 확인하고, 될 수 있으면 신속히 의료인의 도움을 받게 하며 쇼크에 관한 응급처치를 한다. 특히 심장마비는 심장정지로 이어질 수 있으므로, 증상을 신속히 파악하여 응급처치를 시행하는 것이 중요하다.

필요한 장비는 인공호흡기가 들어있는 Resuscitator Bag 내에 있는 청진기, 혈압계, 체온계, 백밸브마스크Bag Valve Mask AED, FAK 내에 있는 Face Mask가 있다.

② 호흡곤란

증상은 숨쉬기를 괴로워하며 가끔 천천히 소리를 내면서 호흡한다. 천식, 기관지염, 폐기종 등은 일반적으로 과거의 경험으로 환자들이 증상을 알기 때문에, 과거의 병력을 확인토록 한다. 응급처치는 승객이 처방받은 약이 있으면 복용시키고, 산소를 공급할 수는 있으나 장시간 공급할 필요는 없다. 승객을 안정시키고 의식이 있으면 편히 앉도록 하며, 활력징후를 관찰하고 증상이 심할 경우 의료인의 도움을 받는다.

천식, 만성 폐쇄성 폐질환 환자로 기관지 확장제를 처방받았으나 소지하고 있지 않으면, 의사처방 하에 벤톨린 흡입제를 제공할 수 있다. 필요한 의료장비는 EMK 내에 있는 벤톨린 흡입제와 인공호흡기가 들어있는 Resuscitator Bag 내에 있는 청진기, 혈압계, 체온계 등이 있다.

③ 기내상해

가. 출혈

환자가 심한 외부출혈 상태에 있거나 이미 출혈이 상당히 진행되었다고 판단될 경우에는 지혈조치를 신속히 시행해야 한다. 응급조치는 직접 압박을 가하며 상처 부위를 들어올리고, 압박점을 찾아 압박을 시행하며 붕대로 상처를 감싼다.

필요한 장비는 의료백 내에 있는 탈지면, FAK 내에 있는 압박붕대Bandage Compresses, 붕대Roller Bandage, 가위, 멸균거즈, EMK 내에 있는 멸균거즈, 인공호흡기가 들어있는 Resuscitator Bag 내에 있는 탈지면, 탄력붕대Elastic Bandage 등이 있다.

나. 화상

화상은 정도에 따라 응급처리를 달리한다.

구 분	증 상	응급처치
1도 화상	• 화상 부위의 피부가 붉어진다. • 화상 부위가 부어오르며 통증을 느낀다.	• 화기가 사라질 때까지 충분히 화상 부위를 차가운 물에 담그거나 차가운 수건으로 냉찜질한다. • 필요한 경우 식염수 또는 FAK, EMK 내 Povidone Iodine Swabstick를 이용하여 상처 부위를 소독한다. • 화상 연고를 바른 후 붕대를 느슨하게 맨다. • 화상 부위를 들어올린다.
2도 화상	• 1도 증상 이외에 화상 부위에 수포가 생긴다.	
3도 화상	• 화상 부위가 하얗게 되거나 검게 타 있다. • 피부조직이나 뼈가 드러나 보일 수 있다. • 환자가 쇼크 상태일 수도 있다. • 화상 부위의 이물을 함부로 떼어내지 않으며, 화상으로 인한 수포를 임의로 터트리지 않는다.	• 화기가 사라질 때까지 충분히 화상 부위를 차가운 물에 담그거나 차가운 수건으로 냉찜질한다. • 식염수 또는 FAK, EMK 내 Povidone Iodine Swabstick를 이용하여 상처 부위를 소독한다. • 화상 부위에 붙어있는 옷조각 등은 그대로 둔다. • 화상 연고를 바른 후 화상 부위에 붕대를 느슨하게 대고, 화상 부위를 들어 올린다. • 쇼크에 관한 응급처치를 시행한다. • 의식이 있는 경우, 음료수를 제공한다.

필요장비는 의료백 내에 있는 면봉, 실마진연고, 얼음주머니, FAK 내에 있는 붕대, 가위, 리도어거즈(바셀린거즈), Povidone iodine swab stick, 멸균거즈, EMK 내에 있는 식염수, Povidone iodine swab stick, 멸균거즈, 인공호흡기가 들어있는 Resuscitator Bag 내에 있는 얼음주머니 등이 있다.

④ 경련

증상으로는 근육이 경직되며 3~30초 정도 지속한 후 경련을 일으킨다. 근육이 경직된 동안 호흡이 중단되거나 혀를 깨물기도 하고, 소변과 대변을 통제하지 못할 수도 있다. 얼굴과 입술이 푸른색으로 변하고 입 주위에 거품이 생기며 흐른다.

경련 · 발작 증상은 시간이 지나면 감소하는 경향이 있다. 하지만 발작이 10분 이상 지속하거나 계속해서 일어날 경우, 신속히 의료인의 도움을 받도록 한다. 응급처치로 경련이나 발작 중에 움직이지 못하도록 해서는 안 되며, 음식물을 제공하지 않고 손가락 등을 입에 넣지 않는다. 주위의 날카로운 물건들을 치우고 주위를 베개나 담요로 둘러서 승객이 상처를 입지 않도록 한다. 구토할 경우는 몸을 옆으로 돌려 구토물로 인한 질식을 예방하고, 경련 · 발작이 끝난 후에도 활력 징후를 계속 관찰한다. 필요한 경우는 산소를 공급한다.

환자가 임산부 또는 당뇨환자이거나 발작 도중에 상처를 입은 승객일 경우에는 신속히 의료인의 도움을 받도록 한다. 필요한 의료장비는 인공호흡기백 내에 있는 청진기, 혈압계, 체온계 등이 있다.

⑤ 기절

기절 전 · 후에 따라 응급처치를 달리한다.

구 분	주요 증상	응급처치
기절 전	• 얼굴이 창백해진다. • 무기력해지고 현기증을 느낀다. • 피부가 끈적거리고 땀을 흘린다.	• 머리를 심장의 위치보다 낮추어 눕히고, 혈액순환을 위해 발을 20~30cm 정도 들어올려 높게 한다. • 꽉 조인 옷을 느슨하게 해준다. • 머리에 냉찜질을 한다. • 활력 징후를 확인한다.
기절 후	• 의식이 없다. • 호흡이 약하다. • 맥박이 느려지거나 빨라진다. • 땀을 흘린다.	• 머리를 심장의 위치보다 낮추어 눕히고, 혈액순환을 위해 발을 들어올려 눕힌다. • 호흡하고 맥박이 뛰고 있으면, 승객의 코 밑에서 암모니아 흡입제를 흔들어 코 밑에 가져다 댄다. • 꽉 조인 옷을 느슨하게 해준다. • 머리에 냉찜질을 한다. • 의식이 돌아오면 승객을 안심시키고 따듯한 음료를 제공한다. • 활력 징후를 확인한다.

필요한 주요 장비는 인공호흡기가 들어있는 Resuscitator Bag 내에 있는 얼음주머니, 청진기, 혈압계, 체온계, FAK 내에 있는 암모니아 흡입제 등이 있다.

⑥ 복통

증상은 통증이 광범위하게 나타나고 메스꺼움, 구토현상이 발생한다. 설사 또는 변비증세가 나타나며 복부가 팽창한다. 응급처치로 우선 승객을 편안하게 안정시키고, 구토가 일어날 경우 기도가 막히지 않도록 대비한다. 호흡이 얕거나 호흡곤란 증상이 보일 경우에는 산소를 공급해 준다. 음식물을 제공하지 않으며 쇼크에 관한 응급처치를 시행한다.

4) 응급처치의 기본원칙

(1) 기본원칙

응급상황 발생 시 객실승무원의 임무는 필수적인 응급처치를 시행하는 것이다. 의료인에게 환자를 인계하기 전까지 정해진 응급처치 내용 및 응급의료콜시스템EMCS에 의한 당사 항공의료센터의 자문에 의해 응급처치를 수행하고 환자를 적절하게 보호해야 하며, 환자의 상태를 진단하거나 환자에게 처방을 해서는 안 된다.

응급처치를 하는 동안에는 환자의 혈압, 맥박, 호흡, 체온의 활력 징후Vital Sign 및 증상, 관찰되는 상황에 대해 기장에게 지속적으로 보고해야 한다. 외관상 무의식 상태일지라도 경우에 따라 환자가 주변의 소리를 들을 수 있으므로 환자 주위에서 불필요한 이야기를 하지 않도록 해야 하며, 또한 환자와 관계가 없는 주변 승객이나 언론인에게 환자의 상태에 관하여 이야기하지 않는다.

(2) 의료행위

응급환자가 발생하거나 기내에서 질병 및 부상이 발생하여 전문적인 진단 및 치료가 필요하다고 판단될 경우 의사 호출Doctor Paging을 시행하고 기장에게 보고한다. 의사 호출 시 1차로 의사 또는 Medical Doctor라는 용어를 사용한 후 나타나지 않으면 2차로 의료인, 응급구조사 또는 Medical Professional이라는 용어를 사용해서 시행한다. 또한 자신이 의사임을 밝히는 승객이 있으면, 가능한 경우 의사임을 입증할 수 있는 신분증명서 또는 명함 등을 요청하고 확인한 후 의료 행위를 시작하도록 한다.

의사임을 입증할 수 있는 방법이 없을 경우에는 기장의 판단에 따른다.

기내 의료인에 의해서 처치가 가능한 경우 기내 탑재 의료장비 및 약품을 제공하며 응급처치에 협조하고, 도착하여 공항 의료진에게 환자가 인도되기 전까지 승무원은 환자 옆에서 도움을 제공해야 한다. 기내 의료인이 없는 경우에는 본 장에 정해진 응급처치의 기본원칙 및 내용을 참고해서 승무원이 응급처치를 시행한다.

객실승무원은 기장이 응급의료콜시스템EMCS : Emergency Medical Call System을 이용하여 의학적 자문요청 시 정확한 건강상태 파악을 위해 승객 건강상태Checklist(성별, 나이 포함한 환자의 인적사항, 주 호소증상, 의식상태 및 활력 징후, 산소 사용 여부, 과거 병력, 사용 중인 약품명, 도착 시 필요한 의료지원 형태, 응급처치 사항 등)를 작성하여 제공한다. 응급의료콜시스템은 의료인이 탑승하고 있지 않거나, 탑승 시라도 추가 의료자문이 필요한 경우 또는 국내 · 외에서 의료지원을 받을 수 없는 경우, 유선을 통하여 항공의료센터 의사로부터 자문을 받을 수 있는 시스템이다.

필요하다고 판단되면, 가능한 경우 객실사무장은 상황을 목격한 주변 승객의 진술서를 확보하며 목격자의 성명, 좌석번호 및 진술 내용이 포함되도록 해야 한다. 게이트Gate에 도착 시 도착지 공항의 응급 의료진이 해당승객에게 신속히 접근할 수 있도록 나머지 승객들은 착석해 줄 것을 요구하는 PA를 시행할 수 있다. 승무원의 교대 시에는 환자상태에 관한 정보를 교대팀에게 알려야 한다.

05 항염예방 및 기타사항

1) 감염성 질환 승객

승객 중에는 감염성 질환(B형, C형 간염, AIDS 및 각종 감염병)을 가지고 있는 경우가 있어, 기내에서 응급처치를 시행할 경우 환자와 주변 승객 및 승무원의 감염 위험성을 줄이기 위해 예방책을 시행해야 한다.

환자의 혈액, 상처, 짓무른 부위가 입 또는 피부에 닿지 않도록 하며, 환자의 체액과 직접적인 접촉을 피하고자 UPKUniversal Precaution Kit 내 위생용품(일회용 의료장갑, 안면 보호대, 보호용 앞치마) 및 랩, 린넨, 냅킨, 백밸브마스크, 일회용마스크 등을 사용할 수 있다. 환자의 혈액이나 체액을 직접 접촉하게 될 경우에는 반드시 일회용 의료장갑을 끼고, UPK 내 액체응고제와 오물처리를 위한 주걱, 멸균백 등을 이용하여 환자의 체액을 처리한다. 환자의 체액, 오염물 및 환자가 접촉된 기내용품들은 멸균백에 버리고 없으면 비닐백에 담아서 밀봉해 둔다.

응급처치 후, 특히 환자의 체액에 접한 경우는 비누로 손을 깨끗이 씻는다. 체액에 접촉되었다고 판단될 경우, 해당승무원은 목적지 도착 즉시 항공의료센터와 연락하고 조치를 받아야 한다.

2) 감염병 의심증상

고열, 지속적 기침, 지속적 설사 또는 구토, 호흡곤란, 비정상적인 출혈, 피부발진 중 한 가지 이상의 증세를 보이는 승객이나 객실승무원이 있을 경우는 감염병 여부를 의심해 보고 다음과 같이 처리한다.

- 기장 보고 및 의사 호출을 시행하거나 지상(EMCS 등)에 도움을 요청한다.
- 좌석이 여유가 있으면, 환자를 좀 더 고립된 자리로 재배정하고, 원래의 자리와 재배정된 자리를 표시하여 운송직원에게 알려준다.
- 객실사무장은 환자를 도와줄 승무원을 지정하고 필요할 경우 추가 지정한다.
- 가능하면 환자 승객용 화장실을 지정하고, 불가시 환자 승객이 화장실 사용 후 접촉하는 곳(수도꼭지, 화장실 손잡이 등)은 비누를 이용하여 닦아낸다.
- 환자 기침 시 마스크를 착용토록 하고, 마스크가 없거나 마스크로 호흡이 어렵다면 코와 입을 가리도록 티슈를 제공하고, 나중에 승무원이 수거할 수 있도록 따로 비닐에 모아두도록 요청한다.
- 동반 승객에게 혹시 같은 증상이 있는지를 물어보고, 환자 승객의 앞 · 뒤 3열의

승객들에게 연락처를 남기도록 요청한다.

3) 기내 사망의 처리

객실승무원은 공식적으로 사망을 인정할 자격이 없으며, 승객에 관한 사망선고는 의료 인가권자(의사, 치과의사, 한의사)만이 할 수 있다. 비행 중 사망자가 발생하면 객실사무장은 즉시 기장에게 통보한다. 자격이 있는 의료 인가권자에 의해 사망이 선고되면, 해당 의료 인가권자와 종합통제부의 합의에 의해 그 비행은 목적지까지 계속할 수 있으며, 사망 승객이 발생한 상황에서 다른 나라로 입국 시 가능한 한 빨리 현지 공중보건기관에 통보해야 한다.

사망자가 발생한 경우에는 다음의 절차를 준수한다.

- 사망자는 좌석에 앉힌 상태로 좌석벨트로 묶고 담요로 덮어둔다. 사망자가 좌석에 있지 않았던 상황 이외에는 그 승객을 옮겨서는 안 된다.
- 가능한 승객의 사망 사실을 승객들이 알지 못하도록 해야 한다. 또한 가능하면 다른 승객들을 그 지역에서 다른 지역으로 이동시킨다.
- 도착 후 현지 의료 인가권자에 의해 허락이 있을 때까지 사망자를 이동해서는 안 되며, 사망자의 개인소지품은 도착지 공항지점장에게 전달한다.
- 항공기 도착 시 앰뷸런스 승객을 조치하는 방식으로 승객을 처리해야 한다.
- 만일 사망선고가 되지 않았다면, 그 승객은 의식이 없는 상태로 간주하여 적절한 응급처치를 계속해야 한다.

4) 기내 질병 및 사망의 보고

국제보건규정IHR : International Health Regulations에 의해서 각국의 공중보건기구는 항공기에서 발생한 질병 및 사망에 관해서 입국 전 통보(보고)를 요구하고 있다.

객실사무장은 기내에서 사고 또는 멀미 등의 증세에 의해서 발생하지 않은 발진

Rash, 두드러기, 발열Fever, 오한Chills, 설사Diarrhea 등의 증세가 발생할 경우, 또는 기내에서 사망사고가 발생하는 경우 기장에게 해당사항을 보고하고 G/DGeneral Declaration Health Declaration란에 관련 내용을 기입해야 한다. 발생 환자에 관해서는 최대한 자세한 정보, 즉 환자 인원수, 성별, 나이, 증상, 출발지, 환자가 취식한 음식(식중독으로 예상될 경우)의 내용 등을 알아내어 기록해야 한다. 관련 내용은 도착지 공중보건기구에서 요구할 경우 제출한다.

5) 전염병 확산방지 항공 가이드라인

최근 들어 발생한 사스, 메르스 등 전 세계적으로 유행한 전염병으로 인해 항공산업은 지속해서 체계적인 가이드라인을 필요로 하고 있다.

2019년 발생한 코로나바이러스COVID19 확산방지를 위해 CAACCivil Aviation Administration of China, 중국 민용항공국에서 제시한 가이드라인은 다음과 같다. 세부적인 내용으로 감염 예방 및 통제 조치, 기내 불치 승객에 관한 관리 권장사항, 항공기에 관한 세척 및 소독절차를 포함하고 있다.

(1) 온도 선별

항공기 내에 열이 있는 승객을 감지할 수 있도록 비접촉 적외선 온도계를 갖추어야 한다.

(2) 승무원 감염관리 대책

① 승무원 감염방지

승무원은 의료 보호 마스크(또는 N95 마스크)를 착용하며, 손 소독 시 항균 물티슈를 사용한다. 폐기물을 처리했을 경우에 승무원은 비누와 물로 손을 먼저 씻어야 한다.

② 아픈 승객 접촉 시

아픈 승객(열, 피로, 마른기침 등의 증상 보유)을 접촉하거나, 체액(호흡기 분비물,

토사, 혈액, 설사 등) 또는 오염된 물체 및 표면을 다룰 때 승무원은 UPKUniversal Precaution Kit 및 PBEProtective Breathing Equipment를 착용해야 한다.

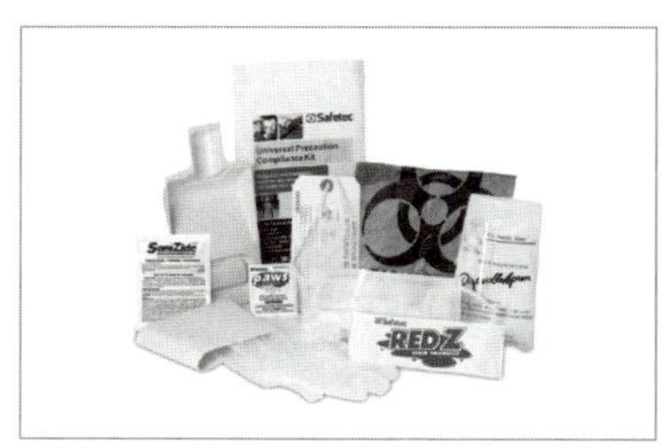
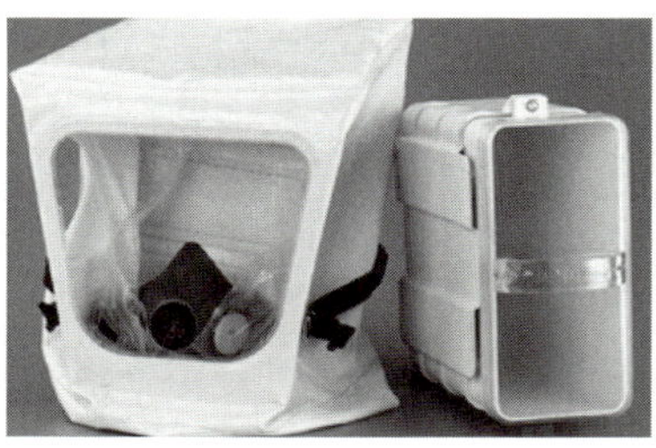

자료 : Kline Medical Supply

UPK(Universal Precaution Kit) 내 세부장비와 PBE

③ 장갑

승객과 접촉해야 할 때 승무원은 일회용 장갑을 착용해야 한다. 특히 발열 승객과 접촉할 때는 장갑이 마모된 상태로 접촉하지 않도록 제때에 장갑을 교체하고 손 세정을 철저히 한다.

④ 마스크

객실 승무원은 의료용 보호 마스크(또는 N95 마스크)를 착용하고 응급 처치 후에는 새 마스크로 교체해야 한다.

⑤ 고글 및 보호복

의심되거나 확진된 환자와 접촉할 때 승무원은 보호안경 및 일회용 보호복을 착용한다. 재사용이 가능한 고글은 사용 후 소독하고 건조시켜야 한다. 안개 방지 필름이 있는 고글은 소독제로 닦지 말고 물로 닦은 후 최소 30분 동안 자외선에 노출시킨다.

(3) 항공기 청소 및 소독

① 항공기의 정기청소

항공기가 주기하고 있는 동안 수행한다. 턴어라운드 타임 안에 모든 것을 완료할 수 없다면, 화장실과 갤리를 우선으로 청소해야 한다.

② 항공기의 예방소독

항공기의 예방소독은 비행 후 다음 원칙에 따라 수행해야 한다.

- 항공기 소독 대상 위치에 따라 마포와 걸레를 다른 색상과 구별하여 교차오염을 줄인다.
- 항공기 부품에 유해하지 않도록 하고, 적절한 접촉시간 동안 표면을 소독제로 문지른 후 즉시 제거한다.
- 바닥에 소독제 분사 시 앞쪽에서 뒤쪽으로 뿌린 후 반대방향으로 다시 분사한다.
- 명시된 주요 부분을 소독하고 상단에서 하단으로, 깨끗한 곳에서 더러운 곳으로 작업을 진행한다.
  - 복도Aisle 소독 : 천장, 오버헤드 빈, 독서등, 공기배출구, 사이드월 패널, 창문, 좌석(트레이 테이블, 팔걸이, 승객 PSU 및 패널), 컴파트먼트, 벌크헤드, 잡지 랙, 객실승무원 좌석을 소독한다.
  - 화장실Lavatory 소독 : 화장실 변기, 휴지통, 화장실 측벽, 천장, 도어(도어 표면, 도어 손잡이, 재떨이, 여닫는 래치) 순으로 소독을 진행한다.
  - 주방Galley 소독 : 천장, 오븐, 물 보일러, 커피 메이커, 갤리 설비, 서비스카트가 들어 있는 Locker, drawers, 휴지통 순으로 소독한다.

③ 항공기의 소독

체액 / 물질(호흡기 분비물, 토사물, 혈액, 설사 등)에 오염된 객실은 항공기의 응급 의료 장비사용 절차에 따라 적시에 소독해야 한다.

- 개인보호장비PBE를 착용한다. 의료용 마스크, 안경, 의료용 고무장갑 및 불침투성 앞치마를 착용한다.
- 소독약을 준비한다. 표면 소독용 장비를 250~500㎖의 깨끗한 물에 담가둔다.

- 호흡기 분비물, 혈액, 토사물, 설사 및 기타 오염물을 흡수성 살균제로 3~5분 동안 균일하게 감싸고 응고시킨다.
- 휴대용 픽업삽Portable Pickup Shovel을 사용하여 굳어진 오염물질을 바이오 위험 폐기물 백에 삽으로 넣는다.
- 소독제에 적신 흡수성 조직(타월 등)을 사용하여 오염된 물체와 표면을 5분간 닦아낸 후 물로 세척한다. 마지막으로 조직, 타월 및 기타 사용된 소독물질을 바이오 위험 폐기물 봉투에 넣는다.
- 장갑과 앞치마를 벗고, 피부소독용 물티슈로 손을 문지르고, 안경과 마스크를 벗고, 손을 다시 문질러 오염물질에 닿기 쉬운 다른 신체 부위도 이와 같이 시행한다.
- 오염된 모든 물품을 생물학적 위험가방Biohazard Bag 안에 넣고, 가방을 묶고 생물학적 위험폐기물의 태그를 봉인Seal한다.
- 묶인 바이오 위험물 쓰레기봉투가 없어지거나, 파손되거나, 기내 식사가 오염되지 않도록 일시적으로 적절한 장소에 보관한다.
- 업무를 인수할 지상부서에 해당내용을 전달한다.

④ 항공기의 단자소독

아픈 승객을 운반한 후에는 항공기 단자를 반드시 소독해야 한다.

- 모든 승객과 승무원이 비행기에서 내린 후, 항공기 도어를 닫은 후 에어컨을 강하게 조정하여 전체 공기가 교환되도록 한다.
- 아픈 승객의 좌석 구역과 화장실의 모든 표면을 청소한 다음, 야간청소 절차에 따라 기타 장소를 청소한다.
- 예방소독 절차에 따라 염소를 함유한 살균제로 객실 구역을 소독한다.

⑤ 소독제

항공기 청소 및 소독 제품은 내공성 승인을 받아야 한다(특정제품의 경우 부식성이 없거나 항공기 구성요소에 유해하지 않음. 자세한 제품내역은 사이트 참조 http://

www.fccc.org.cn/webs/xhg/list.aspx?classid=0202).

- 예방소독에는 4차 암모늄, 과산화수소 또는 염소가 함유된 살균제를 사용하는 것이 좋다. 과산화수소 농도는 3%를 초과하지 않아야 하며, 20분 동안 250~500mg/L 사이의 염소 유효농도는 10분 동안 유지되어야 한다.
- 단자소독에는 과산화수소나 염소가 함유된 살균제가 권장된다. 과산화수소의 농도와 반응시간은 예방소독과 같다. 염소 유효농도는 30분 동안 1,000mg/L이다.

(4) 기내 비상검역 조치

아픈 여행자(승객 또는 승무원)는 다음 방법으로 기내에서 격리해야 한다.

- 객실의 마지막 세 좌석 열은 비상검역을 위해 지정되어야 하며, 가능하면 아픈 여행자는 오른쪽 창가 좌석에 앉아야 한다.
- 후방 우측 화장실은 격리용으로 특별히 지정되어야 한다.

(5) 승무원 격리관리

승무원은 검역 예방조치에 관한 다음의 원칙에 따라야 한다.

① 노출위험 평가

- 승무원이 특정 증상(열, 피로, 마른기침 등)과 유해한 환경에 노출되었을 경우, 지난 14일 이내에 같은 비행에 배정된 모든 승무원은 격리되어야 한다.
- 근무 중 특정 증상(열, 피로, 마른기침 등)을 가지고 있는 승무원은 객실 내 비상격리 절차에 따라 즉시 격리해야 한다. 노출된 경우가 있을 경우에는 격리 대상 승무원은 승객과 다른 승무원이 하기한 후 지정된 의료시설로 배치되어야 한다. 그리고 다른 승무원들도 위와 같이 격리해야 한다.
- 노출이 있는 아픈 승객을 돌보기 위해 지정된 객실승무원은 다른 승무원과의 긴밀한 접촉을 최소화해야 하며, 비행을 마친 후 같은 구역에 배정된 승객과 마찬

가지로 격리되어야 한다. 반면, 다른 승무원들은 격리 대신 건강상태를 감시한다.

- 감염병이 최다 발생한 지역 외에서 비행을 하는 승무원은 격리 대신 건강상태를 감시할 필요가 있다.
- 감염병이 최다 발생한 지역에서 비행 근무하는 승무원은 감염관리 조치를 채택해야 한다. 그리고 특별한 비상사태를 제외하고 착륙 시 다음과 같은 원칙이 충족되어야 하며 원칙을 벗어나 격리되어서는 안 된다.
  - 승무원 하기 금지
  - 지상인력의 증원 금지
  - 항공기 도어를 닫고 청소, 급수 및 폐기물 처리 없이 의료 인력과 자재 이송은 즉시 반환한다.
  - 착륙하는 즉시, 운영자들은 비행 승무원과 현지 지상 요원들 간의 접촉을 최소화해야 한다. 정상적인 최소 장비목록MEL : Minimum Equipment List 항목을 후속 비행 구간에 사용 가능하도록 점검한다.
  - 홈베이스 복귀 후 단자소독 시행
  - 항공운항관리부서는 사전 착륙 메시지를 통해 언급된 위의 원칙을 승무원에게 통지한다.
- 승무원은 최근 14일 이내에 의심 또는 무증상 환자를 이송한 후 격리해야 한다.

06 승무원의 건강관리

객실승무원은 최상의 고객서비스를 위해서 건강상태가 최적으로 유지되어야 한다.

1) 기내 환경

실제 항공기의 순항고도가 34,000피트라 하더라도 객실고도는 약 7,000~8,000피트가 되도록 여압장치를 통해 유지한다. 일반적인 객실고도는 실제 한라산 높이에 해당되어 정상인은 신체적으로 별다른 영향을 받지 않으나, 건강하지 못한 경우에는 그렇지가 않다.

객실 내 온도는 24℃ 내・외로 조절되며, 습도는 10% 내・외로 매우 건조하므로 점막과 피부가 건조되어 눈, 코, 입 안 등에 불편함이 초래되므로 물을 충분히 마셔 탈수되지 않도록 해야 한다. 항공기 객실은 고공을 비행해도 승객들의 신체에 영향을 미치지 않도록 여압장치와 환기장치를 통해 편안한 항공여행이 될 수 있도록 설계되어 있다. 이 객실 내 공기는 대체로 3~4분마다 완전히 교체되고 있어 매우 깨끗한 편이다.

비행 중에도 다양한 종류의 소음과 진동이 발생되나, 방음처리 및 소음감소 장치 등을 사용하여 객실 내로 직접 전달되지는 않는다. 그러나 비행 중 객실 내의 소음은 50~60dB 정도이며, 정상적인 대화를 하기에는 아무런 지장이 없다.

2) 비행 중 발생 가능한 증상이나 현상

(1) 멀미Airsickness

익숙하지 않거나 적응되지 않은 운동에 시각자극으로 나타나는 노출현상으로 오심, 구토, 창백과 오한 등의 증상이 동반된다. 머리를 고정하고 가까이 있는 사물을 응시하지 않도록 하고, 근무에 익숙해지면 정신적 불안감도 경감되어 멀미가 감소된다.

(2) 시차Jet Lag

장거리 비행의 경우 여러 시간대를 통과하면서 현지 시간과 신체의 생리적 시간의 부조화로 인해 전반적으로 정신신체적 기능 저하를 경험하게 되는데 수면장애, 소화기능 저하, 집중력 저하 등을 초래한다. 생체의 기능은 각기 특이한 리듬(생체리듬)을 지니고 있으며, 낮과 밤의 변화에 따라 대부분 결정된다. 시차 등으로 생체의 리듬은 장애를 받는다.

(3) 심부정맥 혈전증DVT : Deep Vein Thrombosis

좁은 좌석에서 장시간 움직이지 않고 의자에 앉아있으면 다리의 정맥이 압박되어 혈액의 흐름이 원활하지 못해 혈전이 발생될 수도 있다. 내적 요인은 암질환 병력 및 가족력, 60세 이상의 고령, 임신 말기 및 출산 직후 시기, 전신마취 후 혹은 최근에 수술을 받은 경력, 흡연, 비만, 신증후군, 피임약 장기복용, 진성혈소판 증가증 및 혈관 내 응고증 등이 있다. 외적 요인은 좁은 좌석에서 장시간 움직이지 않고 있는 상태, 탈수가 있다.

미항공우주의학협회의 DVT 예방을 위한 권장사항으로는, 다리를 자유로이 움직일 수 있도록 좌석 앞에 짐을 두지 않는 것이 좋고, 좌석에 앉아있는 동안 일정시간 간격으로 다리운동을 하는 것이 좋다. 발을 충분히 스트레칭하며 굽히는 동작을 하고, 몸을 조이는 자세로 잠들지 말며 수면제를 사용하지 않는 것이 좋다. 항공여행을 하기 전과 여행 중에는 충분한 물을 마시도록 하며 술은 피하는 것이 바람직하다.

3) 승무원의 평상시 건강관리

승무원들은 직업의 특성상 불규칙적으로 식사를 하게 되므로 음식물 섭취에 각별히 주의해야 하며, 식사 시 각종 영양분을 균형 있게 섭취해야 한다. 아침식사는 소화하기 쉬운 음식을 선택하고, 밤늦게 음식을 먹지 않도록 해야 한다.

단시간 내에 여러 시간대를 통과함으로써 시차에 관한 부적응으로 졸음과 불면, 배고픔, 정신적 · 신체적 능률저하, 피로 등의 증상이 나타나게 된다. 이때에는 가능한 모 기지의 시간에 맞추어 생활을 하며, 짧은 낮잠으로 수면부족과 피로누적을 막는다. 그리고 약물복용이나 음주는 시차적응에 도움이 되지 않으므로 삼가도록 한다.

건강유지를 위해서는 1주일에 3~5회 가량 30~60분씩 규칙적인 유산소운동(조깅, 수영, 자전거 타기, 빠르게 걷기)과 근력강화운동을 시행해야 하며, 매년 시행하는 정기 건강검진을 통해 건강상태를 확인해야 한다.

해외체류 시 나라마다 특별한 기후가 있으므로, 그에 따른 감염병 및 풍토병이 발생할 수 있으므로 감염병 등에 걸리지 않도록 각별히 개인위생에 주의해야 한다. 주로 중남미, 아프리카, 동남 / 서남아시아 등에서 많이 발생하고 있으며, 최근에는 뎅기열, 신종인플루엔자, 조류인플루엔자, 코로나19 등 새로운 감염병이 발생하고 있으므로, 이에 관한 예방과 올바른 고객응대를 위해 회사의 지시와 공지에 주의를 기울이도록 해야 한다. 또한 국제보건기구에 의해서 국가별로 황열예방접종증명서Yellow Card : 황색카드를 요구하기도 한다. 단, 입국하려는 국가의 감염병 유행 시기에 따라 기타 질병의 예방접종이 고려되기도 한다.

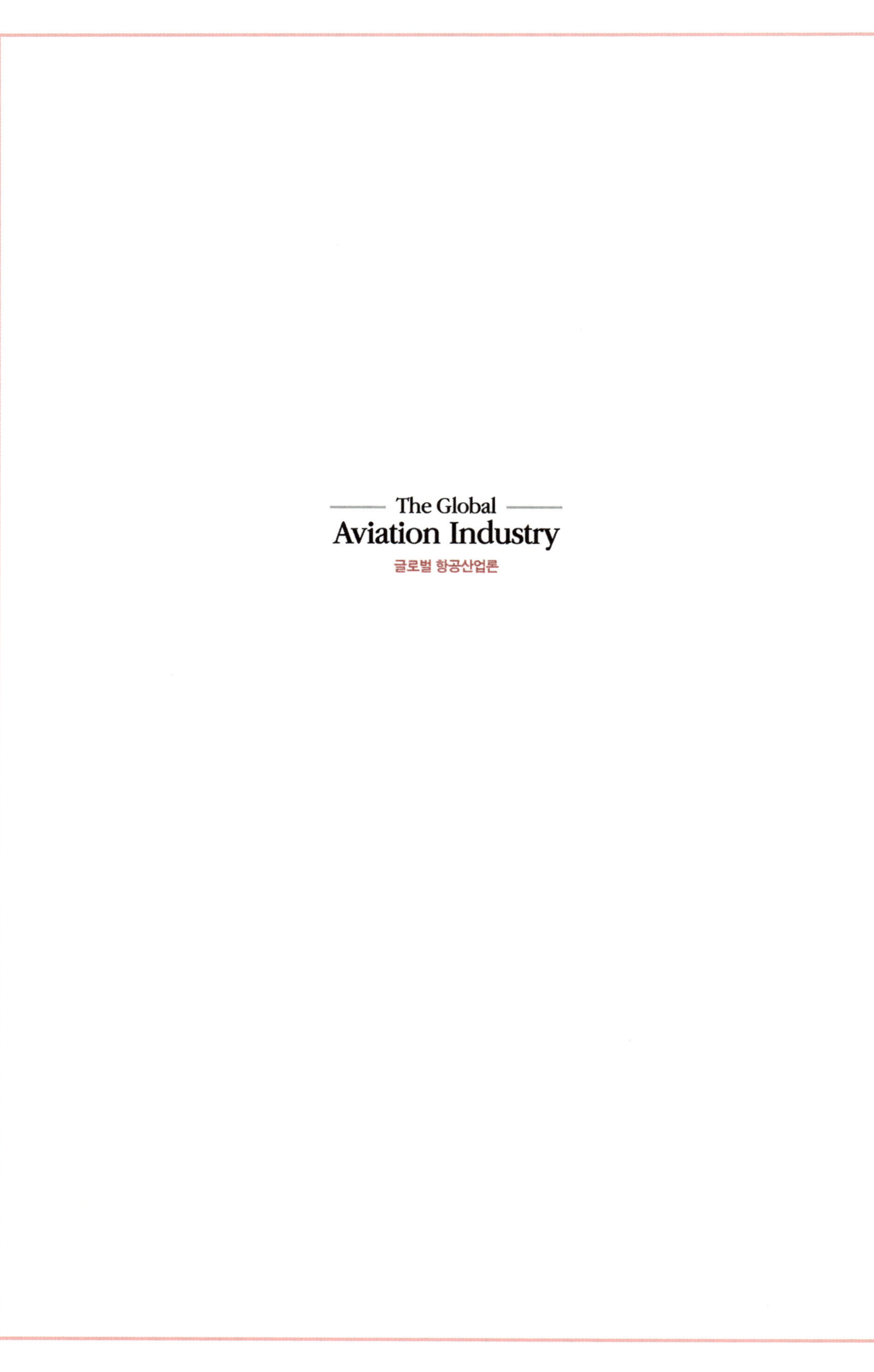
The Global
Aviation Industry
글로벌 항공산업론

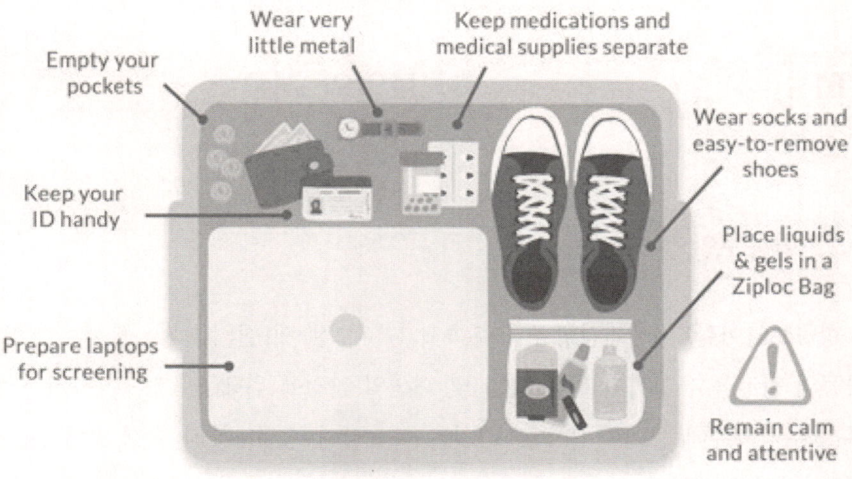

A lie can travel around the world and back again while the truth is lacing up its shoes.

진실이 신발을 신고 있는 동안
거짓은 세상을 반 바퀴 돌 수 있다

– Mark Twain –

CHAPTER 12 항공보안

학습목표

1 항공보안의 개념과 관련 국제 · 국내 법규를 이해하고 설명할 수 있다.
2 공항시설의 보호구역 지정, 승객 및 휴대물품 보안 검색, 위탁수하물 검색, 항공화물 검색, 항공보안자율 신고제도 등 공항보안과 관련된 내용을 이해하고 설명할 수 있다.
3 항공기 보안체계, 항공기내 보안요원과 관련된 기내 보안을 이해하고 설명할 수 있다.
4 운항시작 전과 승객 하시기 보안조치와 항공기 보안과 관련된 일반사항을 이해하고 설명할 수 있다.
5 항공기 출입절차와 조종실 보안에 관하여 이해하고 설명할 수 있다.
6 폭파위협, 납치범, 공중납치, 생화학무기처리 절차에 관하여 이해하고 설명할 수 있다.
7 항공보안을 위한 보안장비의 종류를 이해하고 설명할 수 있다.

01 항공보안의 개요

1) 항공보안의 개념

항공보안이란, 국제민간항공기 부속서 17 제2장 제1절의ICAO Annex 17 2.1.1에, "민간항공의 안전을 유지하기 위해 인명 및 재산의 안전에 위해(危害)를 가하거나 항공업무를 수행하는데 중대한 영향을 미치는 불법방해 행위로부터 승객, 승무원, 지상요원, 일반인과 민간항공 업무에 사용되는 항공기 및 공항시설 그리고 기타 시설들을 보호하는 것"이라고 명시하고 있다.

「항공보안법」에서 정의된 불법방해 행위(제2조 제8호, Acts of Unlawful Interference)란, 아래의 행위들을 포함한다.

- 지상에 있거나 운항중인 항공기를 납치하거나 납치를 시도하는 행위
- 항공기 또는 공항에서 사람을 인질로 삼는 행위
- 항공기, 공항 및 항행 안전시설을 파괴하거나 손상시키는 행위
- 항공기, 항행 안전시설 및 보호구역에 무단침입하거나 운영을 방해하는 행위
- 범죄의 목적으로 항공기 또는 보호구역 내로 무기 등 위해물품(危害物品)을 반입하는 행위
- 지상에 있거나 운항중인 항공기의 안전을 위협하는 거짓정보를 제공하는 행위 또는 공항 및 공항시설 내에 있는 승객, 승무원, 지상근무자의 안전을 위협하는 거짓정보를 제공하는 행위
- 사람을 사상(死傷)에 이르게 하거나 재산 또는 환경에 심각한 손상을 입힐 목적으로 항공기를 이용하는 행위
- 그 밖에 이 법에 따라 처벌받는 행위

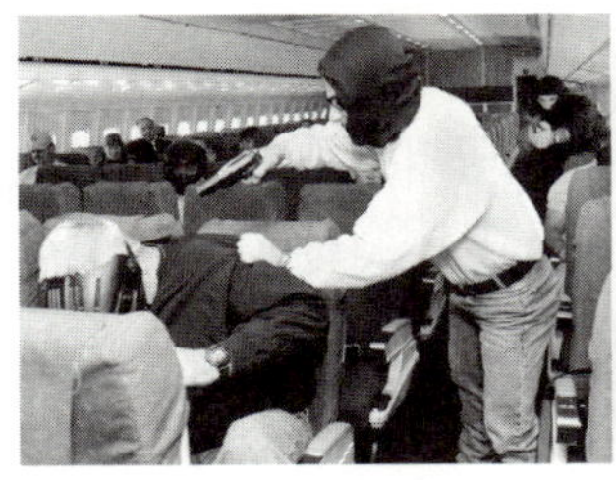

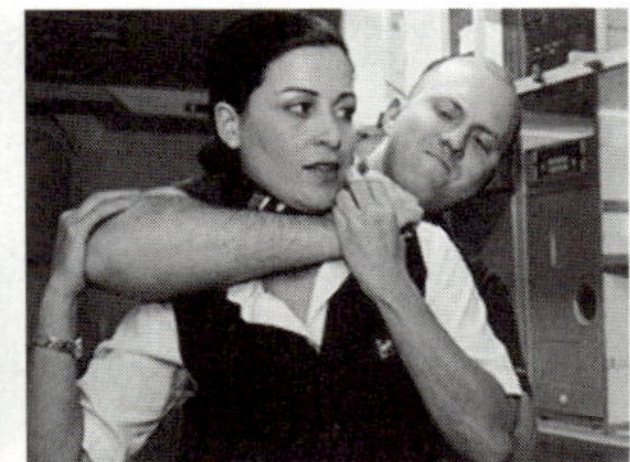

자료 : Aviation Security

기내 불법방해 행위의 예

2) 항공보안 관련 국제법규

(1) ICAO 협약부속서 Annex17

사전 보안대책과 불법방해 행위의 대응관리의 내용을 명시하고 있다.

① 사전 보안대책

- 일반보안 목표
- 승객 및 수하물 관련 대책
- 수하물, 화물과 다른 제품 관련 대책
- 접근통제 조치
- 공항설계 관련 조치

② 불법방해 행위의 대응관리

- 불법방해 행위에 관한 운영적인 측면

(2) ICAO 보안 매뉴얼

주요 내용은 항공보안 기초, 항공보안 운영훈련, 항공보안 교관, 항공보안 위기관리, 항공화물 및 우편물 보안, 항공보안 감독자(검색), 항공사 보안(분야별 교육훈련), 항공보안 설비, 정비훈련, 항공요원 훈련 구상 및 개발훈련, 공항요원 보안경보, 공항요원 재교육자 훈련, 공항요원 지속훈련, 항공보안 고급 과정 등을 골자로 한다.

(3) 동경협약 1963, 제3장(항공기내에서 범한 범죄 및 기타 행위에 관한 협약)

항공기 기장의 권한에 관한 규정에 보면, 항공기 기장은 항공기내에서 어떤 자가 규정된 범죄나 행위를 범하였거나 범하려고 한다는 것을 믿을만한 상당한 이유가 있는 경우, 다음을 위해 요구되는 감금을 포함한 필요한 조치를 부과할 수 있다는 것이 주요 내용이다.

- 항공기와 기내의 인명 및 재산의 안전보호
- 기내의 질서와 규율의 유지
- 상기 행위를 한 자를 관계당국에 인도하거나 또는 항공기에서 하기 조치를 취할 수 있는 기장의 권한 확보

(4) 헤이그조약 1970, 제1조, 제3조(항공기의 불법납치 억제를 위한 협약)

폭력 또는 그 위협에 의해 또는 그 밖의 어떠한 다른 형태의 협박에 의해 불법적으로 항공기를 납치, 점거하거나 또는 그와 같은 행위를 시도하는 경우에 관하여 각 체약국은 범죄를 엄중한 형벌로 처벌할 수 있는 의무를 규정한다.

(5) 몬트리올협약 1971, 제1조. 제3조(민간항공의 안전에 관한 불법적 행위 억제를 위한 협약)

민간항공의 안전과 관련하여 비행 중 항공기에 탑승한 자에 의한 어떠한 형태의 위협(폭력, 항공기 훼손, 파괴, 허위정보 등)에 관해서도 각 체약국이 엄중히 처벌해야 하는 의무를 규정한다.

(6) 탐지목적의 플라스틱 폭발물 표시에 관한 협약(1991)

항공기, 기타 운송수단 및 기타 목표물에 관한 파괴를 목표로 하는 테러리스트에 관한 깊은 우려를 표명하며, 플라스틱 폭발물이 그러한 테러에 사용되어 왔다는 사실을 인지하고 탐지목적의 폭발물 표시로 불법방해 행위를 방지하는데 그 목적이 있다.

(7) 몬트리올 의정서(2014)

동경협약 이후 착륙국의 재판 관할권과 기내 불법행위의 정의조항 부재 등으로 실효성 문제가 제기되었고, 2014년 4월에 동경협약을 보완하여 재판 관할권을 확대하고 기내 불법행위 정의 및 처벌을 권고하는 내용을 포함한 「Protocol to Amend the Convention on Offences and Certain Other Acts Committed on Board Aircraft Done at Montreal on 4 April 2014」(이하 "몬트리올 의정서 2014")가 국제민간항공기구 총회에서 채택되었다.

- 몬트리올 의정서 2014에서는 재판 관할권을 착륙국과 운항국을 포함하여 확대하고(제3조 제1항), 체약국으로 하여금 항공기내에서 승무원에 관한 신체적 상해 및 위협행위, 항공기 및 승객을 보호하기 위한 기장의 합법적인 지시이행을 거부하는 행위를 하는 사람에게 법적인 조치를 취할 것을 권고함(제15조)
- 몬트리올 의정서 2014의 발효를 위해서는 최소 22개국의 비준이 필요한데, 2019년 11월 26일 나이지리아가 22번째 국가로 비준하여 2020년부터 1월 1일부터 발효함

(8) IATA Security Management Systems SeMS

민간 항공보안 관련 세부운영 절차 및 규칙을 규정하며 2년에 한 번씩 개정한다. 구성은 다음과 같다.

- 종합정보
- 정부와 민간항공
- 공항 및 항공보안
- 항공 및 항공보안
- 기타 항공사 보안책임 / 문제
- 범죄와 항공
- 항공에 관한 위험 및 위협

- 단체 및 항공보안
- 보안 관련 IATA 해상도 및 권장사례

3) 항공보안 관련 국내법규

(1) 항공보안법

이 법은 「국제민간항공협약」 등 국제협약에 따라 공항시설, 항행안전시설 및 항공기내에서의 불법행위를 방지하고 민간항공의 보안을 확보하기 위한 기준 · 절차 및 의무사항 등을 규정함을 목적으로 한다. 우리나라에서 항공기내 승객은 「항공보안법」에서 규정하고 있는 승객의 협조의무를 준수해야 한다.

- 승객은 항공기 내에서 폭언 등 소란행위, 흡연행위, 음주 후 위해행위, 성적 수치심 유발행위 「항공안전법」을 위반하여 전자기기를 사용하는 행위, 기장의 승낙 없이 조종실 출입을 기도하는 행위, 기장 등의 업무를 방해하는 행위를 해서는 안됨(제23조의 제1항)
- 다른 사람을 폭행 및 협박하거나 항공기의 보안이나 운행을 저해하는 행위를 해서는 안 되며, 항공기 점거 및 농성도 금지됨(제23조 제2항 및 제3항)

「항공보안법」에서 정의하는 용어의 뜻은 다음과 같다.

① 용어의 정의

용 어	정 의
운항 중	승객이 탑승한 후 항공기의 모든 도어가 닫힌 경우부터 내리기 위해 도어를 열 경우까지
공항운영자	「항공사업법」 제2조 제34호에 따른 공항운영자
항공운송사업자	「항공사업법」 제7조에 따라 면허를 받은 국내항공운송사업자 및 국제항공운송사업자, 같은 법 제10조에 따라 등록을 한 소형 항공운송사업자 및 같은 법 제54조에 따라 허가를 받은 외국인 국제항공운송업자
항공기 취급업체	「항공사업법」 제44조에 따라 항공기 취급업을 등록한 업체

용 어	정 의
항공기 정비업체	「항공사업법」 제42조에 따라 항공기정비업을 등록한 업체
공항 상주업체	공항에서 영업을 할 목적으로 공항운영자와 시설이용 계약을 맺은 개인 또는 법인
항공기내 보안요원	항공기내의 불법방해 행위를 방지하는 직무를 담당하는 사법경찰관리 또는 그 직무를 위해 항공운송사업자가 지명하는 사람
불법방해 행위	항공기의 안전운항을 저해할 우려가 있거나 운항을 불가능하게 하는 행위로서 다음의 행위 지상에 있거나 운항중인 항공기를 납치하거나 납치를 시도하는 행위 • 항공기 또는 공항에서 사람을 인질로 삼는 행위 • 항공기, 공항 및 항행 안전시설을 파괴하거나 손상시키는 행위 • 항공기, 항행 안전시설 및 제12조에 따른 보호구역(이하 '보호구역'이라 한다)에 무단 침입하거나 운영을 방해하는 행위 • 범죄의 목적으로 항공기 또는 보호구역 내로 제21조에 따른 무기 등 위해물품을 반입하는 행위 • 지상에 있거나 운항중인 항공기의 안전을 위협하는 거짓정보를 제공하는 행위 또는 공항 및 공항시설 내에 있는 승객, 승무원, 지상근무자의 안전을 위협하는 거짓정보를 제공하는 행위 • 사람을 사상(死傷)에 이르게 하거나 재산 또는 환경에 심각한 손상을 입힐 목적으로 항공기를 이용하는 행위 • 그 밖에 이 법에 따라 처벌받는 행위
보안검색	불법방해 행위를 하는 데에 사용될 수 있는 무기 또는 폭발물 등 위험성이 있는 물건들을 탐지 및 수색하기 위한 행위
항공 보안검색요원	승객, 휴대물품, 위탁수하물, 항공화물 또는 보호구역에 출입하려고 하는 사람 등에 대하여 보안검색을 하는 사람
장비운영자	제15조부터 제17조까지 및 제17조의2에 따라 보안검색을 시행하기 위해 항공보안장비를 설치 · 운영하는 공항운영자, 항공운송사업자, 화물터미널운영자, 상용화주 및 그 밖에 국토교통부령으로 정하는 자

(2) 주요 내용

① 총칙〈개정 2010.3.22〉

목적, 정의, 국제협약의 준수, 국가의 책무, 공항운영자 등의 협조 의무

② 항공보안협의회 등〈개정 2013.4.5〉

항공보안협의회, 지방항공보안협의회, 항공보안 기본계획, 국가항공보안계획 등의 수립

③ 공항 · 항공기 등의 보안

공항시설 등의 보안, 공항시설 보호구역의 지정, 보호구역에의 출입허가, 승객의 안전 및 항공기의 보안, 승객 등의 검색 등 승객이 아닌 사람 등에 관한 검색, 통과 승객 또는 환승 승객에 관한 보안검사, 상용화주, 상용화주의 지정취소, 기내식 등의 통제, 보안검색 실패 등에 관한 대책, 비행서류의 보안관리 절차 등

④ 항공기내의 보안〈개정 2013.4.5〉

무기 등 위해물품 휴대금지, 기장 등의 권한, 승객의 협조의무, 수감 중인 사람 등의 호송, 범인의 인도 · 인수, 예비조사

⑤ 항공보안장비 등〈개정 2013.4.5〉

항공보안장비 성능 인증 등, 항공보안장비 성능 인증의 취소, 인증업무의 위탁, 시험기관의 지정, 시험기관의 지정취소 등, 수수료, 교육훈련 등, 검색기록의 유지

⑥ 항공보안 위협에 관한 대응〈개정 2013.4.5〉

항공보안을 위협하는 정보의 제공, 국가항공보안 우발계획 등의 수립, 보안조치, 항공보안 감독, 항공보안 자율신고

⑦ 보칙

재정지원, 감독, 항공보안정보체계의 구축, 청문, 권한의 위임 · 위탁, 벌칙 적용에서 공무원 의제

⑧ 벌칙

항공기 파손죄, 항공기 납치죄 등, 항공시설 파손죄, 항공기 항로 변경죄, 직무집행 방해죄, 항공기 위험물건 탑재죄, 공항운영 방해죄, 항공기내 폭행죄 등 항공기 점거 및 농성죄, 운항 방해정보 제공죄, 벌칙, 양벌규정, 과태료

(3) 항공보안에 관한 법률 요약

항공보안에 관한 법률 요약

항 목		법안 주요 내용
1	항공안전조직 설치 운영	• 항공안전, 기술 등에 관한 업무를 전담하는 조직을 설치, 운영
2	항공안전협의회 및 공항안전운항협의회 신설 운영	• 국토교통부 장관을 장으로 하는 항공안전 협의회 신설 운영 • 지방항공청장 주관의 공항안전운영협의회 신설 운영
3	승객의 안전 및 항공기 보안	• 항공사는 승객이 탑승한 항공기에 '항공보안요원'을 탑승시켜야 함 ※항공보안요원은 사법경찰관리(승무원) 또는 항공운송업자가 지명하는 자 • 항공사는 청원경찰 또는 특수경비원으로 하여금 항공기의 경비를 담당하게 할 수 있음
4	승객, 수하물 등에 관한 검색 주체	• 공항운영자(공항공사) : 승객, 휴대품, 위탁수하물에 관한 보안검색 시행 • 항공사 : 화물 보안검색 시행 • 공항운영자(공항공사)는 보안검색에 소요되는 비용을 충당하기 위해 항공법 86조 규정에 의한 사용료의 일부를 사용할 수 있음 ※항공법 86조 사용료 : 공항시설 사용료, 임대료, 여객이용료 등. 징수방식은 시행령 및 시행세칙에 포함 예정
5	통과 및 환승승객 검색 주체	• 공항운영자가 통과 및 환승승객 검색 시행 • 항공사는 통과 또는 환승수하물의 하기 의무화
6	기타 항공보안 관련 내용	• 기내식 탑재 시 보안절차 수립 • 탑승권, 수하물 TAG, 비행서류에 관한 안전보관 대책 수립
7	수감 중인자의 호송조항 신설	• 기내안전 위해자를 호송할 경우 사전 항공사에 통보조항 신설 • 항공사는 호송 대상자가 안전운항에 위협이 된다고 판단 시 적절한 대책 보강요구 가능

(4) 벌칙조항 신설 및 강화(2014년 이후)

구 분	시행일(법률명)		
	2014.4.6. 항공보안법	2016.1.19 항공보안법	2017.3.21. 항공보안법
기장 등의 직무집행을 방해하여 안전을 해친 경우	10년 이하의 징역	10년 이하의 징역	10년 이하의 징역
안전운항 저해 폭행 및 출입문 · 탈출구 · 기기의 조작	5년 이하의 징역	5년 이하의 징역	10년 이하의 징역(기내 타인폭행 : 5년 이하 징역)
항공기 점거, 농성	3년 이하의 징역/ 3천만 원 이하 벌금	3년 이하의 징역/ 3천만 원 이하 벌금	3년 이하의 징역/ 3천만 원 이하 벌금
조종실 출입기도, 기장 등의 지시 불이행	1년 이하의 징역/ 1천만 원 이하 벌금	1년 이하의 징역/ 1천만 원 이하 벌금	3년 이하의 징역/ 3천만 원 이하 벌금

<table>
<tr><th rowspan="2">구 분</th><th colspan="3">시행일(법률명)</th></tr>
<tr><th>2014.4.6.
항공보안법</th><th>2016.1.19
항공보안법</th><th>2017.3.21.
항공보안법</th></tr>
<tr><td rowspan="4">1. 폭언 등 소란행위
2. 흡연
3. 음주 후 위해행위
4. 성적 수치심 유발행위
5. 위법한 전자기기 사용행위</td><td rowspan="2">(운항중)
5백만 원 이하 벌금</td><td>(운항중)
1,3 : 1천만 원 이하의 벌금</td><td>(운항중)
1,3 : 3년 이하 징역/
3천만 원 이하 벌금</td></tr>
<tr><td>(운항중)
2,4,5 : 5백만 원 이하의 벌금</td><td>(운항중)
2,4,5 : 1천만 원 이하의 벌금</td></tr>
<tr><td rowspan="2">(계류중)
2백만 원 이하 벌금</td><td rowspan="2">(계류중)
2백만 원 이하 벌금</td><td>(계류중)
1,3 : 2천만 원 이하 벌금</td></tr>
<tr><td>(계류중)
2,4,5 : 5백만 원 이하의 벌금</td></tr>
<tr><td rowspan="2">기장 등의 업무방해 행위</td><td>(운항중)
5백만 원 이하 벌금</td><td rowspan="2">5년 이하 징역/
5천만 원 이하 벌금</td><td rowspan="2">10년 이하 징역/
1억 원 이하 벌금</td></tr>
<tr><td>(계류중)
2백만 원 이하 벌금</td></tr>
</table>

자료 : 항공기내 불법행위 현황 및 개선과제, NARS, 2019.12. 변경된 내용은 음영표시함

02 공항보안

1) 공항시설 보호구역 지정

공항운영자는 보안검색이 완료된 구역, 활주로, 계류장 등 공항시설의 보호를 위해 보호구역을 지정해야 한다.

- 보안검색이 완료된 구역
- 출입국심사장
- 세관검사장
- 관제탑 등 관제시설
- 활주로 및 계류장

- 항행안전시설 설치지역
- 화물청사
- 관제시설 항목부터 화물청사 항목까지 규정에 따른 지역의 부대지역
- 보호구역은 공항운영자의 허가를 받아 출입이 가능함

2) 승객 및 휴대물품 보안검색

여객의 안전하고 편안한 여행과 항공기의 안전운항을 위해 탑승객 및 휴대물품에 관한 보안검색을 시행한다. 검색대상은 항공기 탑승 전에 모든 승객 및 휴대물품이며 무기류, 폭발물 등 국토교통부 장관이 정하여 고시하는 위해물품 소지 여부, 기내 반입금지물품을 확인한다.

검색장비로는 문형 금속탐지장비, 휴대용 금속탐지장비, 엑스선 검색장비, 폭발물 탐지장비, 폭발물흔적탐지장비ETD가 있다. 만약 위해물품(危害物品)을 휴대한 것으로 의심이 되는 경우 승객의 동의를 얻어 재검색을 시행한다. 승객의 신체, 휴대물품을 검색하며 모든 승객에 관하여 1차로 문형금속탐지기 통과 후 금속물질 경고음 발생 시 휴대용 금속탐지기 또는 촉수검색을 시행한다. 휴대물품은 X-ray 장비로 1차 검색 후 위해물품 확인 시 개봉검색하고, 폭발물 의심 시 폭발물흔적탐지기로 정밀검색을 한다.

3) 위탁수하물 검색

여객의 안전하고 편안한 여행과 항공기의 안전운항을 위해 탑승객의 위탁수하물에 관한 보안검색을 시행한다. 검색대상은 탑승권을 소지한 승객의 위탁수하물로서 무기류, 폭발물 등 위해물품 소지 여부를 파악한다.

검색장비로는 엑스선검색장비CTX, 폭발물흔적탐지장비ETD,EDS가 사용된다. 이러한 X-ray 검색 장비를 사용하며, 폭발물 의심 시 해당 위탁수하물에 관해 폭발물탐지장비EDS 등을 사용하여 정밀검색을 한다.

4) 항공화물의 검색

여객기 탑재화물은 100% X-ray 검색 후 폭발물 의심물품 발견 시 폭발물흔적탐지기ETD로 재검색한다. 화물기 탑재화물은 X-ray 장비, 폭발물흔적탐지장비, 개봉검색, 폭발물탐지견, 압력실방법 중 하나로 보안검색을 한다.

03 기내보안

1) 항공기 보안체계

항공기 보안책임은 항공운송사업자에게 있으며, 불법방해 행위로부터 항공기를 보호하기 위해 단계별 보안 절차를 이행해야 한다.

(1) 발권단계

승객 여권 · 비자 등 신원 확인, 위탁수하물 본인 소유 여부 질의, 위해물품 반입여부 확인 등을 한다.

(2) 탑승단계

탑승게이트에서 탑승권 재확인, 승객 · 위탁수하물 수량 일치 확인, 기내 보안점검, 비인가자 출입통제 등을 한다.

(3) 운항 중

조종실 출입통제, 특이승객 동향감시, 폭발물 발견 및 난동승객 발생 등 비상대비 기내보안장비 운용 등을 한다. 객실 내 무기 반입은 국토교통부의 허가받은 기내보안요원 및 경호요원 등만이 가능하다.

(4) 운항 후

휴대물품 기내잔류 여부 등 확인을 위해 기내 보안점검을 시행한다.

2) 항공기내 보안요원

(1) 목적

「항공보안법」 제14조 제2항 및 '국가항공보안계획' 7.6.1에 따라, 항공운송사업자가 승객이 탑승한 항공기를 운항하는 경우 테러 등 불법행위로부터 승객의 안전 및 항공기의 보안을 위해 탑승한다.

(2) 항공기내 보안요원의 권한 및 책임

① 권한과 책임

항공기내 보안요원은 항공기 안으로 무기를 휴대하고 탑승이 가능하다. 항공기내 보안요원은 2년 이상의 선임객실승무원 또는 객실승무원 경력을 갖춘 자로 항공운송사업자가 선발한다. 항공기내 보안요원은 아래의 부여된 임무를 수행하고, 이때 항공기내 보안요원을 포함한 일반 객실승무원은 「사법경찰관리의 직무를 수행할 자와 그 직무범위에 관한 법률」 제7조 제2항에 따른 사법경찰관리의 직무도 수행한다.

- 승객탑승 전 항공기 객실 내 보안점검 및 수색
- 최초 출발공항 또는 중간경유지 공항에서 항공기에 탑승하는 승객 또는 재탑승하는 승객과 휴대수하물에 대하여 의심스러운 경우 수색 및 점검
- 운항 중 항공기 객실 내 보안순찰
- 운항 중 및 경유지에 있는 동안의 객실 내 보안감독
- 항공기 불법점거 또는 파괴행위 제지
- 객실 내 폭발의심물체가 발견된 경우 최소위험폭발물 위치 사용절차에 따른 수행
- 불법행위 발생 시 녹화시행 및 불법행위승객 도착공항 경찰관서에 인도
- 기타 승객의 안전 및 항공기 보안에 필요한 사항

<table>
<tr><th colspan="3">현행범인체포서</th></tr>
<tr><td rowspan="4">피의자</td><td>성명</td><td>(　　　)</td></tr>
<tr><td>생년월일</td><td>.　.　.(　세)</td></tr>
<tr><td>직업</td><td></td></tr>
<tr><td>주거</td><td></td></tr>
<tr><td colspan="2">변호인</td><td></td></tr>
<tr><td colspan="3">위의 피의자에 관한　　　　　피의사건에 관하여 「형사소송법」 제212조에 따라 동인을 아래와 같이 현행범인으로 체포함
.　.　.
항공운송사업자(　　　항공)
항공기내보안요원　　　㊞</td></tr>
<tr><td colspan="2">체포한 일시</td><td></td></tr>
<tr><td colspan="2">체포한 장소</td><td></td></tr>
<tr><td colspan="2">범죄사실 및 체포의 사유</td><td></td></tr>
<tr><td colspan="2">체포자의 관직 및 성명</td><td></td></tr>
<tr><td colspan="2">인치한 일시</td><td></td></tr>
<tr><td colspan="2">인치한 장소</td><td></td></tr>
<tr><td colspan="2">구금한 일시</td><td></td></tr>
<tr><td colspan="2">구금한 장소</td><td></td></tr>
</table>

항공기내 보안요원(일반 객실승무원 포함)은 객실 내 불법행위 및 항공안전을 해치는 범죄행위 등을 녹화할 수 있고, 그 행위를 저지하기 위한 필요한 조치가 가능하다. 항공기내 보안요원은 항공기내에서 불법행위가 발생한 경우 신속대응을 위해 일반 객실승무원에게 임무를 부여하고, 항공기내 주변승객에게 협조요청 등 필요한 조치를 요구할 수 있다.

또한 객실 내 거동이 수상한 행동을 하거나 보안위반의 경우 항공기내 보안요원이 운항승무원에게 긴밀히 알릴 수 있다. 항공기내 보안요원은 항공기내에서 불법행위를 행한 자 및 항공안전을 해치는 범죄자를 현행범으로 체포(물리적으로 신체를 속박한 경우에 해당)시 '현행범인체포서'를 작성해야 한다.

항공기내 보안요원은 피의사실의 요지, 체포의 이유와 변호인을 선임할 수 있음을 말하고 변명할 기회를 준 후, 피체포자로부터 확인서를 받아야 한다. 항공운송사업자는 '현행범인체포서 및 확인서'를 작성할 경우, 원본은 도착공항 경찰관서에 피체포자와 함께 인계, 사본은 사건종료 이후 1년 이상 보존한다. 또한 항공기내 보안요원은 기밀을 엄수하여 피의자 · 피해자 기타 관계인의 명예를 훼손하지 않도록 한다.

② 교육훈련과 교육과정 운영

항공기내 보안요원의 훈련프로그램에는 불법행위 유형별 위협 수준에 따른 현실적 시나리오 및 훈련기법을 적용하여 아래의 내용에 관한 훈련을 시행해야 한다.

- 항공기내 불법행위자에 관한 강력대응, 경찰인계 절차 및 구금기법
- 비무장 공격 및 방어기술
- 관찰 및 감시
- 탑재된 무기의 사용방법 등 무기훈련
- 불법행위 유형별 대응절차 및 조치사항
- 최소폭발물위험위치 인지, 승무원의 임무와 책임, 항공기 성능 및 객실장비 등 일반적 교육
- 테러정세 및 국가 대테러활동체계
- 운항승무원과 항공기내 보안요원 간 객실 내 상황 또는 관련 정보의 신중한 전달 방법 또는 방식 등

항공운송사업자는 항공기내 보안요원의 교육과정을 초기 · 정기교육으로 운영해야 하며, 이론교육 및 실습훈련으로 구분하여 시행해야 한다.

- 초기교육 : 최소 8시간 이상 운영
- 정기교육 : 초기교육을 받은 사람과 일반 객실승무원을 대상으로 매 12개월마다 2시간 이상의 실습을 포함하여 최소 3시간 이상의 교육 시행

정기교육은 받아야 하는 날짜가 속한 월 및 전 · 후 1개월 이내 시행한다. 항공기내 보안요원 교육훈련 교관 자격요건은 항공기내 보안요원으로 지명된 객실승무원 중에 관계기관으로부터 테러정세 및 국가 대테러활동체계 등 필요한 교육을 최소 연 1회 이상 받은 자여야 한다.

③ 불법행위 대응 및 처리절차

- 항공기내에서 불법행위가 발생하는 경우 휴대전화 등을 활용, 불법행위를 녹화(불가피한 제약이 있는 경우는 제외)
- 불법행위를 범한 승객에 관해서는 신속히 제압 및 구금 조치(구금 이후에도 고

성 · 폭언 등 위해행위를 지속하는 경우 추가조치 포함)

- 폭행행위, 조종실 진입 기도행위, 출입문 · 탈출구 · 기기 등의 조작행위와 기내 안전을 위협하는 협박 · 위계행위, 승무원 업무방해행위, 음주 후 위해행위 등
- 불법행위 중단을 경고할 수 있고, 경고 이후에도 불법행위를 지속하는 승객에 관해서는 항공기내 보안요원의 판단에 따라 구금조치 가능
- 성적 수치심 유발행위, 흡연행위, 단순 소란행위, 기장 등의 정당한 직무상 지시를 따르지 않은 행위 등
- 기장 또는 항공기내 보안요원은 도착공항 경찰관서에 사전협조를 요청, 항공기 출입문 앞에서 불법행위 승객을 인계
- 기장 또는 항공기내 보안요원은 불법행위 승객을 도착공항 경찰관서에 인계하는 경우 불법행위 녹화자료와 피해 · 목격 경위 및 내용 등이 포함된 진술서를 작성하여 경찰관서에 제출하고, 도착공항 경찰관이 피해 · 목격 내용에 관한 추가진술 요구 시 경찰관서에 동행하여 조사협조
- 항공운송사업자는 매 홀수 월 첫주 금요일까지 전월 말일 기준 불법행위 발생현황 및 세부내용 등 요청자료를 국토교통부에 제출

④ 항공기내 불법행위 현황

- 국내 항공기내 폭언 · 폭행 등 다양한 유형의 불법행위 지속적 발생

  항공기내 불법행위와 관련한 몇 가지 사건으로 2013년 4월 미국행 항공기에서 대기업 임원이 라면서비스 등에 문제 제기를 하여 승무원을 폭행한 사건과, 2016년 12월 베트남에서 서울로 가는 항공기에서 술에 취해 승무원과 승객에게 폭행을 하는 등의 소란행위를 한 남성의 사건 등이 있다.
- 항공기내 불법행위는 항공안전을 위협하는 행위로 「항공보안법」에 의해 처벌 가능

  「항공보안법」 제23조에서 승객의 협조의무를 규정하고 있고, 승객의 협조의무 위반에 해당하는 불법행위로는 폭언 등 소란행위, 흡연행위, 음주 후 위해행위, 성적 수치심 유발행위, 폭행 및 협박, 출입문 · 탈출구 · 기기의 조작, 기내점거 및 농성행위 등이 있으며, 불법행위 유형에 따라 법정형을 달리 정하고 있다.

- 두 차례에 걸친 「항공보안법」 개정으로 불법행위 처벌 강화

  2016년 1월, 2017년 3월 두 차례에 걸친 「항공보안법」을 개정하였으나, 최근 불법행위 건수는 여전히 증가추세를 보인다.

- 「항공보안법」 상 항공기내 승객의 협조의무 위반행위 현황

  2011년 152건이던 위반행위는 191건(2012), 203건(2013), 354건(2014), 460건(2015), 455건(2016), 438건(2017), 529건(2018)으로 증가추세를 보인다. 유형별로는 연도와 상관없이 흡연행위가 71~83%로 가장 높은 비중을 차지하고 있고, 그 뒤를 이어 폭언 등 소란행위가 많이 발생하였다.

04 항공기의 보안점검

1) 운항 시작 전

운항 시작 전 객실승무원은 항공보안 규정에 따라 보안점검을 시행한다. 보안점검은 항공보안 등급에 따라 점검 조치사항이 구별되며, 항공보안 등급은 국가가 정한 항공안전 계획에 따라 나누는 보안수준으로 평상시 '그린'에서 '블루', '엘로우', '오렌지', 가장 심각한 수준인 '레드' 등급까지 5단계로 나뉜다. 해당편 Alert 단계에 해당되는 항목을 점검한다. 항공 보안등급 내용과 조치사항은 다음과 같다.

Alert 단계(Level)	내 용
1단계 평시(Green)	불법행위 위협이 낮은 단계로 도검류 등 기내 반입금지 물품 검색, 항공기 비인가자 접근 · 출입통제 등 우리가 알고 있는 기본적인 항공 보안업무를 수행
2단계 관심(Blue)	테러 징후가 있으나 그 활동 수준이 낮으며 가까운 기간 내 테러로 발생할 가능성도 낮은 상태로, 대부분 일반적으로 공항에 적용되는 등급
3단계 주의(Yellow)	테러 징후가 있고 테러로 발전할 수 있는 일정 수준의 경향이 나타나는 단계로, 공항 · 항공기 등에 관한 위협 정보가 있거나 국빈 방문과 같은 국가행사 시 시행하는 등급
4단계 경계(Orange)	테러 유사활동이 매우 활발하고 테러 경향이 현저한 수준으로 테러 가능성이 농후한 상태
5단계 심각(Red)	테러 유사활동이 매우 활발하고 테러 경향이 현저하며 확실시 되는 상태

대한항공의 경우 국내 항공안전 보안규정보다 조금 더 엄격하게 적용하여 Alert Level을 세 단계로 적용하고 있다. 비행편의 승무원들은 다음과 같은 체크리스트에 의거하여 각 담당구역별로 안전보안 업무를 시행한다.

구 분		점검 내용	Alert Level					
			3,2			1		
			S	U	N/A	S	U	N/A
객실(Cabin)	좌석	좌석주머니 내부						
		EU 공항에서는 모든 Alert Level에서 점검						
		좌석쿠션 하단 및 구명복 보관장소						
		EU 공항에서는 모든 Alert Level에서 5% 점검						
		좌석 상단						
		좌 · 우 창측 벽면 구석진 곳						
		좌석 측면 보관함(Sidewall Stowage Bins) [B744 U/D, A380 U/D]						
	통로	머리 위 선반(Overhead Bin) 내부						
		벌크해드(Bulkhead) 및 커튼 주위 구석진 곳						
		객실통로 부분						
	승무원 좌석(Jump Seat)	승무원 좌석(Crew Jumpseat) 및 구명복 보관장소						
		비상장비 보관장소						
	도어(Door)	도어(Door) 주변 구석진 곳						
		코트 룸 내부						
		잡지꽂이 내부						
	승무원휴게실(CRA)	승무원 휴게실(Crew Rest Area) [A380, B744, B772, B77WS, A332]						
	VCC	비디오 컨트롤센터(Video Control Center)						
	DFS Area	면세품 전시장(Duty Free Showcase)[A380 Only]						
화장실(Lavatory)	설비	화장실 도어, 벽 및 천장 주위						
		변기 주변 구석진 곳						
	보관함	휴지, 화장지 보관함						
		세면대 하단 공간						
		쓰레기통						
		거울 뒷면 보관함 내부[A380, B772, B773, B77WS]						
주방(Galley)	보관함	주방(Galley) 내 모든 보관공간(오븐, 냉장고, 바 등)						
		천장, 벽면 및 통로						
		쓰레기통 및 타월 수거함						
		천장에 위치한 보관함						
		서비스용 카트 엘리베이터 내부[A380, B744]						
	탑재 카트	서비스용 카트 봉인						

* S : 양호(Satisfactory) U : 불만족(Unsatisfactory) N/A : 해당 없음(Not Applicable)

지정된 대리인에 의해 항공기 보안점검이 시행되는 경우에도 해당구역에 관해 최종점검을 수행한다. 점검 중 의심스러운 물건을 발견 등 이상이 있을 시, 즉시 점검을 중지하고 객실사무장이나 기장에게 보고하여 관계기관에 신고될 수 있도록 한다.

객실승무원은 담당구역의 보안점검을 끝낸 후 객실사무장에게 이상 유·무를 보고하며, 객실사무장은 최종적으로 보안점검 결과를 기장에게 보고한다. 매 항공편 운항 후에는 기내 Left Behind Item 및 잔류승객을 확인하며, 항공기내 비인가자의 출입을 통제한다.

기내식 물품은 용기에 담겨 용기 외부가 봉인되어 탑재됨을 원칙으로 하며, 객실승무원은 탑재용기 외부의 봉인상태를 점검한 후 봉인상태에 이상이 있을 경우에는 기내식 탑재 매니저를 호출하여 내용물을 재검사한다. 재검색을 하여 이상이 있을 경우 해당물품을 하기시켜 재확인 후 탑재토록 조치한다.

기내 보안점검은 기내식 조업이나 기내청소와 분리하여 시행하는 것이 원칙이다. 그러나 기내식 조업은 항공사 직원 또는 지정된 대리인의 감독 하에 보안점검 중에 시행할 수 있으며, 기내청소는 청소가 완료된 구역부터 보안점검을 시행할 수 있다. 만약 청소요원이 항공기 검색 교육을 받고 항공사의 승인을 받았을 경우, 청소와 보안점검을 동시에 시행할 수 있다.

2) 항공기 출발 전 탑승객 하기 시 보안조치

항공기에 탑승했던 승객이 하기한 경우에는, 모든 탑승객은 본인의 소지품 및 휴대수하물을 소지하고 하기해야 한다. 승객 하기 후 보안점검은 체크리스트에 따라 점검을 시행한다.

3) 항공기 보안일반

승무원은 타인을 대신해서 우편물이나 물품을 운반할 수 없으며, 항공기 주위 또는 기타 제한구역에서 인가된 신분증 미소지자나 의심스러운 행위를 하는 사람을 발견하면 신분증의 제시를 요구하여 비인가자의 항공기 출입을 막아야 한다. 만일 신분증을 제시하지 못하거나 거부하는 경우에는 해당승객을 감시하며 운송직원 또는 공항경찰에 신고한다.

객실승무원은 수상한 행동을 하는 승객이나 의심스러운 물품을 소지한 승객이 있는지를 점검하며, 소유자가 불분명한 의심스러운 물건이 기내에 있는지 항상 관심을 가지고 살펴본 후 발견 시 기장에게 보고한다. 그리고 기장 및 기장으로부터 권한을 위임받은 객실승무원은 공항계류 또는 운항 중인 항공기의 안전을 해치고 인명, 재산에 위해를 가하며 기내 질서를 문란시키거나 기내 규율에 위반하는 행위를 하려는 자에 대해 그 행위를 저지시키기 위한 필요한 조치를 할 수 있으며, 조치를 할 경우에는 기장의 지휘를 받아 행해야 한다(「항공안전 및 보안에 관한 법률」 제22조).

무인 위탁수하물은 탁송을 금지한다. 탑승수속을 하지 않은 승객의 위탁수하물과 탑승수속 후 실제 탑승하지 않은 승객의 위탁수하물은 반드시 하기 조치 후 운항하며, 운송직원은 탑승하지 않은 승객의 수하물을 하기해야 하고 이에 관한 정보를 기장에게 통보한다. 단, 예외적으로 탑재할 수 있는 경우는 아래와 같다(국가항공보안계획 8.4.11).

- 승객은 해당편에 탑승했으나 항공기 중량 제한 등 탑재관리 상의 이유로 하기된 위탁수하물을 후속편으로 송부할 경우
- 항공편 지연, 결항, 기타 공항운영 요건 등 항공사 운영상의 이유로 승객과 위탁수하물이 분리된 경우
- 사내 우편물, 급송 수하물 또는 항공사의 귀책으로 잘못 도착한 위탁수하물이 적절한 보안검색을 완료했을 경우

운항 및 객실승무원은 경유지 공항(Ground Time이 3시간 미만인 Technical Landing 및 Turn Around 공항 포함)에서 비인가자나 위험품의 기내출입 또는 반입방지를 위해 보안활동을 수행한다. 경유지 공항 지상주기시간Ground Time 중에는 특별한 사유가 없는 한 항공기를 이탈할 수 없으며, 다음과 같은 보안사항을 수행한다.

- 기내 보안장비의 이상 유·무 확인
- 비인가자의 출입 또는 위험품의 기내반입 금지
- 승객 탑승 전 기내 보안점검

경유지 공항에서 승무원 교대 시에는 승무원과 지점 직원 간 및 교대 승무원 상호 간에 제반 사항을 인수인계 한다. 항공기의 안전과 보안을 위해 칼 등과 같은 무기류나 골프채 등의 물건들 SRISecurity Removed Items은 객실 내에 탑재할 수 없으며, 이러한 물건들은 탑승수속 중 보안점검 시X-Ray 통과 시 거두어 화물칸Bulk 탑재으로 운송되며 승객들은 수하물 찾는 곳에서 이를 찾을 수 있다.

국내공항을 비롯한 일부공항에서는 탑승수속 중 보안점검 시X-Ray 통과 시 휴대수하물 내에서 발견된 SRI는 다시 위탁수하물로 탑재하거나, 승객의 판단에 의해 폐기한다.

4) 승무원 보안 일반

(1) 개인 보안Personal Security

공공장소에 승무원의 가방을 방치하지 않는다. 승무원 가방을 잠시 방치했을 경우, 항공기 탑승 직전에 승무원 본인의 소유물이 아닌 다른 물품이 가방 내에 있는지 확인한다. 공공장소 또는 여러 사람 앞에서 공금 또는 개인돈을 다루지 않는다.

승무원 신분증ID Card은 항공기 탑승 후에는 패용하지 않고 별도로 보관한다. 승무원 가방에 꼬리표Name Tag를 부착하고 주소는 집주소가 아닌 회사주소를 기입한다. 회사의 제 지급품(유니폼 등) 및 비행 관련 자료의 관리 책임은 지급받은 각 개인에게 있고, 분실 또는 유출 시 악용될 소지가 있으므로 취급에 유의한다. 승무원의 가방을 위탁수하물로 처리하는 경우, 회사 제 지급품(유니폼 등)은 될 수 있으면 휴대용 가방에 넣어 보관한다.

(2) 호텔 보안Hotel Security

공항지점과 비상연락망을 유지한다. 가능한 한 동료 승무원들과 격리된 방을 배정

받지 않고, 가능한 1층에 있는 방을 배정받지 않는다. 입실 전 비상구 위치를 확인하고, 입실 후 출입문을 잠그고 보조잠금 장치도 사용한다.

(3) 신분증 패용구역Security Identification Area

공항 당국의 안내를 받지 않는 모든 사람에 관해, 반드시 신분증을 패용해야 하는 공항의 제한구역을 의미하며, 항공사 빌딩도 신분증 패용구역으로 설정되어 있다. 신분증 패용구역에서의 승무원 준수사항은 다음과 같다.

신분증은 타인이 쉽게 인식할 수 있도록 상반신에 패용하고, 신분증 패용구역에 설정된 제반 규정을 준수한다. 적법한 신분증을 패용하지 않은 인원을 발견 시 공항 경찰에게 통보해야 한다.

05 출입보안

1) 항공기 출입절차

항공기 출입은 아래의 인원만 허용한다.

- 항공사의 유효한 신분증을 소지한 해당편 근무 또는 편승운항 및 객실승무원
- 항공사의 유효한 신분증을 소지하고 업무상 항공기로 출입하는 항공사 직원 또는 지상조업체 직원
- 해당편 탑승권 소지 승객
- 항공안전감독관, 항공보안감독관 신분증 또는 항공관계기관 공무원증을 소지한 자가 업무수행을 위해 해당항공사 직원과 동행할 경우

단, 불시평가를 수행하는 항공보안감독관은 항공사 직원을 동행하지 않을 수 있다.

2) 조종실 보안

(1) 조종실 출입 인가Authentication Of Access To Cockpit

조종실 출입이 인가된 자는 해당항공편에 승무하도록 지정된 승무원(운항 승무원, 객실승무원) 및 해당항공편 운항 관련 운송직원(항공기 주기 중)이다. 해당항공편에 출입이 인가된 자 이외의 인원이 조종실을 출입하기 위해서는 회사 또는 항공정책실이 발행하는 조종실 출입 인가서류를 소지해야 한다. Deadheading Crew의 경우 PIC는 안전운항을 위해 필요하거나 도움이 된다고 판단되는 경우에 한하여 조종실 출입 인가서류Cockpit Auth 없이 조종실 출입을 허가할 수 있다.

조종실 출입 인가서류	발행권자
Cockpit Auth	항공사 운항승무부 담당 임원
항공기 출입요구서	항공정책실장 또는 지방항공청장

조종실 출입이 인가된 자는 조종실 점프시트에 착석이 가능하며, 조종실 출입이 인가된 자를 제외하고는 누구도 조종실에 출입할 수 없다. 불필요한 자의 조종실 출입은 안전운항에 막대한 지장을 주기 때문에 조종실을 통제구역으로 설정하고, 조종실 출입문은 운항 중 항상 잠금상태를 유지해야 한다. 항공사가 운항하는 모든 항공기 조종실 출입문에는 보안이 강화된 비행 도어시스템Enhanced Security Flight Deck Door System이 장착되어 있다.

객실승무원은 사전 통보된 자가 조종실 출입 의사를 밝히는 경우, 운항 중 조종실 출입 절차에 대해 기장과 사전 협의하도록 하고, 운항 중 조종실 출입 시에는 조종실 출입허가증Cockpit Auth과 함께 국가가 인정한 신분증(여권, 공무원증 등)을 확인한 후 PIC(주기장)에게 인터폰으로 연락한다. 조종실 출입 키패드Flight Deck Door Key Pad는 조종실 출입을 위해 사용한다. 비상 시에는 비상출입 코드Emergency Access Code를 입력하여 조종실을 출입한다.

(2) 조종실 출입 절차

① 일반출입 절차Normal Access Procedure

조종실에 들어가기 전 객실승무원은 인터폰을 통해 조종실 내 운항승무원의 허가를 받는다. 기장이 사전에 음어를 지정하여 객실승무원에게 전파했다면 이를 사용한다.

객실승무원은 조종실 출입문 근처 화장실 사용 여부와 조종실 출입문 근처, 전방 갤리에 승객 존재 여부를 확인한다. 조종실 앞에 장착된 커튼을 닫아 조종실 출입이 승객에게 노출되지 않도록 주의하며, 미리 정해놓은 방법에 따라 노크 후 키패드 Keypad에 일반출입 코드Normal Access Code를 입력한다.

운항승무원이 출입문을 개방하면 조종실에 들어간 즉시 도어를 닫는다. 조종실 출입 상황을 감시할 객실승무원 1명이 조종실 출입문 입구에서 객실을 향한 자세로 위치한다. 조종실에서 나올 경우에는 먼저 객실에 있는 다른 객실승무원에게 인터폰을 사용하여 경계 및 커튼을 닫도록 한다. 조종실 내에 있는 객실승무원은 출입문에 장착된 광폭렌즈를 통하여 외부의 안전을 먼저 확인한 후 출입문을 개방한다.

② 비상출입 절차Emergency Access Procedure

3회 이상의 일반출입 절차Normal Access Procedure를 수행해도 조종실의 반응이 없고, 운항승무원의 임무불능 상태가 예상되면 비상출입 절차Emergency Access Procedure를 적용한다. 이때 정상출입 절차와 같게 객실승무원 1명이 조종실 출입문 입구에 있어야 한다.

키패드Keypad에 비상출입 코드Emergency Access Code를 입력하는데, 정확한 비상출입 코드를 입력한 후 조종실의 반응이 없을 경우 프로그램 된 시간(60초)이 경과하면 출입문은 자동으로 Unlock 상태가 되는데 이때 도어를 개방한다. 출입문이 잠금 되기 전, 벨 또는 부저가 지속해서 울리며 LED 불빛이 점멸한다.

사전에 통보되지 않은 상태로 비상출입 코드를 입력하고 조종실 출입이 시도된다면 운항승무원은 거절Deny(보잉사 기종) 또는 잠금Lock(에어버스사 기종)으로 선택한다. 거절 또는 잠금으로 선택되면, 프로그램 된 시간(20분) 동안에는 재차 비상출입 코드를 입력하더라도 키패드는 작동되지 않는다. 조종실 출입문은 위험사항이 해소된 후 개방할 수 있다.

06 위 협

1) 폭파 위협

항공기 폭파 위협 정보입수 시 기장은 종합통제부, 안전보안실, 공항책임자 등과 필요한 조치를 협의해야 한다. 일단 파괴위협 정보가 근거가 있는 것으로 통보되면 다음의 절차를 수행한다.

(1) 폭파 위협 – 지상

① 객실승무원

객실승무원은 기장과 협의한다. 승객들이 항공기에서 신속히 하기하여 안전거리 밖(100m 이상)으로 대피하도록 안내한다. 휴대수하물의 운반으로 인해 하기가 지연되지 않도록 하되, 지갑이나 기타 귀중품, 서류가방에 한하여 개인보관을 유도한다.

기내 위해물품 검색이 필요하다면, 우선 폭발물 처리 전담반이 시행하도록 하고 승무원은 기내 구조설명 및 안내 등 검색에 필요한 제반 사항에 대해 협조해야 한다. 폭발물처리 전담반이 휴대수하물 및 화물을 항공기로부터 격리하여 검사장소까지 옮기는 작업을 돕는다. 만일, 객실승무원 단독으로 기내 위해물품을 검색해야 할 경우에는 다음과 같은 요령으로 시행한다.

- 검색조는 2인 1조로 편성하고, 검색은 좌측에서 우측으로, 전방에서 후방으로 진행하며 시행한다.
- 검색 시 1명은 '항공기 보안점검 체크리스트' 검색 항목을 읽고, 1명은 육안으로 확인하고 개봉하여 촉수검색을 시행한다.
- 검색 도중 수시로 눈을 감고 조용히 귀를 기울여 시계소리 또는 기타 음향이 들리는지 여부를 확인한다.

- 검색이 끝났더라도(가능한 경우) 검색조를 바꾸어 반복 시행한다.
- 의심스러운 물건 발견 시 폭발물처리 전담반에게 정보를 제공한다.
- 의심스러운 물건을 제거한 이후에도 다른 물건이 기내에 남아있을 수 있으므로 계속하여 객실을 검색한다.
- 검색이 완료되면 항공기의 도어를 잠근다.
- 필요할 경우 휴대수하물 및 일반화물을 소유자와 대조하는 업무에 협조한다.
- 객실승무본부로 연락한다.

② 운항승무원

객실사무장과 협의하고 항공기를 격리주기장으로 이동조치하거나, 타 항공기가 없는 곳에 항공기를 주기시킨 후 객실승무원이 수행하는 승객 대피 및 항공기 수색을 돕는다. 폭파위협 정보를 해외공항 주기 중에 접수했을 경우에는 현지 기관의 지침에 따라 절차를 수행한다.

(2) 폭파위협 – 비행 중

비행 중 폭파위협 정보가 접수되었을 경우에는 아래의 절차를 수행한다.

① 객실승무원

기장은 위협분석을 하고, 객실승무원은 승객들이 눈치채지 못하도록 기내 정밀 검색을 시행한다. 객실에서 의심스러운 물건을 발견하면 폭발물 피해 최소구역으로 옮기는 결정이 내려지기 전까지 해체를 시도하거나 건드리지 않는다. 발견 즉시에는 기장에게 보고하고 다른 승무원에게 전파하며, 기장에게 보고 시에는 폭발물의 외형 및 크기, 종류 및 수량, 탑재위치, 기타 정보 등을 전달한다.

승객들을 의심스러운 물건으로부터 될 수 있으면 멀리 대피시켜야 하며(최소 4열 이상), 좌석의 여유가 없는 경우에는 한 좌석에 두 사람씩 배정하여 폭발물로부터 대피시킨다. 발견된 물건 주변을 감시하여 무단접촉을 방지하고 기장의 지시를 기다린다. 이후 기장의 지시에 의해 옮겨야 할 경우에는 방폭재킷을 착용한 후 폭발물 하단에 이동방지 장치가 있는지 Safety Information Card와 같은 얇은 책받침 등으로 확인하여 이동방지 장치의 유·무를 확인한다.

이동방지 장치가 없어 이동이 가능할 경우, 기장의 지시에 따라 '폭발물 피해 최소구역LRBL : Least Risk Bomb Location'으로 옮기며, Circuit Breaker를 이용하여 폭발물 피해 최소 구역의 전원을 차단한다. 그리고 폭발물 피해 최소구역에서 폭발물을 정해진 방법에 의해 처리한다.

폭발물을 처리한 이후에도 다른 의심물건이 기내에 남을 수 있으므로 계속하여 객실을 검색한다. 착륙 후 즉시 승객을 내리게 하고, 객실승무본부로 상황을 통보한다.

② 운항승무원

기장은 비상착륙 시행 여부를 결정해야 한다. 극도의 비상상황일 경우 기장 또는 위임받은 승무원은 승객들의 무릎 위에 휴대수하물을 올려놓도록 한 후 점검을 시행하며, 탑승객의 휴대수하물이 아닌 것이 있는지를 확인한다. 기장은 폭파위협 정보 입수와 관련한 방송을 시행하며, 공항경찰의 폭발물 전문가와 교신하여 도움을 구한다. 그리고 조종실에서는 폭발물 피해 최소구역의 전원을 차단한다. 운항승무원은 종합통제부과 협의하여 가능한 신속히 항공기를 착륙시킨다.

③ 폭발물 피해 최소구역LRBL : Least Risk Bomb Location

해당 도어모드를 Disarmed 상태로 바꾸고, 바닥에 단단한 기내수하물 백을 깔고 도어의 중앙 부분까지 일정한 높이로 쌓아서 수평을 유지한다. 모포 또는 옷가지 등을 모아, 발화성이 없는 액체로 적신 후 최소 25cm 이상 젖은 담요 또는 옷가지 등을 기내수하물 위에 깐다.

방폭담요를 깔고서 2인 1조로 조심스럽게 폭발물을 중앙에 놓고, 그 주변에 젖은 담요 또는 옷가지 등을 편평하게 놓는다. 이때 폭발물이 도어의 Viewing Window 높이에 위치하도록 하며, 방폭담요의 터진 부분이 Viewing Window 쪽으로 가도록 접는다. 그 위쪽으로 다시 25cm 이상 젖은 담요 또는 옷가지를 쌓는다.

휴대수하물, 옷가지 또는 좌석 쿠션 등을 이용해서 높이는 천정에 닿을 때까지 주변은 복도를 채울 때까지 보강하고 넥타이, 헤드폰, 스타킹 등을 이용하여 주위를 견고하게 고정한다. 폭발물 피해 최소구역은 항공기 R Side 최후방 도어이다.

방폭장비 탑재의 위치는 항공기 차상위 클래스 R Side 최후방 승객 좌석 하단 주변이다. B747의 경우 상위 클래스의 코트 룸 내에 있는 등 기종별 예외가 있으므로 승무원은 비행 전 사전점검이 필요하다.

2) 납치범

(1) 대응원칙

납치범에게 과격하거나 자극적인 언행을 삼가고, 단시간 내에 일을 처리하려고 서두르지 않아야 한다. 승객과 승무원의 안전을 위태롭게 하지 않는 한 납치범의 요구에 응하며, 요구를 수용할 수 없는 경우에는 연료부족, 기상 기타 항공기의 각종 제약 등을 이유로 충분히 설명한다.

납치범을 설득, 회유, 기만 등의 방법으로 범행을 지연 또는 단념시키며 납치범에게 동조하거나 납치범을 정신이상자로 취급하지 않는다. 특히 논쟁(특히 정치적인 문제로)하거나 납치범을 무시하지 않아야 하며, 공범이 있다는 가정 하에 행동해야 한다. 모든 납치범과의 물리적인 행위는 사전에 기장과 협의하고 정상적으로 객실서비스를 진행하며, 승객들에게 알코올성 음료는 서비스하지 않는다. 납치범이 지속해서 조종실 진입을 시도한다면, 객실승무원은 적절한 방법을 사용하여 최대한 저지한다. 적절한 방법은 납치범의 숫자, 사용무기의 종류 등을 고려하여 신중하게 판단하며 책임감, 영웅심 및 공명심 등으로 함부로 결정하거나 실행해서는 안 된다.

객실승무원들은 승객의 가시권 내에 있도록 최선을 다하고, 객실승무원이 승객 시야에 있음으로써 객실 분위기를 안정시킬 수 있고 승객의 불필요한 영웅심을 예방할 수 있다. 운항승무원은 좌석벨트 착용 사인Fasten Seatbelt Sign 및 금연 사인No Smoking Sign을 'ON' 하고, 가능한 경우 납치범에 관한 정보를 지상에 전달하며 항공기 고도를 낮추어 객실여압이 없는 상태로 강하를 고려한다. 기장은 항공기나 조종실의 안전에 직접적인 위협이 발생하면 의도적인 항공기 요동Survival Maneuver을 고려할 수 있다. 이때 객실승무원은 '충격방지자세', 'Brace'라고 외치고, 기장은 가장 가까운 적절한 공항에 비상착륙을 시도한다.

3) 공중납치

객실승무원은 공중납치 발생 후에 납치범과 중재자 사이에 협상이 진행되는 경우 사이에 끼어들지 않는다. 조사를 위한 관련 정부요원과 협조하고, 기내의 모든 승객은 용의자임을 명심한다. 납치범 처리가 종료되더라도 납치범이 설치한 폭발물이 항공기에 있을 수 있으므로, 재출발 전에 항공기 전체에 관한 점검과 수색을 재시행할 수 있다.

4) 생화학무기 처리 절차

생화학무기는 무색, 무취, 무미, 무연의 특징으로 탐지가 어렵다. 특히 테러 의심물품인 백색가루 및 백색결정체에 관해서는 각별히 유의하여 점검해야 한다. 기내에서 생화학무기로 의심이 가는 물건이 발견되면 다음과 같은 절차를 따른다.

(1) 지상에서

객실에서 생화학무기로 의심이 가는 물건이 발견되면, 객실승무원은 즉시 기장에게 보고하고, 승객탑승 중일 경우 기장과 협의하여 탑승을 중지한다. 항공기가 Taxiing 중일 경우에는 항공기는 관제기관에서 지정하는 Spot으로 이동하게 되고, 승객들이 항공기에서 신속히 하기하여 대피하도록 안내한다. 휴대수하물의 운반으로 인해 하기가 지연되지 않도록 하되 지갑이나 기타 귀중품, 서류가방에 한하여 개인보관을 유도한다. 향후 절차는 관계기관의 지시에 따르고, 필요할 경우 모든 승객, 승무원, 조업원 등은 하기해야 하며 생화학무기 처리전담반이 도착하기를 기다린다.

객실승무원은 감염이 의심되는 승객을 격리시키고 생화학무기로 의심이 가는 물건을 접촉한 경우에는 흐르는 물에 비누로 손을 깨끗이 씻고 생화학무기 처리전담반에게 도움을 청한다. 생화학무기 처리전담반의 도움 요청 시 승무원은 기내구조 설명, 안내 등 점검에 필요한 제반 사항에 협조한다.

(2) 비행 중

객실에서 생화학무기로 의심이 가는 물건이 발견되면, 객실승무원은 즉시 기장에게 보고한다. 객실승무원은 오염이 의심되는 구역에서 승객들을 가능한 멀리 대피시키고 감염이 의심되는 승객은 격리한다.

생화학무기로 의심이 가는 물건을 접촉한 경우에는 흐르는 물에 비누로 손을 깨끗이 씻은 후 적당한 용기나 젖은 담요 등으로 내용물을 덮고, 덮은 것은 옮기지 않는다. 필요할 경우 Universal Precaution Kit 내에 있는 생물학적 위험가방Biohazard Bag과 고무장갑 등을 사용한다. 객실사무장은 착륙 후 생화학무기 처리전담반에게 해당상황에 대하여 자세히 설명하고, 감염이 의심되는 승객을 인계한다. 상황종료 후 객실사무장은 상황에 관한 내용을 항공사에 보고한다.

07 보안장비

ICAO 8973 Regulation 11.3 중 보안검색 및 보안장비를 규정하고 있다.

1) 항공보안장비

공항에서 사용하는 보안장비는 엑스선 검색장비, 폭발물 탐지장비, 폭발물 흔적탐지장비, 액체폭발물 탐지장비, 문형금속 탐지장비, 휴대용금속 탐지장비, 신발 검색장비, 원형 검색장비 등 8종이다. 항공보안장비는 테러방지를 위해 폭발물·무기 등을 탐지하는 성능이 중요하므로 인증을 통해 성능검증이 필수적이다.

종류와 용도는 다음과 같으며 검색지침에 따라 주의를 기울여 검색해야 한다.

종 류	용 도	관련 이미지
엑스선 검색장비	휴대 및 위탁수하물, 항공화물 등에 포함된 위해물질 및 폭발물 탐지	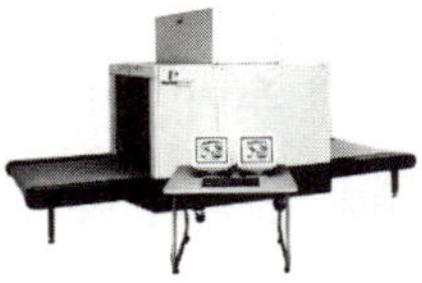
폭발물 탐지장비	위탁수하물에 포함된 위해물질 및 폭발물 탐지장비로 신속 · 정확하며 고가임	
액체폭발물 탐지장비	휴대 및 위탁수하물, 항공화물 등에 포함된 액체폭발물 탐지	
폭발물흔적 탐지장비	휴대 및 위탁수하물, 항공화물 등에 포함된 폭발물의 입자를 탐지	
문형금속 탐지장비	승객 · 승무원 등 보호구역 출입자가 소지한 위해물질(금속) 탐지	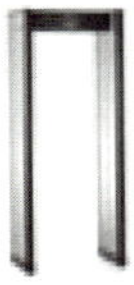
원형 검색장비	승객 · 승무원 등 보호구역 출입자가 소지한 위해물질(금속＋비금속) 탐지	
신발 검색장비	승객 · 승무원 등 보호구역 출입자가 발목아래 은닉한 위해물질(금속) 탐지	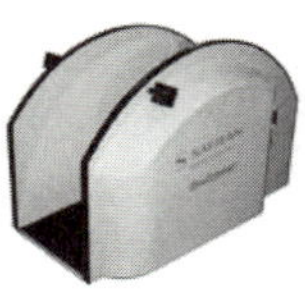
휴대용금속 탐지장비	승객 · 승무원 등 보호구역 출입자가 신체 은닉한 위해물질(금속) 탐지	

2) 항공기내 보안장비

객실 내 무기반입은 국토교통부의 허가를 받은 기내 보안요원 및 경호요원 등만 가능하다. 장비와 용도는 다음과 같다.

장 비	용 도	관련 이미지
타이랩 / 포승줄	난동승객 제압장비	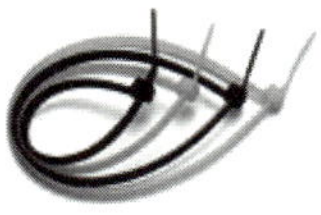 
전자충격기		
비상벨	납치사건 발생 등 기내위험 상황을 정상적인 방법으로 기장에게 보고하는 것이 여의치 않을 경우 사용	
방폭매트 방폭재킷	기내 폭발물 발견 후 폭발피해 최소구역으로 이동할 시 사용(폭발물 피해 최소화 장비)	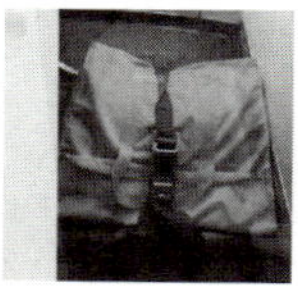 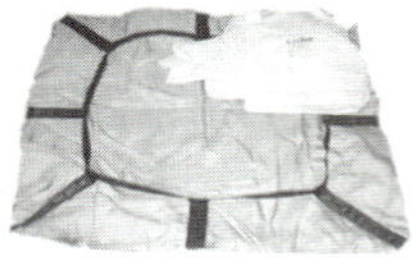

REFERENCES

CHAPER 01

- Wikipedia, 1911년 세계 최초 항공우편, 알라 하버드 표지
- 1933년 시카고 상공을 날고 있는 B247
- 더글라스사의 DC-4
- 한국항공협회, 2019 포켓 항공현황
- 대한항공 홈페이지
- 아시아나항공 홈페이지
- 항공정보포털시스템 홈페이지

CHAPER 02

- 브리쉘국제공항, 활주로 모습
- MSN, 유도로 사인
- 도쿄 하네다국제공항 홈페이지
- 대한항공카고 홈페이지
- 런던 히스로국제공항 홈페이지
- 스카이트랙스 홈페이지
- 인천국제공항 홈페이지
- 인천국제공항공사 홈페이지
- 창이국제공항 홈페이지
- IATA 홈페이지
- ICAO 홈페이지
- 위키피디아, 관제시설
- 매일건설신문, 인천국제공항 터미널 조감도
- JAS, 제주공항 지상조업 모습
- Refuel International, 항공기 급유 모습
- AERO Specialities, 공항 GSE서비스

CHAPER 03

- Aviation Stack Exchange, 에일러론
- AOPA, 윙렛의 기능
- Safran landing System, 항공기 브레이크
- 위키피디아, APU 내 · 외부 모습
- 위키피디아, 승무원 휴게실
- Dreamcare 벌크헤드 설치 요람
- Filcker, A321 설치 객실디바이더
- 옥프퍼드 Aviation Security, 항공기 통신시스템
- 대한항공 홈페이지
- 에어버스 홈페이지
- 보잉사 홈페이지
- ICAO 홈페이지

CHAPER 04

- 국토교통부, 항공운송사업 운항증명 업무지침
- 운항증명 확인증
- 항공안전법

CHAPER 05

- 대한항공 홈페이지
- 사우스웨스트항공 홈페이지
- 아시아나항공 홈페이지
- 에어부산 홈페이지
- 에어서울 홈페이지
- 이스타항공 홈페이지

- 제주항공 홈페이지
- 진에어 홈페이지
- 티웨이항공 홈페이지
- 플라이강원 홈페이지

CHAPER 06

- 대한항공, 객실승무본부 조직도
- 대한항공 Cabin Service Manual(CSM)
- 인천국제공항 홈페이지
- 제임스 리즌, 스위스 치즈모델
- Bill Targart, EMCRM

CHAPER 07

- 대한항공 홈페이지
- 아시아나항공 홈페이지
- 사우스웨스트항공 홈페이지
- 인천국제공항 홈페이지
- Skytrax 홈페이지
- 중앙일보, 항공기 마샬러
- G.H Headline, 연료주입 중인 항공기
- 위키피디아, 항공기 화물로딩
- Arab Aviation, 정비중인 항공기

CHAPER 08

- 브리티시항공, 기내 경고장
- 아메리칸항공, 기내 업무방해행위 보고서
- 에어프랑스 홈페이지

CHAPER 09

- wikiwand, 1930년대 항공우편서비스, 디트로이트
- wikiwand, 베를린 장벽시대의 더글라스 C-54
- 인천국제공항공사, 2019 A True World-class Logistics Hub Incheon Internationla Airport
- The National, 에미레이트항공 화물서비스
- Cargolux, B747F
- 대한항공카고 홈페이지
- 인천국제공항공사 홈페이지
- Ctisytems 홈페이지

CHAPER 10

- IATA, DGR 2.3A
- IATA, 부속서 18

CHAPER 11

- 타이항공, 항공기 시뮬레이션
- Air Pacific, 항공기 X-ray
- 한국교통안전공단, 항공안전자율보고
- 대한항공 객실안전 매뉴얼
- CAAC, 전염병 확산방지 항공 가이드라인
- Kline Medical Supply, 승무원 UPK 및 PBE

CHAPER 12

- Aviation Security, 기내 불법방해 행위
- IATA, 2019 SeMS
- 국토교통부, 2020 항공보안법
- NARS, 2019 항공기내 불법행위 현황 및 개선과제